HAWKMOTHS OF CHINA

中国天蛾科图鉴

主 编 蒋卓衡 黄嘉龙

The Sphingidae belong to the Superfamily Bombycoidea, commonly called "hummingbird", "sphinx", or "hawkmoths". Some of them can be mistaken for hummingbirds. Over 1700 species of small to very large moths occuring on all continents except Antarctica. They have bullet-shaped bodies with long, narrow forewings and shorter hindwings.
Many species pollinate flowers such as orchids and petunias while sucking nectar. The proboscis rolls up when not in use, some species measures up to nearly 30 cm like Xanthopan praedicta, some become vestigial like Callambulyx tatarinovii.
Some species lack scales on large portions of their wings, resulting in transparent or clear wings.
In most species, the larval stage is called a "hornworm" because the caterpillar's posterior end has a harmless hook or hornlike appendage protruding upward. Some species can be very destructive to agricultural crops and ornamental plantings.
Cephonodes hylas
Hemaris beresowskii
Callambulyx diehli
Sataspes tagalica
Rhodoprasina corrigenda
Hayesiana triopus
Hippotion celerio
Laothoe amurensis selene
Leucophlebia lineata
Daphnis nerii
外颚叶基部
触角
antenna
复眼
compound eye
下唇须
labial palp
膝状折
knee bend
costal margin
inner margin
outer margin

海峡出版发行集团
海峡书局

图书在版编目（CIP）数据

中国天蛾科图鉴 / 蒋卓衡，黄嘉龙主编. — 福州：海峡书局，2023.12
ISBN 978-7-5567-1172-7
Ⅰ. ①中… Ⅱ. ①蒋… ②黄… Ⅲ. ①天蛾科—中国—图集Ⅳ. ① Q969.42-64
中国国家版本馆 CIP 数据核字（2023）第 204156 号

策 划 人：林 彬
策 划 人：曲利明 李长青
主 编：蒋卓衡 黄嘉龙
责任编辑：廖飞琴 魏 芳 张 帆 陈 婧 陈 尽
营销编辑：陈洁蕾 邓凌艳
责任校对：卢佳颖
装帧设计：李 晔 林晓莉 董玲芝 黄舒堉
插画绘制：李 晔

ZHŌNGGUÓ TIĀNÉKĒ TÚJIÀN
中国天蛾科图鉴

出版发行：海峡书局
地 址：福州市台江区白马中路 15 号
邮 编：350001
发行电话：0591-88600690
印 刷：深圳市泰和精品印刷有限公司
开 本：889 厘米 × 1194 厘米 1/16
印 张：29.25
图 文：468 码
版 次：2023 年 12 月第 1 版
印 次：2023 年 12 月第 1 次印刷
书 号：ISBN 978-7-5567-1172-7
定 价：480.00 元

《中国天蛾科图鉴》

主　编：蒋卓衡　黄嘉龙

编　委：许振邦　胡劭骥　刘长秋　程文达

摄 影 插 画 /（排名不分先后，按姓氏笔画排列）

王宁婧　王吉申　王冠予　甘昊霖　朱　江　刘长秋　刘庆明

许振邦　严　莹　苏圣博　李　晔　李　涛　李宇飞　肖云丽

吴　超　吴沧桑　沈子豪　张　超　张晖宏　张巍巍　陆千乐

周丹阳　周汉平　郑心怡　赵宇晨　胡劭骥　徐可意　郭　亮

郭世伟　唐志远　唐昭阳　黄正中　黄嘉龙　彭　政　葛应强

蒋卓衡　程文达　熊昊洋　熊紫春

Alessandro Giustig　Avel Gryshkog　Roger C. Kendrick

Tomáš Melichar　Vanessa Verdecia

图片支持单位：

伦敦自然历史博物馆 Natural History Museum

捷克天蛾博物馆 Sphingidae Museum

美国卡内基自然历史博物馆 Carnegie Museum of Natural History

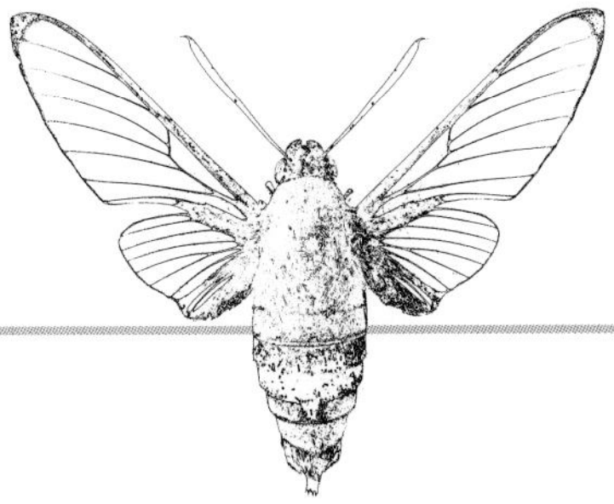

本书使用说明

1. 关于分布的说明

本书物种的地理分布中，针对一些同时分布于多个地理上具连续性的国家与地区的种类，用大地区描述概括其分布，具体如下：朝鲜半岛（朝鲜、韩国），中南半岛（老挝、越南、泰国、缅甸、柬埔寨、马来西亚的半岛部分），南亚次大陆（斯里兰卡、印度、巴基斯坦、尼泊尔、不丹、孟加拉国），俄罗斯（包含其亚洲与欧洲部分），欧洲（不包含俄罗斯的欧洲部分），中亚（哈萨克斯坦、吉尔吉斯斯坦、塔吉克斯坦、乌兹别克斯坦、土库曼斯坦）。极少数标本由于年代久远所致的不同地理划分，或是原始采集信息不全，故未能进一步标注确切产地信息，仅有大致方位，如大巴山、西藏。

2. 关于图版部分的说明

本书标本图片采用正、反面对照，考虑到天蛾翅展较宽、排版美观等因素，反面仅提供半幅图片。由于部分物种在中国为极度边缘化分布，或是雌性个体野外遇见率极低，在本书编写过程中我们未能采集到满足出版要求的标本，或未能从国内标本馆藏中找到这些标本，故少部分种类仅有单一性别展示；少部分种类借用了周边邻近国家的属同一动物区系、相同种类的标本以供参考；少部分种类为国外博物馆提供的标本照片。

本书部分标本为模式标本，缩写对照如下：正模标本 HT-HOLOTYPE、副模标本 PT-PARATYPE、选模标本 LT-LECTOTYPE。

3. 内文示意图

本书每个物种文字介绍包括中文名、拉丁学名、特征、分布，另配一到多幅精美图片。

本书目录按分类系统排序，索引按笔画或字母排序，读者可以通过目录或索引查找到每种物种的页码，进而查阅相应内文。

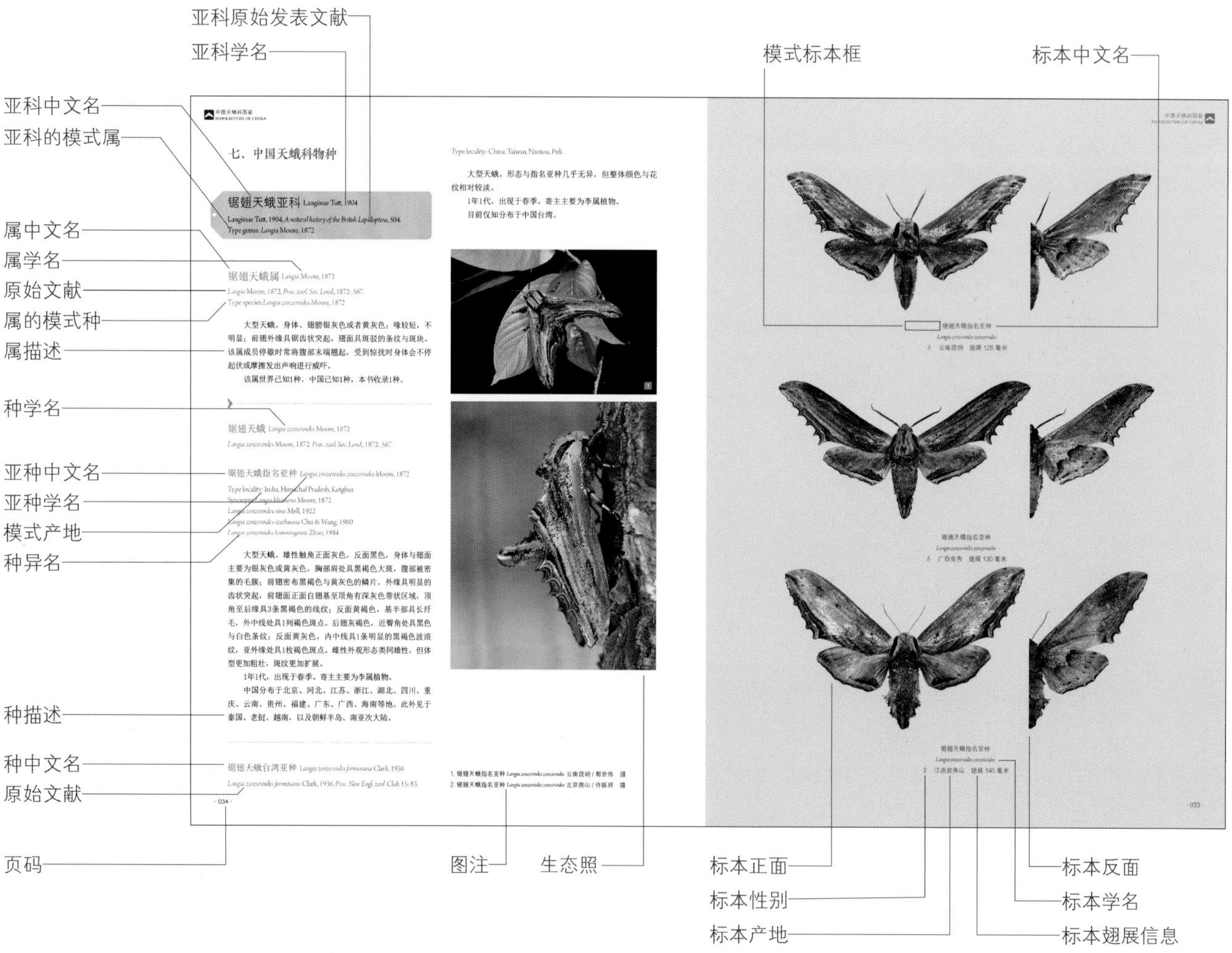

序一

昆虫种类众多，可爱者甚繁，蝶蛾可谓是其中最美的类群；我国药学大师李时珍在《本草纲目》中曾有云“蝶美于须，蛾美于眉”，意为蝴蝶之美在于其触角像男性的胡须，蛾子之丽因其触角似女性的弯眉；连与“蛾”同音的“娥”与“峨”也是美丽与神秘的象征，如嫦娥、窦娥等是美女的代表，而“峨眉山”显然源于“蛾眉”之美。古往今来，世界上有人爱蝶，有人爱蛾，常常爱得如火如荼、如痴如醉；近年来，随着我国经济的繁荣，也涌现出一些蝴蝶迷、蛾子迷等昆虫爱好者。

蝶与蛾在分类学中皆属于昆虫纲鳞翅目，其中近90%的种类为蛾类。蛾类形态极其丰富，翅展从几毫米到30厘米不等，由于多数蛾子常在夜间活动，相较于蝴蝶更不易被大众所注意。天蛾科则是蛾类中较为独特的一类，也是人们相对熟悉的一类，主要是因其体型较大加之形态令人印象深刻；该类群在分类学、生态学、演化生物学等方面都是进行科学研究的理想类群。

我国关于天蛾的研究起步晚，基础薄弱，自《中国动物志 昆虫纲 第十一卷 鳞翅目 天蛾科》于1997年出版后，再没有专门的著作对中国天蛾科物种进行深入的报道，虽然一些区域性蛾类著作如《南岭的蛾》《高黎贡山蛾类图鉴》《北京蛾类图谱》《香港及邻近地区蛾类生活史图鉴》等或多或少涉及我国不同地区的部分天蛾科物种，但至今仍缺少一部关于中国天蛾科昆虫的系统性图鉴。

该书是当前中国天蛾科昆虫分类的系统总结，共记述中国天蛾科已知的4亚科71属277种。除分类描述和标本照片外，对于天蛾的幼期、特殊结构、行为特征等也有较为详细的记述，并配置了大量精美的插图，为大家研究中国天蛾科昆虫提供了一部重要的参考资料。

作者们为筹备《中国天蛾科图鉴》历经数年，编辑们精心策划，该书可谓内容丰富、版式新颖；相信读者们通过该书能较为全面地了解天蛾科这一奇特的昆虫类群，甚至产生喜爱和研究昆虫的动力，探索神秘的昆虫世界，体验科学发现与探索大自然的乐趣。

中国农业大学昆虫学系教授

彩万志

2023年11月8日

序二

根据全球生物多样性信息机构（Global Biodiversity Information Facility GBIF）的统计，世界上已经命名记载的鳞翅目昆虫已经超过18万种，其中有2万余种是蝶类，所以所谓的蛾类和蝶类的物种数比例约为8∶1。然而，人类对蝶类投入的关注远超过蛾类，所以这个比例显然和事实间有很大的出入。如果以全球生物物种调查最完全的英国为标准，在那里栖息的蝶蛾类约有2500种，其中蝶类只占58种，蛾类和蝶类的物种数比例达到42∶1，依此类推，世界上的蛾类物种数至少超过已知种类5倍，也就是可能超过80万种，非常需要有志人士投入研究。

许多爱好自然的朋友并非爱蝶不爱蛾，只是蝶类经过前人多年资料积累，已有诸多专业及科普书籍可供参考，蛾类则相形见绌，有兴趣的朋友往往因资料缺少而感到不得其门而入。要改善这种局面，吾人以为最重要的是出版正确而易读的科普书及图鉴，让有心投入观察研究的朋友得以入门，集众人之力，蛾类调查、研究进展方得以加快脚步。几年前得知海峡书局决意投入这方面的事业，担任两岸生物多样性研究的推手，无比欣慰。如今蛾类图鉴系列的第一册《中国天蛾科图鉴》付梓在即，令人万分期待。天蛾在蛾类中是十分独特的一群，拥有壮硕的身躯及修长的后掠翼式翅膀，飞行姿态快速有力，令人联想到喷射机，由于飞翔太快，日行性种类往往让人误以为是蜂鸟。幼虫也肥壮可爱，部分种类甚至成为高价的地方佳肴。

《中国天蛾科图鉴》的作者之一蒋卓衡在国内目前的蝶蛾青年研究者中具有相对扎实的基础和经验，尤其在对于天蛾科研究具有一定的深度。另一位作者黄嘉龙是我得意门生之一，除了学术研究之外，他也醉心于科普教育推广及生态旅游。他拥有扎实的蛾类分类及生活史研究的功底，是撰写蛾类科普书的优良人才。相信《中国天蛾科图鉴》的读者必能大开眼界，透过这本书深入了解、欣赏这些有趣的“迅猛蛾”。

台湾师范大学生命科学系教授

徐堉峰

2023年11月8日

目 录

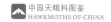

一、天蛾科概况

在分类学上，天蛾科（Sphingidae）隶属于鳞翅目（Lepidoptera）、有喙亚目（Glossata）、双孔次亚目（Ditrysia）、蚕蛾总科（Bombycoidea），为小型至大型鳞翅目昆虫，翅具翅缰和翅缰钩，前翅宽大而狭长，顶角尖锐，后翅呈短三角形，不同种类的天蛾，翅面上由鳞片组成的各色花纹与线条，是分类上的重要依据之一。

天蛾科形态上具有如下特征：头大，主要由喙、唇基侧片、下唇须、复眼、触角组成，其中复眼占据的比例大；触角发达，呈丝状或刚毛状，端部大都弯曲为钩形；喙的演化在鳞翅目中属于相当独特的类群，比绝大多数鳞翅目昆虫都要发达；胸部粗壮，腹部筒形，末端尖锐并呈流线型；雄性外生殖器主要由骨化的钩形突、颚形突、抱器、抱器腹突、囊形突、阳茎组成，上述结构和阳茎端部的形状是形态上鉴定天蛾种类的重要依据；雌性外生殖器由肛突、交配孔、囊导管、囊片、交配囊组成，在某些类群中相较于雄性外生殖器是更加重要的鉴定依据。

天蛾成虫受不同地区的地理环境与气候条件影响，同种的世代差别较大，总体而言北方地区较南方地区发生的世代少，高海拔地区较低海拔地区发生的世代少。天蛾科成虫飞行能力很强，分布范围较广，多数种类在夜间活动，具有很强的趋光性，休息或停歇时翅膀平铺在身体两侧，形似战斗机；少数日行性种类较为活泼，常在晴朗的天气中出没，具有访花或吸水行为，或被树液、腐烂水果吸引，在池塘或在溪流附近巡飞。天蛾的成虫和幼虫通常栖息于森林、果园、种植园等区域，一些适应性强的种类在城市地区也能见到。绝大多数天蛾的寄主植物为双子叶植物，常见的如夹竹桃科、茜草科、椴树科、大戟科等，不同亚科下的种类对植物寄主的偏好性也不同。

天蛾科是世界性分布的昆虫，在古北区、东洋区、新北区、非洲热带区、新热带区、澳新区都可见。中国的天蛾科昆虫大多数种类分布于东洋区，多样性和数量远高于古北区，其中以西南地区和华南地区的最为丰富，这与当地多样化的气候、复杂的地质环境，以及寄主植物的分布趋势有着密切联系。

天蛾在鳞翅目昆虫中也具有非常明显的杂交现象，主要体现为属间、种间、亚种间杂交，这在主要分布于古北区的天蛾类群中较为常见，如白眉天蛾属*Hyles*、黄脉天蛾属*Laothoe*、目天蛾属*Smerinthus*等。天蛾中存在如此高频率的杂交现象，除了其飞行能力强、扩散范围大之外，可能还与部分种类生态位重叠、世代交错有关；此外很多天蛾的分化发生在较近的地质年代，相互之间遗传距离和外部形态差异较小，相对容易出现杂交行为。

天蛾科目前世界已知4亚科178个属，约1700种，广泛分布于各大动物地理区系。中国天蛾科昆虫资源较为丰富，目前已知4亚科71属277种。

二、天蛾科的分类研究历史概况

1736年，法国博物学家Réaumur首次使用了*Sphinx*一词， 即西方神话传说中长有狮身人面的怪物“斯芬克斯”，体现了这类昆虫独特的形态特征。1758年瑞典分类学家Carl Linnaeus在其分类学巨著《自然系统》（*Systema Naturae*）第10版中正式出现了鳞翅目，当时仅分为3个属：*Papilio*，包含了所有的蝴蝶；*Sphinx*，包含了所有的天蛾，以及一部分斑蛾、透翅蛾；*Phalaena*，包含了除天蛾外的所有其他蛾类。英国昆虫学家George Samouelle于1819年首次使用了Sphingidae作为天蛾科的科名并一直沿用至今。随后Rothschild & Jordan (1903)建立了天蛾科5亚科分类系统；后续开始有不少学者采用该分类系统并逐步扩充了天蛾科涵盖的种类，如：Seitz (1928—1929)主要介绍和记录了印度、马来群岛、印尼诸岛和澳新区的天蛾；Dupont & Roepke (1941)主要记录了印尼爪哇地区的天蛾；Inoue (1973)整理和记录了中国台湾的天蛾；Derzhavets (1984)开始将天蛾科分为天蛾亚科Sphinginae和长喙天蛾亚科Macroglossinae；d'Abrera (1986) 首次对世界各地的天蛾进行分类总结，共记录天蛾1050种；Kitching & Cadiou (2000)出版了专著，全面地对全世界的天蛾进行了总结，并提出新的高阶分类：将天蛾科分为天蛾亚科Sphinginae、长喙天蛾亚科Macroglossinae与目天蛾亚科Smerinthinae；目前天蛾亚科包含天蛾族Sphingini、面形天蛾族Acherontiini和拟天蛾族Sphingulini等5个阶元；长喙天蛾亚科包含隆背天蛾族Dilophonotini、长喙天蛾族Macroglossini和黑边天蛾族Hemarini；目天蛾亚科包含目天蛾族Smerinthini、蔗天蛾族Leucophlebiini和鹰翅天蛾族Ambulycini等9个阶元；Kawahara et al. (2009)通过测定蛋白质编码的基因序列的方法，支持3亚科分类系统[（Sphinginae+Smerinthinae）+ Macroglossinae]，并指出3亚科及各族之间的系统发育关系，同时也指出了锯翅天蛾属*Langia*应该作为目天蛾亚科和天蛾亚科的姐妹群；Wang et al.（2021）使用了线粒体基因组测序手段，支持了锯翅天蛾应该作为一个独立的亚科存在；本书在综合国内外研究进展的基础上，采用目前主流观点较承认的4亚科分类系统，即：锯翅天蛾亚科、天蛾亚科、目天蛾亚科、长喙天蛾亚科，由于部分族、亚族和属团的划分在天蛾研究领域尚存在许多争议，故本书分类阶元主要以科、亚科、属、种、亚种为主，暂不继续深入分析更进一步的阶元系统，以期为日后天蛾分类研究提供基础参考资料。

中国幅员辽阔，境内环境和地形复杂，天蛾的多样性十分丰富，目前已经记录的几乎为世界已知种类的六分之一。Walker (1864)、Bremer (1865)、Seitz (1928—1929)、Mell (1922)等外国学者较早地对中国不同地区的天蛾进行了记录；中国学者如胡经甫(1935—1941)于《中国昆虫名录》中首次较为系统地整理了中国天蛾科45属126种；孟绪武(1961)于《云南生物考察报告》中记录了云南地区的天蛾19属26种；朱弘复和王林瑶 (1983) 编写了《中国蛾类图鉴》第四卷，对国内记录的125种天蛾进行了较详细的描述，并配有部分成虫图片；此后朱弘复和王林瑶(1997) 编写了《中国动物志 昆虫纲 第十一卷 鳞翅目 天蛾科》，记载了54属187种天蛾，并对卵、幼虫、蛹、成虫的身体结构和形态特征、分布地理等进行了详细记录。进入21世纪后，各地研究机构、院校的学者对天蛾的关注大大增加，多个省市和地区都有对天蛾的调查或者统计报告，比较主要的如Yen et al. (2003)记载了中国台湾的天蛾94种；Kendrick et al. (2004)收录了中国香港天蛾70种；捷克学者Tomáš Melichar，德国学者Ronald Brechlin，法国学者Jean Haxaire，英国学者Ian Kitching，日本学者岸田泰则，中国学者王敏、许振邦、蒋卓衡等多年来也相继发表了一些中国的天蛾新种、新记录，以及对一些历史分类问题的厘定、总结等。

三、幼期的形态特征

生活史概况

天蛾科作为鳞翅目中幼虫体型较大的类群，受到的关注也相对较多，但国内仍有相当比例的天蛾科幼虫生活史尚未揭晓。天蛾科的生活史和大部分鳞翅目昆虫类似，以植物为食，经历卵—幼虫—蛹—成虫的全变态过程。卵通常以单枚或2—3枚的形式分散产在叶背或嫩芽上。幼虫取食植物叶片发育成熟后化蛹。除长喙天蛾亚科在地表遮蔽处或枝叶密集处吐丝简单结茧外，其余多数种类下地钻入土中建造简单蛹室后化蛹。蛹是天蛾科最常见的休眠方式，可以帮助其度过炎热的夏季和寒冷的冬季。

发声行为

幼虫的发声行为在天蛾科的多个类群中均有记录，但国内的种类被报道不多，有待进一步被发现。已有的幼虫发声机制包括通过口腔排出气体、通过气孔排出气体和摩擦上颚3种方式。发声方式与类群无关：锯翅天蛾亚科的锯翅天蛾*Langia zenzeroides*、目天蛾亚科的盾天蛾*Phyllosphingia dissimilis*和钩翅天蛾属*Mimas*的种类可通过气孔排气发出“嘶嘶”声，长喙天蛾亚科的昼天蛾属*Sphecodina*的某些种类可以通过口腔排出气体发声，天蛾亚科的赭带鬼脸天蛾*Acherontia atropos*可通过摩擦上颚发出短促的“咔嗒”声。这些声音的频率和持续时长各异，人们通常认为这和防御天敌有关。例如，气孔排气的声音和某些小型鸟类的告警声相似，在实验条件下发现这可使鸟类一定程度上放弃捕食行为。

1-4. 大星天蛾生活史，寄主为木樨科植物　云南昆明 / 郭世伟　摄
5-8. 锯翅天蛾生活史，寄主为高盆樱桃　云南昆明 / 郭世伟　摄
9-12. 斜带鸟嘴天蛾生活史，寄主为芋头　云南昆明 / 郭世伟　摄

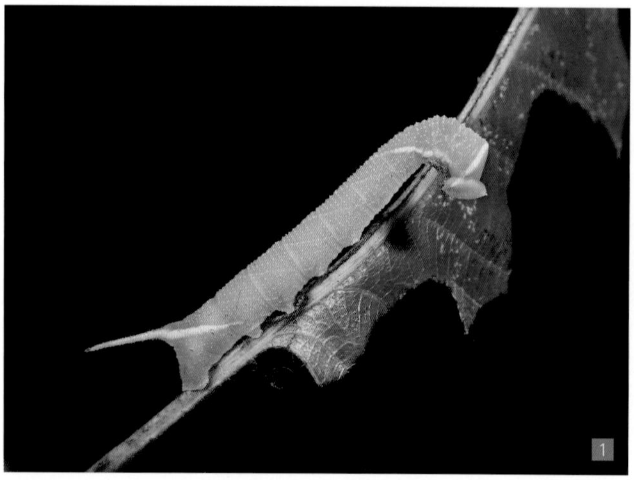
1

2

3

4

5

6

7

8

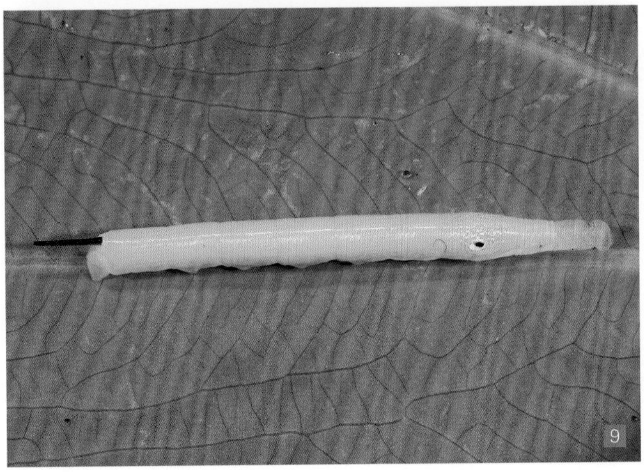
9

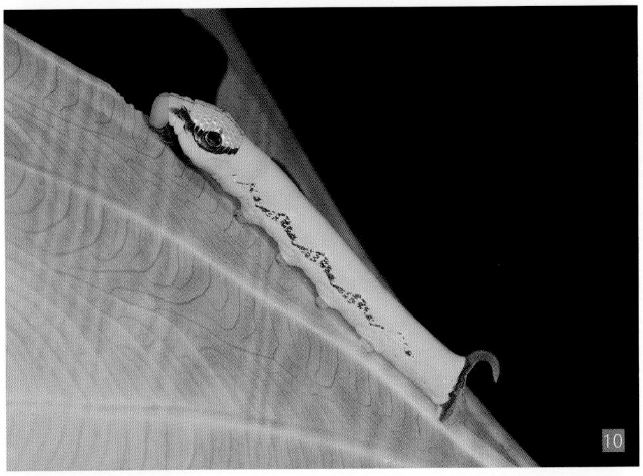
10

11

12

卵的形态

天蛾的卵大小通常在1—5毫米，多数种类产卵量为200—300粒不等，有的可至上千枚。卵多为单产或同一寄主处2—3枚，仅少数种类群产。刚产下的卵颜色较淡，如淡黄色或乳白色，一段时间发育后颜色加深，如棕褐色、深绿色等。天蛾的卵通常有3类形状：球形、扁圆形与椭圆形。不同种类的卵表面结构差异明显，有的表面光滑，如长喙天蛾属*Macroglossum*的种类；有的表面具有较为密集的棘刺，如六点天蛾属*Marumba*的种类；卵在形状、大小、表面微结构上的差异，尤其是卵孔周围和卵底部的花纹，可作为分类依据。

1–4. 中国三线天蛾生活史，寄主为粗糠树　云南昆明 / 郭世伟　摄
5. 锯翅天蛾的卵，单产于高盆樱桃的叶片上　云南昆明 / 郭世伟　摄
6. 幼虫头部正面照参考图 / 李晔　绘
7. 幼虫身体结构图示（以红天蛾为例）　云南昆明 / 郭世伟　摄

幼虫的形态

幼虫身体主要结构为：头（三角形或圆形），眼斑，斜形带纹，体节（尾角），气门，足（胸足、腹足、臀足）。和其他鳞翅目幼虫类似，体表毛的排列和数量是天蛾幼虫分类的重要参考，这些特征很难通过肉眼观察对比，但可以根据头、身体、尾角的外观特征初步判断类群。因所处环境不同，天蛾科幼虫身体的颜色一般有黄色、绿色、褐色 3 种色型，斑纹的大小也多变化，不能作为种类识别的特征。

天蛾幼虫延长的尾角和宽大扁平的臀足，是其和其他鳞翅目幼虫相区分的最显著特征。一些例外是长喙天蛾亚科的幼虫末龄期尾角变短，不再明显，可能会被观察者忽视。另外有一些非天蛾科的鳞翅目幼虫也有尾角，比如与天蛾科同属于蚕蛾总科的蚕蛾科和桦蛾科，但这些幼虫体型通常偏小，另外蚕蛾科和桦蛾科的物种不多，可以通过观察和记录这些容易混淆的幼虫特征，再以排除法区别。和天蛾科体型类似的舟蛾科也有有尾角的种类，但其臀足和其他腹足相比相似或更退化。

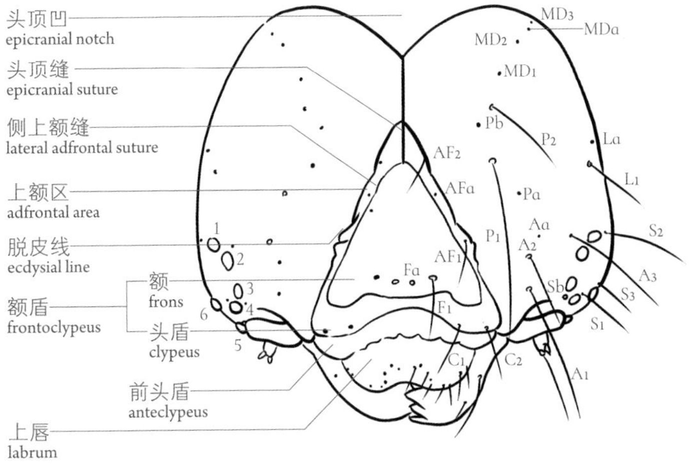

幼虫头部正面照参考图 6

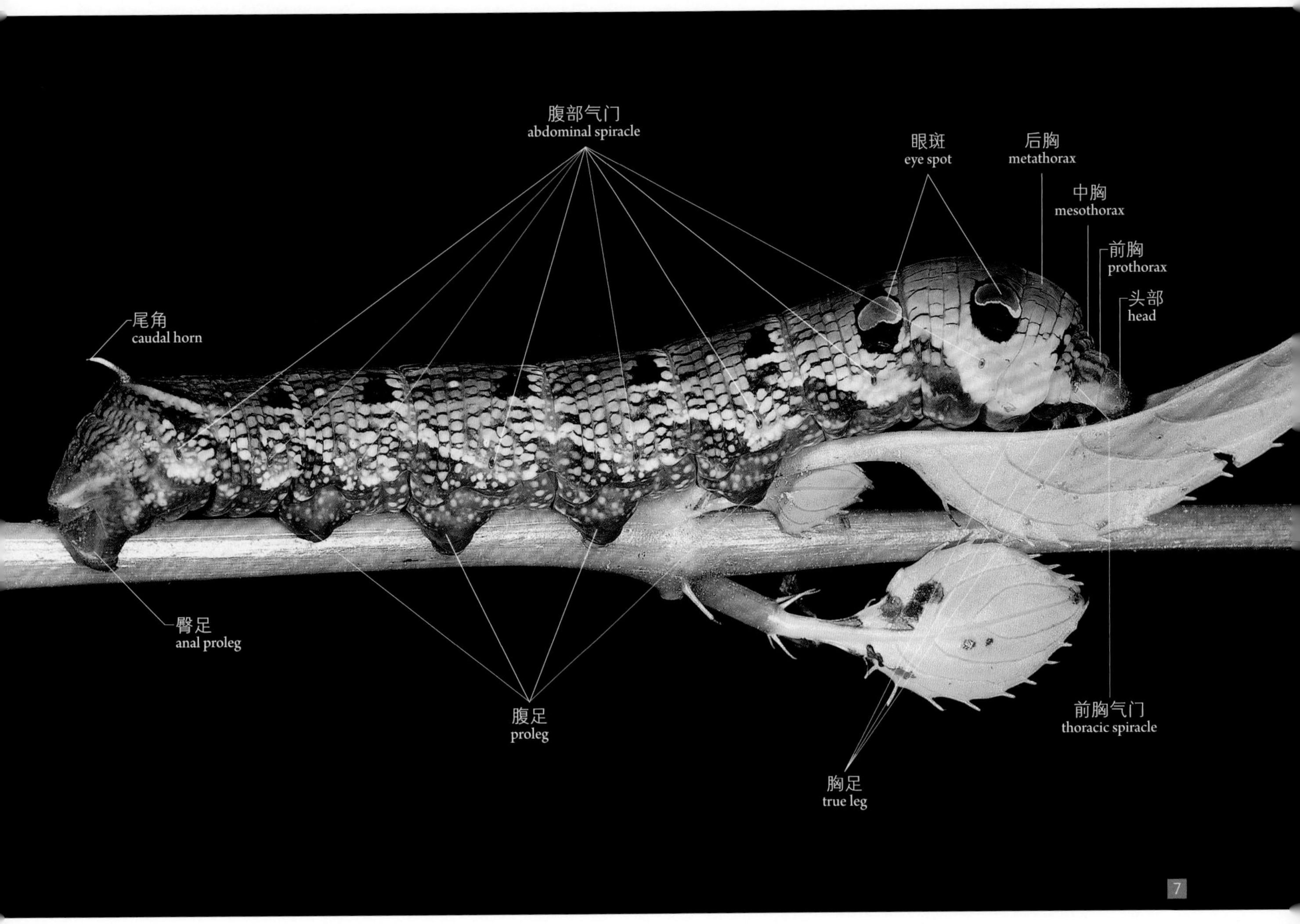

7

1

2

3

4

5

1. 大星天蛾幼虫　贵州绥阳 / 郑心怡　摄
2. 带纹中线天蛾幼虫　云南勐腊 / 苏圣博　摄
3. 枫天蛾幼虫　安徽黄山 / 苏圣博　摄
4. 构月天蛾幼虫　安徽黄山 / 苏圣博　摄
5. 鬼脸天蛾幼虫　西藏墨脱 / 郭世伟　摄
6. 雀纹天蛾幼虫　黑龙江大庆 / 苏圣博　摄
7. 深色白眉天蛾幼虫　黑龙江大庆 / 苏圣博　摄
8. 小星天蛾幼虫　黑龙江大庆 / 苏圣博　摄
9. 绒星天蛾幼虫　吉林延吉 / 苏圣博　摄
10. 丁香天蛾幼虫　江苏南京 / 苏圣博　摄
11. 黑长喙天蛾幼虫　江苏南京 / 苏圣博　摄
12. 喜马锤天蛾幼虫　江苏南京 / 苏圣博　摄
13. 喜马锤天蛾幼虫（褐色型）　江苏南京 / 苏圣博　摄

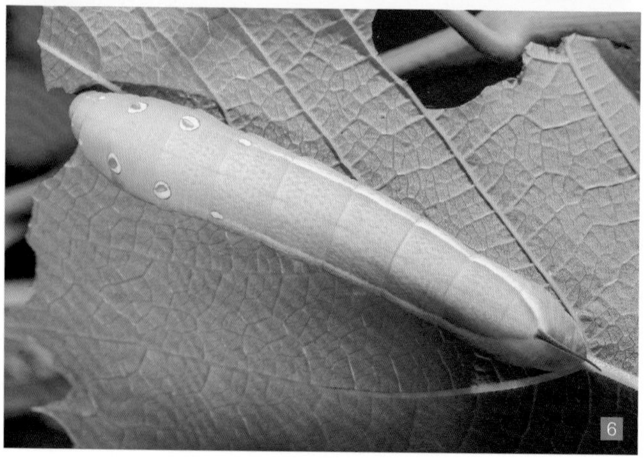
6

7

8

9

10

11

12

13

14

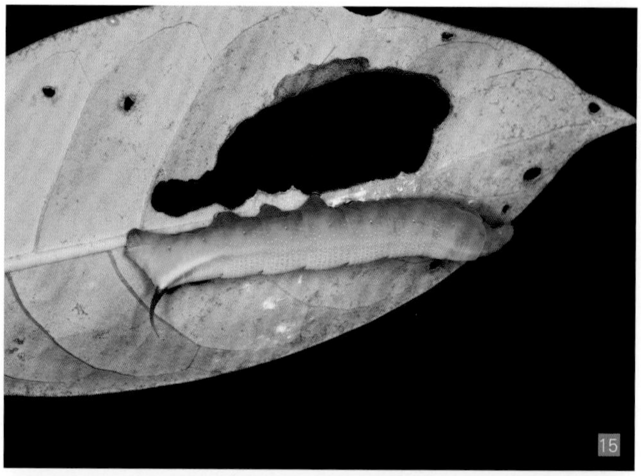
15

16

17

18

19

20

14. 盾天蛾指名亚种幼虫　江苏镇江 / 苏圣博　摄
15. 九节木长喙天蛾东部亚种幼虫　广东东莞 / 陆千乐　摄
16. 锯线白肩天蛾西南亚种幼虫　贵州荔波 / 郑心怡　摄
17. 栗六点天蛾指名亚种幼虫　云南昆明 / 郭世伟　摄
18. 红六点天蛾远东亚种幼虫　辽宁本溪 / 苏圣博　摄
19. 森尾松天蛾东北亚种幼虫　辽宁本溪 / 苏圣博　摄
20. 榆绿天蛾指名亚种幼虫　辽宁本溪 / 苏圣博　摄
21. 葡萄缺角天蛾东部亚种幼虫　云南昆明 / 郭世伟　摄
22. 葡萄天蛾指名亚种幼虫　安徽黄山 / 苏圣博　摄
23. 青背长喙天蛾幼虫　贵州铜仁 / 郑心怡　摄
24. 青背斜纹天蛾幼虫　云南昆明 / 郭世伟　摄
25. 葡萄昼天蛾幼虫　福建戴云山 / 黄嘉龙　摄

21

22

23

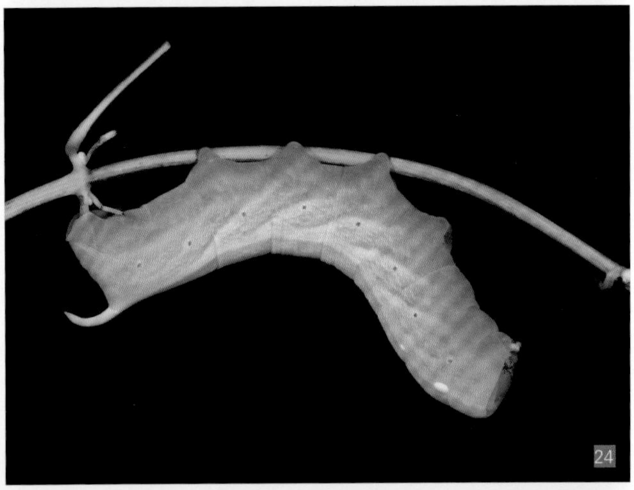
24

25

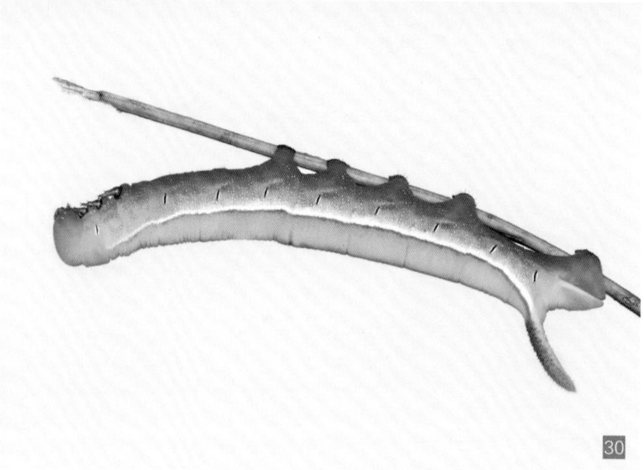

26. 霜天蛾指名亚种幼虫　广东深圳 / 陆千乐　摄　27. 西藏斜纹天蛾幼虫　安徽黄山 / 苏圣博　摄　28. 斜绿天蛾幼虫　广西梧州 / 陆千乐　摄　29. 银斑天蛾幼虫　香港 / 程文达　摄　30. 赭尾天蛾幼虫　云南勐腊 / 程文达　摄

寄主植物

天蛾科幼虫全部为植食性。与亲缘关系较近、体型相仿的大蚕蛾科相比，天蛾科幼虫的食性范围要窄得多，很多种类都局限在某个植物类群中。因此，寄主植物可以辅助识别幼虫。天蛾亚科和目天蛾亚科的寄主植物范围较宽，如番荔枝科、菊科、葫芦科、厚壳树科、大戟科、樟科、茜草科、夹竹桃科、胡桃科、千屈菜科、楝科、蔷薇科、椴树科等等，一些物种食性广泛，通常有取食多种木本植物的记录，因此适应性强、分布广泛，如白薯天蛾*Agrius convolvuli*和栗六点天蛾*Marumba sperchius*；锯翅天蛾亚科和长喙天蛾亚科的寄主植物范围较窄，前者以蔷薇科植物为食，后者的常见寄主包括夹竹桃科、葫芦科、西番莲科、茜草科、葡萄科、天南星科等等。在中国分布的天蛾科中，有寄主记录的种类绝大多数种类取食被子植物，少部分种类可取食裸子植物，如松天蛾属*Hyloicus*；被子植物中，取食单子叶植物的种类较少，如长喙天蛾亚科中的鸟嘴天蛾属*Eupanacra*寄主为多种天南星科植物；目天蛾亚科中蔗天蛾属的甘蔗天蛾*Leucophlebia lineata* 以禾本科为寄主。

假眼

大部分有假眼的幼虫属于长喙天蛾亚科。假眼的颜色、形态、数量和出现的位置多种多样，是识别幼虫种类的重要特征之一。一些种类的假眼平时隐藏，受到惊扰时才会显现，这些假眼的功能通常被认为和防御天敌有关，惊慑依靠视觉捕猎的天敌。

1. 中线天蛾幼虫　云南勐腊 / 苏圣博　摄　2. 粉绿白腰天蛾幼虫　云南昆明 / 郭世伟　摄　3. 斑背天蛾幼虫　云南泸水 / 吴超　摄

龄期

幼虫 2 次蜕皮之间的阶段称为龄期，卵孵化至第一次蜕皮称为 1 龄，第一次蜕皮至第二次蜕皮称为 2 龄，第二次蜕皮至第三次蜕皮称为 3 龄，以此类推，通常有 5 龄，5 龄幼虫又称为末龄或老熟幼虫，第六次蜕皮为化蛹。不同种类的一龄幼虫非常相似，难以识别。不同龄期的幼虫，形态和斑纹会有变化，为识别分类带来挑战。

1

2

3

1. 猿面天蛾末龄幼虫　云南勐腊 / 唐志远　摄
2. 葡萄昼天蛾末龄幼虫　福建戴云山 / 彭政　摄
3. 猿面天蛾 4 龄幼虫　云南勐腊 / 唐志远　摄

蛹的形态

天蛾的蛹为裸蛹，通常为纺锤形，表面光滑或有刻点、褶皱，多为红褐色、棕色或灰黑色。胸部大部分面积被翅膀占据，主要可见的为前翅，末端通常延伸到腹部第 4 节。蛹的腹面可见前足、中足、复眼、口器、触角的雏形；腹部可见 10 节，其中第 8 节和第 10 节的腹面具两性特征，腹部末端具臀棘；自后胸至腹部第 8 节两侧还有 8 对气孔。天蛾的蛹对于外界刺激的反应较为明显，通常会剧烈摇摆下部，有时会因腹节间的摩擦而发出轻微声响。

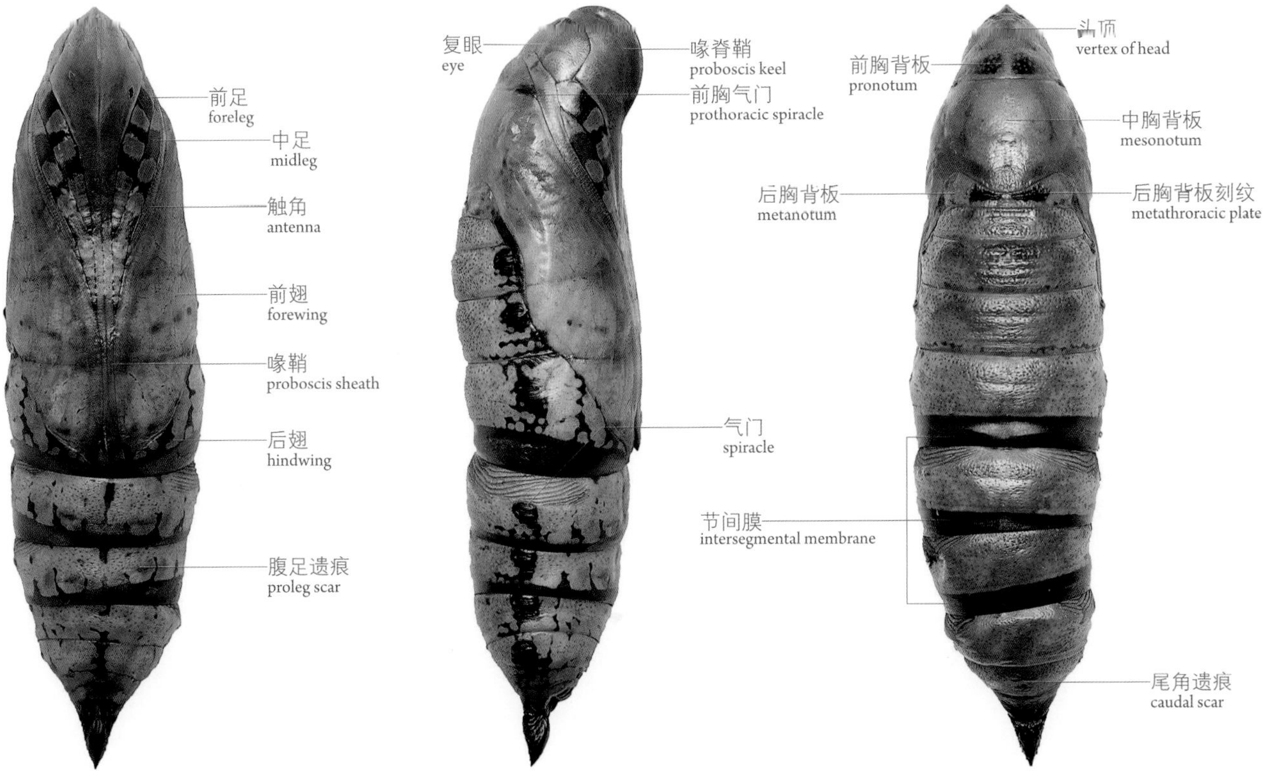

蛹的结构（以银斑天蛾为例）/ 程文达　摄

猿面天蛾蛹　云南勐腊 / 唐志远　摄

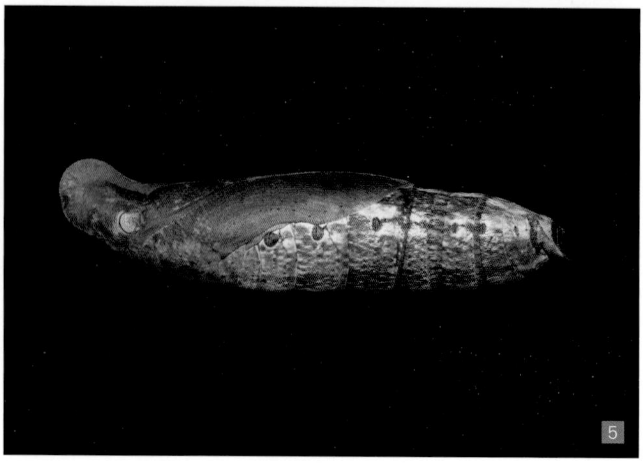

1. 黑长喙天蛾蛹　云南昆明 / 郭世伟　摄　2. 夹竹桃天蛾蛹　云南昆明 / 郭世伟　摄　3. 栗六点天蛾蛹　云南昆明 / 郭世伟　摄　4. 葡萄缺角天蛾蛹　云南昆明 / 郭世伟　摄　5. 青背斜纹天蛾蛹　云南昆明 / 郭世伟　摄

不同类群的幼虫的识别特征

锯翅天蛾亚科：本亚科下仅有一属一种锯翅天蛾，识别特征为幼虫末龄体型巨大，可超10厘米，2龄后幼虫头顶锐尖而呈三角形，具2条白色背线，体侧无斜形条纹。寄主为多种木本蔷薇科植物。

目天蛾亚科：本亚科2龄后的幼虫头顶锐尖呈三角形，可与天蛾亚科、长喙天蛾亚科中大部分种类的幼虫区别。除基本的色型差异外，该亚科中很多种类的幼虫具形状和大小变异颇大的锈色斑块，为识别增加难度。寄主多为木本植物。

天蛾亚科：本亚科很多种类的幼虫3龄后头部两侧有深色纵纹，体侧的斜形条纹宽阔。尾角粗壮，常有不同形态的弯曲，表面具明显疣突。寄主多为木本植物。本书中依照最新系统发育证据将部分原属于目天蛾亚科的属如星天蛾属*Dolbina*归于天蛾亚科，但这些属的幼虫头的形状、色斑和尾角形态上和目天蛾亚科的幼虫更相似。寄主多为草本植物，少数为木本植物。

长喙天蛾亚科：本亚科的幼虫是天蛾科中形态最为多变的类群，大部分种类的尾角在末龄都有不同程度的退化，头部和身体相比较小。除此之外，假眼和体节的扁平化（胸部）在该亚科中也常见，可以作为重要的识别参考特征。此外，天蛾科中体型最小的种类也出现在本亚科，因而末龄体型较小的幼虫往往属于本亚科。寄主可为草本植物，也可为木本植物。

四、成虫的形态特征

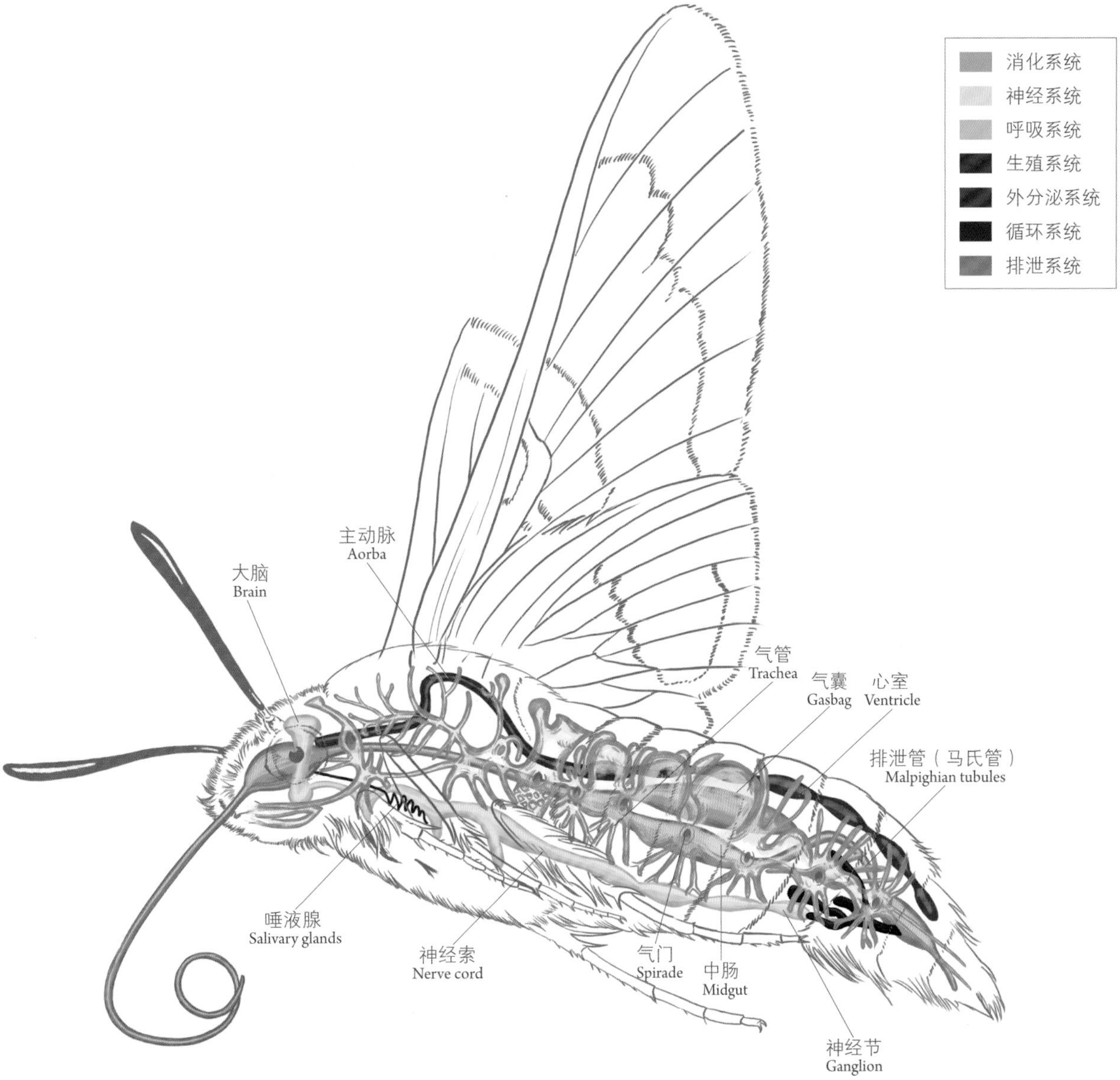

天蛾成虫身体构造图（以黑边天蛾为例）/ 李晔　绘

头部

天蛾的头部主要由复眼（eyes）、触角（antenna）、唇基侧片（pilifer）、下唇须（labial palpus）和喙（proboscis）组成。其中喙由1对细长的半管状构造互相嵌合而成，基部有肌肉控制其伸缩。喙的长度变化较大，与天蛾的体型大小无特定关系。有些喙较长，如长喙天蛾亚科Macroglossinae和天蛾亚科Sphinginae的大多数种类；有的则较短，甚至退化或只留有突起，如目天蛾亚科Smerinthinae和锯翅天蛾亚科Langiinae的种类。喙在取食时通过肌肉收缩向前伸出，具良好的弹性和韧性，平时似钟表发条般盘旋并卷缩于两片唇基侧片内侧的凹槽组成的空隙中，唇基侧片上通常有毛状鳞或鬃。

复眼大，占据头部的大部分面积，呈圆形或肾形，表面光滑不具被毛，形状、大小和颜色因种类而异，无单眼。

触角发达，飞行时向前伸出，停歇或休息时常缩于胸部肩区外侧。触角主要呈丝状、刚毛状或棒状，大部分种类触角末端尖细且弯曲呈钩状，部分种类末端膨大呈槌状，如木蜂天蛾属*Sataspes*的雌性成虫。触角上具有丰富的感觉毛，同时每触角节上还具有感受器，能够和复眼一起进行视觉定位，控制自身在空中的定点飞行，如访花时不停地在花朵之间悬停并用喙去试探适合吸蜜的对象。绝大部分天蛾的触角是雌雄的主要性征之一，通常雄性触角较为粗壮，而雌性触角较为细长；在天蛾科中一些十分近似的种或属之间，触角的长短和颜色也是分类的重要依据。

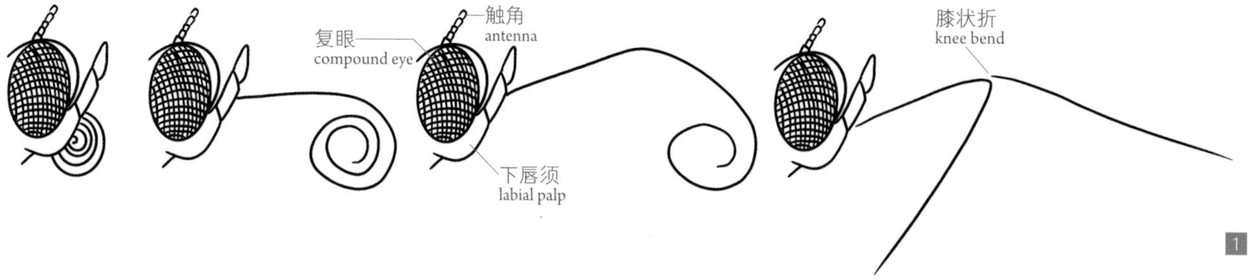

1

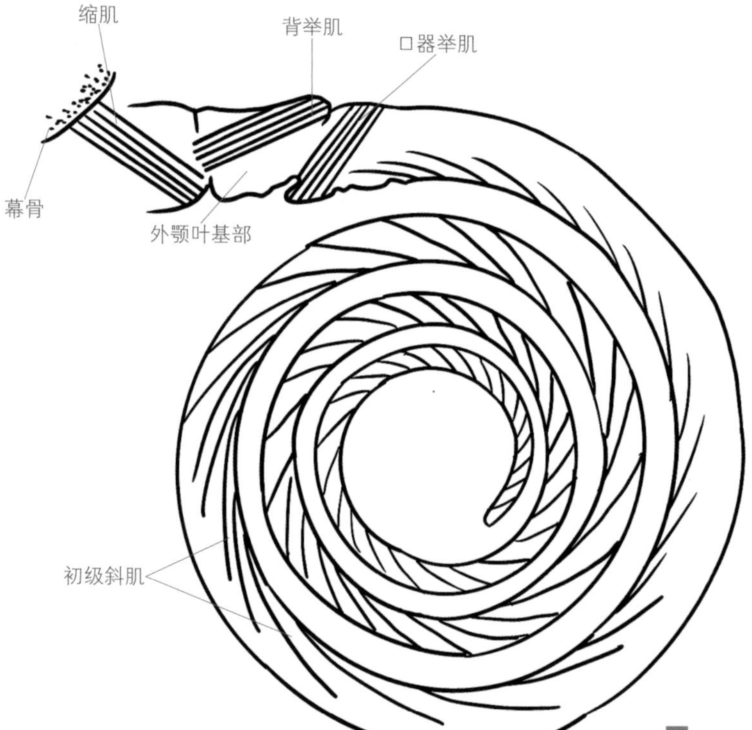

2

3

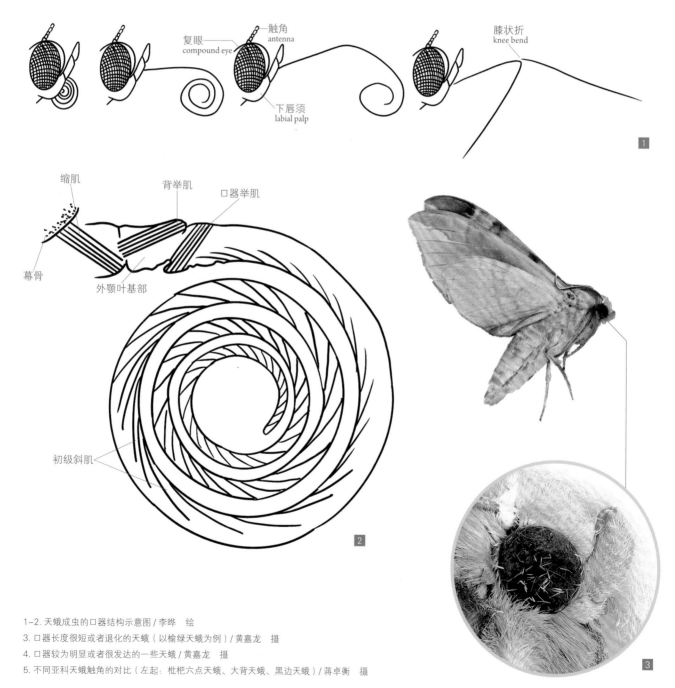

1–2. 天蛾成虫的口器结构示意图 / 李晔　绘
3. 口器长度很短或者退化的天蛾（以榆绿天蛾为例）/ 黄嘉龙　摄
4. 口器较为明显或者很发达的一些天蛾 / 黄嘉龙　摄
5. 不同亚科天蛾触角的对比（左起：枇杷六点天蛾、大背天蛾、黑边天蛾）/ 蒋卓衡　摄

4

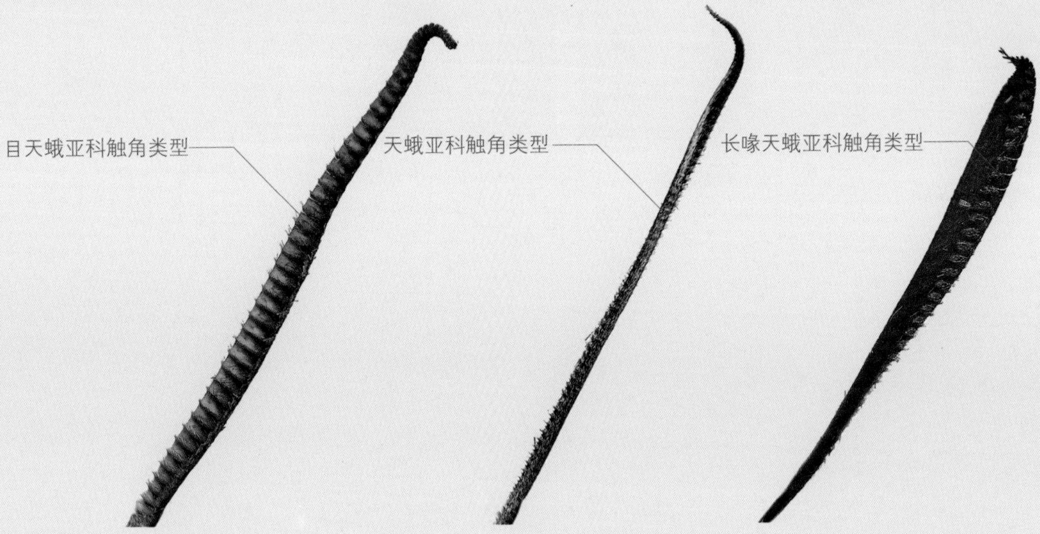

5

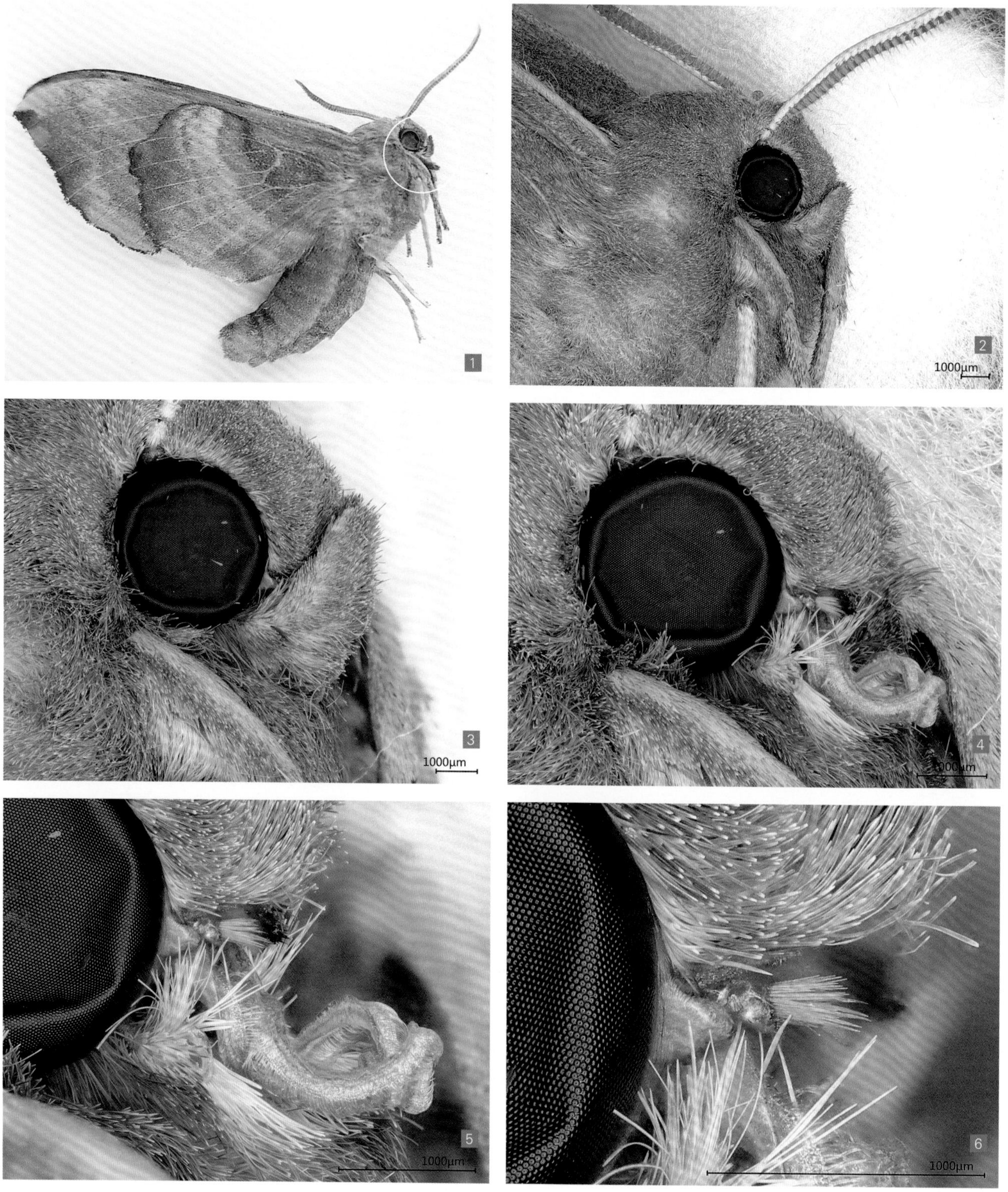

1–6. 天蛾成虫的听器，藏于口器基部（以黄脉天蛾为例）/ 黄嘉龙　摄

胸部

胸部由前胸（prothorax）、中胸（mesothorax）和后胸（metathorax）3个体节组成，具有较大的侧腹板，前腹与下腹板愈合，腹板与中胸腹板分开。天蛾的胸部背面通常被密集的毛簇和鳞片，组合形成各种花纹，这也是分类的依据之一；一些冬季或早春发生的种类在胸部具异常发达的毛簇，如绒毛天蛾属*Pentateucha*的种类。

胸部具发达的3对步足，由基节（coxa）、转节（trochanter）、胫节（femur）、跗节（tarsumeres）组成。胫节光滑或具刺突；前足胫节端突出，中足胫节具1对或2对端距（apical spurs）或中距（medial spurs）；跗节分为5节，腹面和侧面具成行的短刺突或不具刺；第5跗节具两爪（pretarsal claw），具爪垫（arolium）或无；具1—2对爪鬃（pulvillus）或无。

1. 史氏绒毛天蛾胸部具茂密的毛簇　福建宁德 / 郭亮　摄　2. 甘蔗天蛾翅膀鳞片放大细节 / 蒋卓衡　摄　3. 黑胸木蜂天蛾翅膀鳞片放大细节 / 蒋卓衡　摄　4. 成虫足部结构（以亚距鹰翅天蛾为例）/ 蒋卓衡　摄

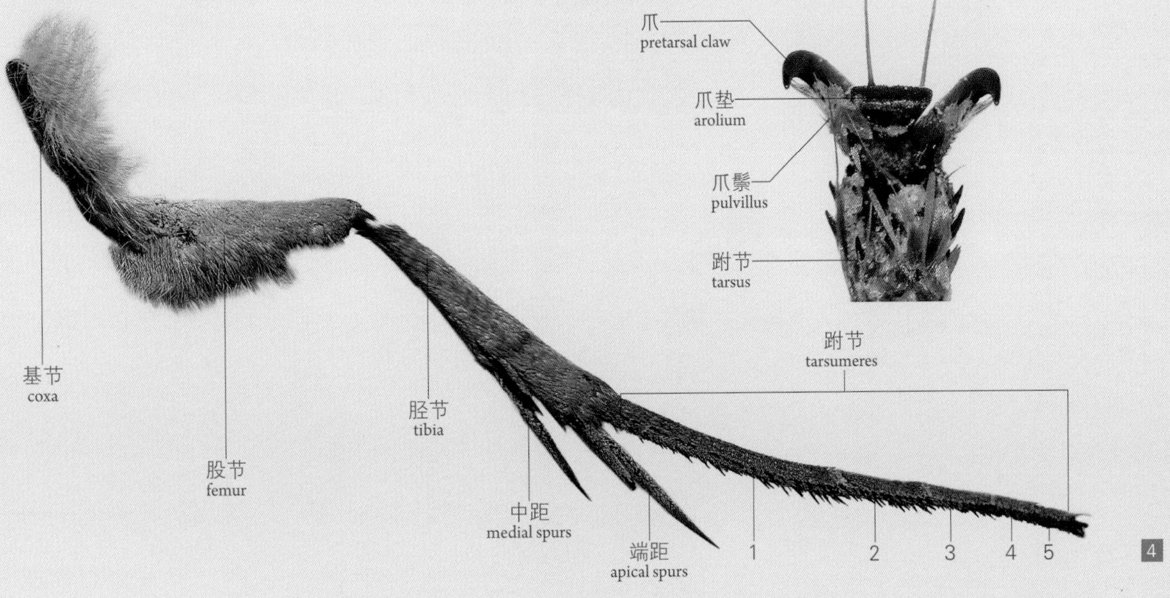

中胸和后胸各具1对翅膀，翅膀的大小、花纹、或颜色与形状是天蛾分类最主要的依据之一；翅膀展开时向上或向前的边称为前缘（costal margin），向外的边称为外缘（outer margin），向后或向下的边称为后缘（inner margin）；前翅前缘和外缘相交的末端称为顶角（apex）；外缘与内缘相交的末端称为臀角（tornus）；翅膀展开时前翅2个顶角间的距离称为翅展（wingspan），翅膀基部到顶角的直线距离称为前翅长（forewing length）。

1

天蛾的前翅通常呈狭长的三角形，多数种类顶角尖锐且向外延伸，臀角稍向外突出；后翅多为窄长的扇形，一些种类臀角向外突出明显。天蛾雄性的前后翅具“翅缰-翅刺”结构，即前翅具1个突起的半环状构造为翅缰（retinaulum），后翅具1枚较硬的长刺毛称为翅刺（frenulum），两者互相穿透契合从而形成连锁结构；雌性前后翅也具有类似的结构，但翅缰和翅刺为多根短刺毛或较长的丛毛，与雄性区别明显。除此之外，雌性的翅膀通常较雄性更加宽大，整体轮廓更加圆润，斑纹相对发达。绝大多数天蛾两性花纹基本一致，仅少数类群雌雄异型明显，如突角天蛾属*Enpinanga*和斗斑天蛾属*Daphnusa*。

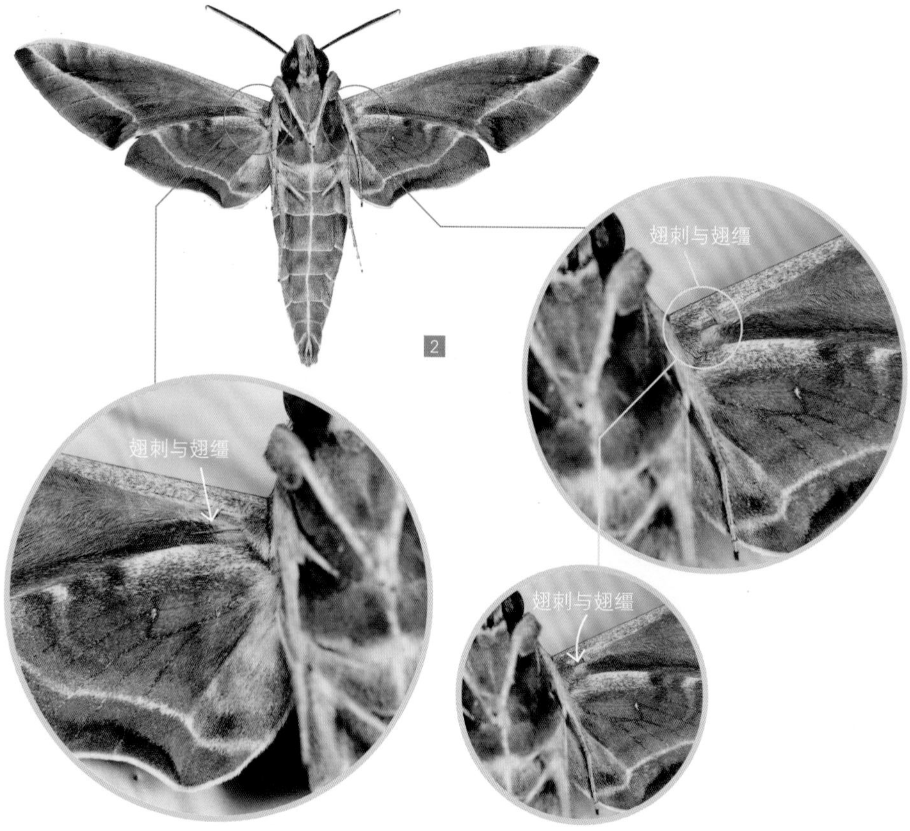

2

刚羽化的天蛾会攀爬至树干、石块或植物茎叶表面，身体垂直于地面开始进行展翅，翅膀从皱缩一团到逐渐充液舒展、定色，整个过程持续1—2小时。

1. 成虫标本示意图（以拓比鹰翅天蛾为例）/ 蒋卓衡　摄
2. 天蛾翅缰结构示意图（以茜草白腰天蛾为例）/ 黄嘉龙　摄
3–7. 成虫羽化展翅过程（以西昌绿天蛾为例）云南昆明 / 郭世伟　摄

在研究过程中为了方便记述，将翅面的花纹特征及其所在的区域进行了划分和命名。本书对于翅脉和翅室的描述采用康尼（Comstock Needham）命名法，如图例所示；此外本书中依据天蛾翅展的大小对其体型进行了简单划分：翅展在50毫米及其以下的为小型天蛾；50毫米—90毫米的为中型天蛾；90毫米及其以上的为大型天蛾。

1. 天蛾翅脉示意图 / 蒋卓衡　绘
2. 天蛾翅面分区示意图 / 蒋卓衡　绘

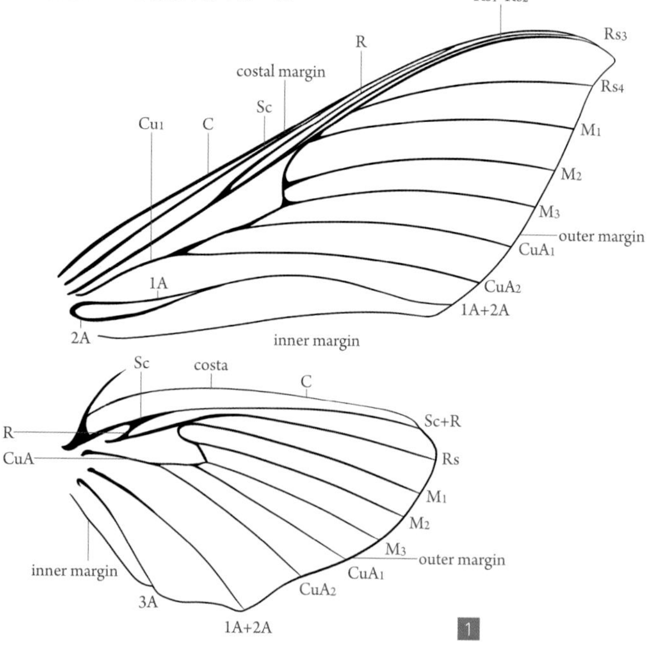

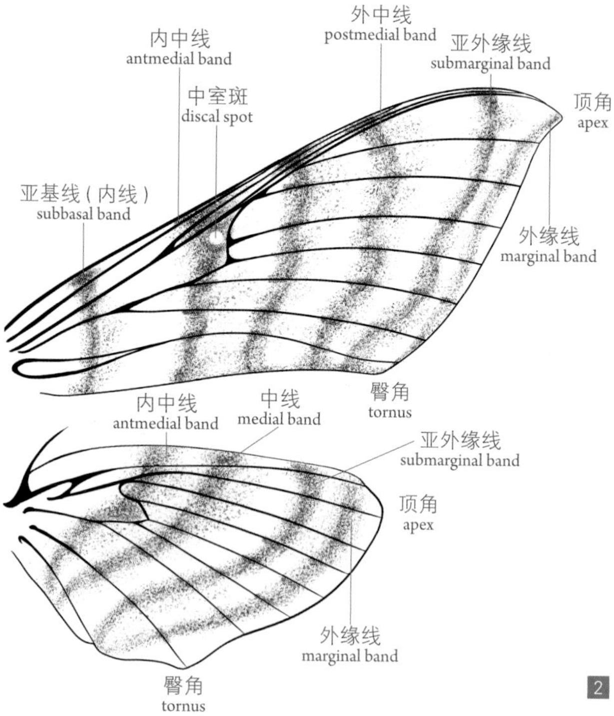

腹部

腹部是天蛾的代谢与生殖中心，呈锥筒状且被密集的绒毛，多数种类具1条或数条背线，两侧具各色条纹、斑点或斑纹，或仅具纯色被毛。腹部由10个体节组成，其中第1节退化，第9—10节演化为外生殖器。大部分天蛾的雄性于第2—3腹板之间两侧各具1处沟槽，内部着生1对发香毛（andronical tuft），可能作释放激素吸引雌性或求偶之用，但具体用处目前尚不明确，这个结构在很多目天蛾亚科的种类，如齿缘天蛾属*Cypa*中退化或消失。腹部末端通常具形状各异的尾毛和斑纹，可作为部分种类的分类和性别区分依据，此外目天蛾亚科的一些种类于两侧还具1对臀簇（anal tuft）。

3. 红天蛾交配　云南景东 / 熊紫春　摄　4. 土色斜纹天蛾交配　广东深圳 / 陆千乐　摄

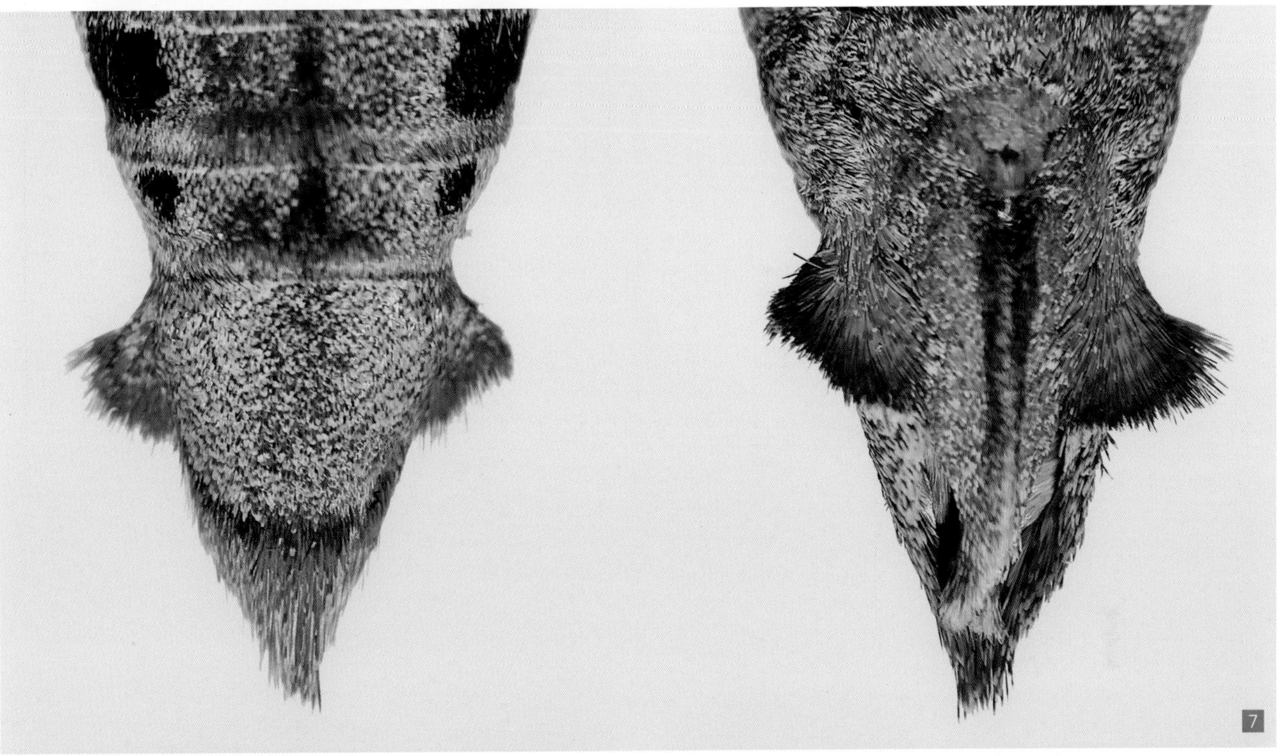

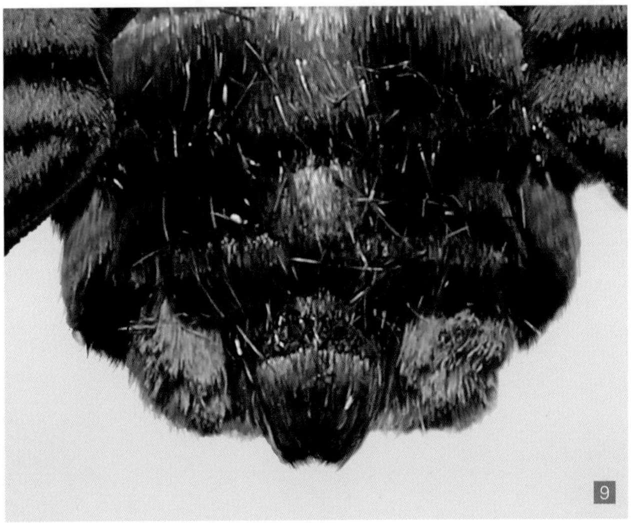

5. 中线天蛾交配　云南西双版纳 / 陆千乐　摄　6. 弗瑞兹长喙天蛾雄性腹部末端毛簇 / 蒋卓衡　摄　7. 日本鹰翅天蛾雄性腹部两侧臀簇 / 蒋卓衡　摄　8. 天蛾成虫雄性腹部基部两侧的香鳞毛 / 蒋卓衡　摄　9. 银斑天蛾雄性腹部毛簇 / 蒋卓衡　摄

雄性的外生殖器骨化程度较为明显，由第9腹节演化而成的环称为背兜（tegumen），其前端延伸具囊形突（saccus），二者间的弧状连接结构称为基腹突（vinculum）；背兜中后方延伸为钩形突（uncus）和颚形突（gnathos），其间具膜状结构肛管（anal tube），基腹突中央具阳茎（phallus），其基部具阳茎基环（juxta）起固定与支撑作用；阳茎的长度、形状与阳茎端的骨化片结构（sclerotized appendage）因种而异，是重要的分类依据之一；阳茎基部具阳茎囊（coecum），端部具阳茎端膜（vesica）；具2片抱器（valve），内侧骨化结构称抱器腹（succulus），端部称抱器腹突（harpe），此三者是天蛾分类鉴定最主要的依据之一，结构因种而异；一些种类于抱器上具大小和形状不同的鳞片区，称抱器鳞（friction scale）。

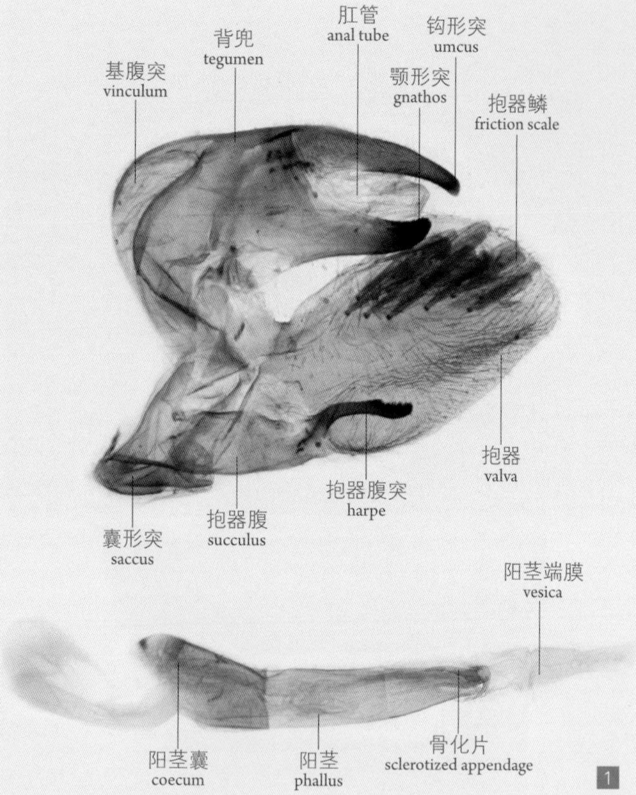

1

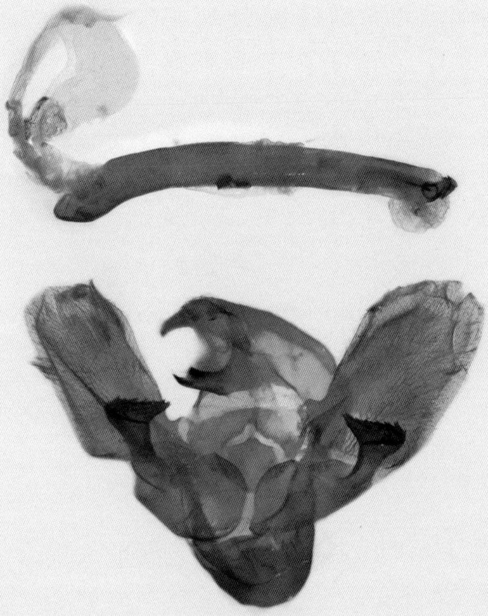

2

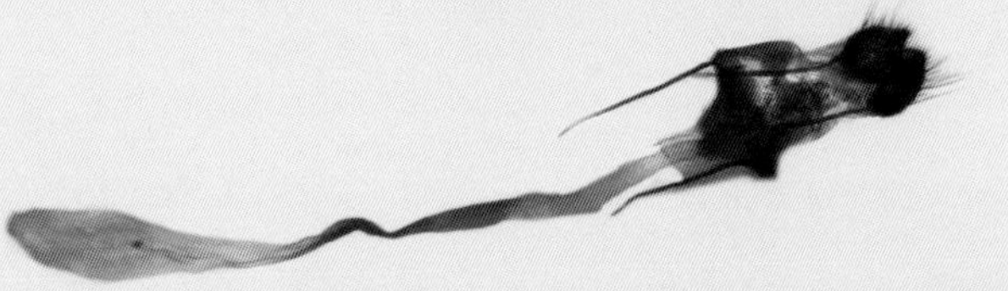

3

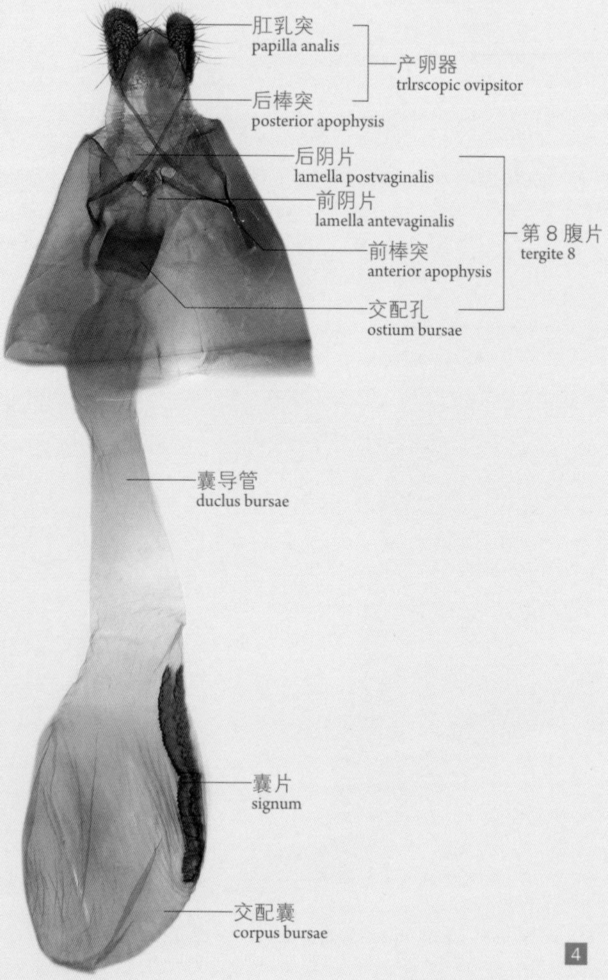

4

雌性外生殖器相对骨化程度较弱，末端为产卵器，由圆片状或半圆状的肛乳突（papilla analis）和后棒突（posterior apophysis）组成，交配孔（ostium bursae）隐藏或裸露，周围由前阴片（lamella antevaginalis）与后阴片（lamella postvaginalis）环绕覆盖，两侧具前棒突（anterior apophysis）；囊导管（ductus bursae）长短和粗细变化很大，因种而异；交配囊（corpus bursae）膜质，通常为长圆形，但也有其他近似形状如球形或扁圆形，囊表面具角质化的囊突（signum），形状和大小差别显著，是分类的重要依据。

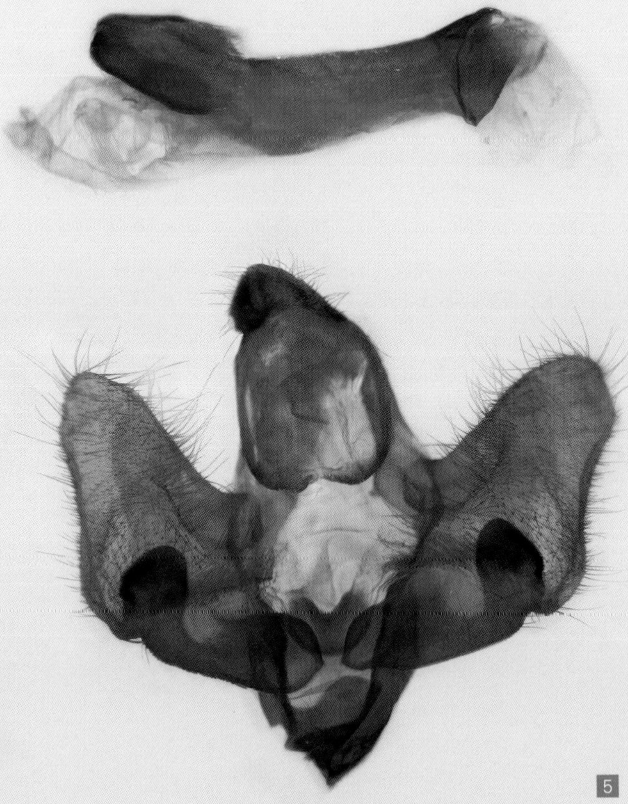

5

6

1. 天蛾雄性生殖器示例图（以托氏葡萄天蛾为例）/ 蒋卓衡　摄
2. 葡萄缺角天蛾雄性生殖器 / 蒋卓衡　摄
3. 白薯天蛾雌性生殖器 / 蒋卓衡　摄
4. 天蛾雌性生殖器示例图（以白肩天蛾为例）/ 蒋卓衡　摄
5. 钩月天蛾雄性生殖器 / 蒋卓衡　摄
6. 蓝目天蛾雌性生殖器 / 蒋卓衡　摄

五、成虫的传粉与取食行为

天蛾的成虫按照取食与否分为两大类：一类不取食，即整个成虫期间不进食任何东西，活动所需要的能量完全依靠幼虫期间的积累（Miller, 1997）。这类天蛾的喙高度退化，仅残留很细很短的痕迹或者几乎不可见，国内这类物种常见的如目天蛾属*Smerinthus*、六点天蛾属*Marumba*和星天蛾属*Dolbina*等。喙退化的现象在目天蛾亚科是普遍现象，但这个亚科仍然有保留发达的喙并访花的成员，如鹰翅天蛾属*Ambulyx*的种类；天蛾亚科喙退化现象分散在不同属中，甚至在同一属中情况也不同，如松天蛾属*Hyloicus*；长喙天蛾亚科的喙通常比较发达，退化现象罕见，目前已知仅限于波翅天蛾属*Proserpinus*在北美分布的一个种*P. lucidus*（Kawahara et al., 2007）。另外有研究认为10毫米是决定天蛾成虫取食与否的一个判断标准（Kawahara et al., 2007），短于此则不取食。但编者根据野外经验认为这个标准可能不完全准确，因为某些喙显著长于10毫米且种群密度很大的种类反而从未有过访花记录。

另外一类天蛾喙发达且有明显的取食行为。中国分布的天蛾中喙最长的是猿面天蛾，其喙长度可达130毫米；非洲和美洲的种类喙最长达220毫米，甚至更长（Arditti et al., 2012; Kawahara, 2007），如*Manduca*属和*Xanthopan*属的种类。天蛾成虫可以取食花蜜、蜂巢中的蜜、树液和腐败水果的渗出液。目前有确凿证据表明天蛾取食蜂蜜的行为仅在鬼脸天蛾属*Acherontia*中有报道（Kitching, 2003），此属的物种会在夜间循着气味寻找蜂巢并潜入其中掠夺蜂蜜，它们的喙明显表现出适应这种食性的特点：粗短且坚硬，具锐利的角质化尖端以刺穿巢脾的盖子，从而吸食浓稠的蜜。另外它们的体壁比一般天蛾更坚硬，覆盖有一层厚厚的毛和鳞片，用以抵抗工蜂的蜇刺，因此鬼脸天蛾属的成虫也成为养蜂业的重要害虫之一。取食树液和腐败水果的行为在少数天蛾物种中也有观察记录，如葡萄昼天蛾*Sphecodina caudata*。树液和腐败水果在许多自然群落中是常见的东西，因此在天蛾科中这样的取食行为可能发生在更多物种里，但是对此尚无专门的研究。此外一些天蛾也有到溪流边、水洼或者降雨后的叶片上吸水的行为。这可能单纯是为了补充水分，但对于白天活动的种类来说吸水也可能兼有调节体温的作用，因为它们经常是吸了之后从腹部末端喷出，并反复多次。

与其他鳞翅目昆虫相比，天蛾独具魅力的行为是访花及其伴随的传粉现象。天蛾常被描述成一类“hovering”访花者，即像蜂鸟那样在空中悬停着访花，但实际上它们在某些情况下完全可以像其他访花昆虫那样落在花上吸蜜。在无风或微风的夏季夜晚，漫步在城市绿地或乡村道路上，我们有时会嗅到阵阵花香。尽管有香味的花很多，但是在夜晚常遇到的香花很多是适应蛾类，尤其以天蛾传粉为主的种类（另外一类常见的夜香花卉是适应甲虫传粉的木兰科等），包括栽培非常广泛的忍冬、栀子、百合、茉莉和姜花等等。尽管在鳞翅目中访花吸蜜的行为并非天蛾独有，但其访花行为别具美学意义，且在传粉生物学上也引起更多的关注。在全球尺度上，以天蛾作为主要传粉媒介的植物可能比其他类型鳞翅目传粉的植物更常见。天蛾成虫取食花蜜的现象从进化生物学鼻祖达尔文就开始有报道，并在传粉研究领域中形成了独特的“天蛾传粉综合征”概念（Johnson et al., 2016）。适应天蛾传粉的花朵通常颜色浅，花被在夜间开始打开，散发令人陶醉的芳香，并分泌黏稠而又量少的珍贵花蜜。这些花在形态上的显著适应是常具细长的管状构造，使得只有天蛾的长喙才能取食其中的花蜜。但因受系统发育背景影响，以天蛾作为主要传粉媒介的植物仍然表现出显著的花特征多样性，并且具体到某一种植物时，上述天蛾传粉综合征并不一定能够完全呈现。例如有些花不具有细长的管状构造，但也会呈现喇叭状或完全没有任何管状结构；有些种类雌雄蕊隐藏在花管中，而有些花的雌雄蕊不同程度探出；有的花被呈流苏状。但天蛾是泛化的取食者，只要有机会，它们也绝不拒绝享用适应其他动物传粉的花蜜丰富的花，如编者曾在滇西北的香格里拉高山植物园的湿地草甸上发现红天蛾有时会集中造访海仙报春。总体而言，少数天蛾在白天或黄昏活动，入夜之后反而歇息，它们喜欢访的花通常与典型的天蛾媒花显著不同。这类日行性天蛾经常被人们误认为是蜂鸟（如长喙天蛾属*Macroglossum*、黑边天蛾属*Hemaris*、透翅天蛾属*Cephonodes*或木蜂天蛾属*Sataspes*）。总的来说，天蛾传粉的植物大多美丽、芳香，且因为在傍晚或夜间开放、气味更浓郁而显得颇为神秘，因此深受花卉爱好者的青睐。为它们传粉的天蛾同样有着神秘的夜间活动习性，也具有炫酷的外形和独特行为。因此天蛾传粉应当成为自然摄影、科研从业人士和爱好者关注的一个主题。

以天蛾作为主要传粉媒介的植物广泛分布在人类定居的各个大洲，并明显表现出向热带集中的趋势，这显然与天蛾物种多样性的地理分布相关。它们在非洲和美洲得到了相对广泛而深入的研究，即使是在以天蛾作为主要传粉媒介的植物较少见的欧洲，也有某些适应天蛾传粉的植物物种被当作探索花进化问题的模板来进行研究，如舌唇兰属的*Platanthera bifolia*，这个物种广泛分布于欧亚大陆地区。一个瑞典研究团队连续多年研究其距长的进化和对传粉者的适应意义，发现距的长度而非花被的大小才是真正决定传粉成功与否的形态因素，距的长度以及地理变异幅度，与各地不同种群的蛾类传粉者的喙长有关（Boberg and Agren, 2009; Boberg et al., 2014; Trunschke et al., 2020）。另一个典型例子为北美的耧斗菜属植物，按照花色分为蓝色、红色和白色三大类，而且距的长度跟花色有关：白色花的物种距最长，红色的次之，蓝色最短。白色花的物种具有香气；蓝色、红色、白色分别对应熊蜂、蜂鸟和天蛾传粉。研究者利用这些耧斗菜进行了距长和花色的宏观进化趋势研究后发现，熊蜂传粉是一种祖先性状，红色的蜂鸟媒起源于熊蜂媒，而白色芳香的天蛾媒又起源于蜂鸟媒，这两类进化的转变事件在这个属发生过多次，并且从未发生过逆转，也没有天蛾媒物种直接起源于熊蜂媒的例子。此外，讨论是否是传粉者推动了花的进化这一问题常引用的经典案例是马达加斯加岛产的彗星兰。达尔文发现这种植物的距长达30厘米，预测这种植物的传粉者一定是某种喙特别长的蛾子，这成为进化生物学上最著名的预测之一，并在20世纪末才逐渐被红外摄像器材拍摄的情景证实，其传粉者为天蛾亚科的*Xanthopan praedicta*，喙长达220毫米。

尽管不少植物已经特化成天蛾为其传粉，但以天蛾取食行为为出发点展开的研究普遍发现“天蛾成虫－蜜源植物”的关系并不对称，它们实际上可以访问各种花蜜丰富的花，因此并不局限于具有天蛾传粉综合征的植物。例如在哥斯达黎加一个季雨林群落里，天蛾频繁取食具有鸟媒、蝙蝠媒和蜂媒等综合征的植物的花蜜，并可能为某些植物起到传粉作用。类似的现象也在东非的热带草原群落里有报道（Martins and Johnson, 2013）。对全球多个群落的研究进行综合分析后Steven D. Johnson等人（2016）发现天蛾的喙长与其食性的特化程度呈负相关，即喙越长的天蛾食谱越广，“天蛾造访与自己喙长相匹配的花”的假说被否定了。这说明天蛾与蜜源植物的互作范围远比传粉综合征概念预测得更广。编者在日常观察中对这一点也深有感触，例如从热带美洲引入的醉蝶花*Tarenaya hassleriana*，其花色和气味方面并无典型天蛾媒特征，但丰富的花蜜仍使其成为天蛾喜欢访问的植物。但需要注意的是，即使是真正适应天蛾传粉的植物，其花特征也并不总是百分百符合天蛾传粉综合征的概括，这一点可能是与植物进化的系统发育背景有关，并且这一现象在其他传粉动物与花的互作中也有体现，就是说传粉综合征并不能完全解释植物与传粉者的关系（Waser et al., 1996）。热带和亚热带有些天蛾媒物种管状构造短或不存在，而同时雌雄蕊显著伸出花外，成为所谓的“刷状花”，这在白花菜科和豆科的含羞草亚科等类群中不乏例子；还有些花的香味不甚明显；有些花并非呈细长管状而是呈宽阔的喇叭状，例如某些仙人掌科和百合科植物（Liu et al., 2019）。此外一个有意思的现象是，中国分布的一些长喙天蛾属*Macroglussum*物种，如小豆长喙天蛾*M. stellatarum*或突缘长喙天蛾*M. nycteris*，在对一些外来引进的植物，如原产自于北美的美丽月见草*Oenothera speciosa*进行访花活动时，常出现口器被花管卡住而无法挣脱的情形。通过解剖发现，由于月见草的花管内有一段密布向下方向短绒毛的区域，当长喙天蛾吸食完花管底部蜜腺分泌的花蜜拔出口器时，这些短绒毛会卡住喙表面的一圈圈横沟而产生强大的逆向阻力，使得天蛾的口器无法顺利收回，从而难以脱身。

作为天蛾媒研究的世界权威，南非夸祖鲁-纳塔尔大学的Steven D. Johnson教授在其研究里明确指出（Johnson et al., 2016）：天蛾访花和传粉在亚洲和大洋洲的报道非常稀少，天蛾传粉生态位在这些地区的植物区系里可能不是那么重要。而在更早的一篇关于印度-马来亚植物区系的植物与传粉者互作的综述里，香港大学的Richard T. Corlett教授甚至认为鳞翅目传粉总体上在这一植物区系远没有在新热带重要。编者在经过数年的观察和研究后对上述看法持保留观点。我们认为报道少可能完全因为开展的研究少，而不是因为天蛾媒本身罕见。首先，具有发达的喙的天蛾在本地区物种多样性丰富，而且具备天蛾传粉综合征的植物在这些地区也很常见；其次，传粉生态学研究在这些区域总体上都相对稀缺，这一点不仅仅表现在蛾类传粉上；再次，除了Steven教授以及个别日本学者发表的关于天蛾传粉的报道（Miyake et al., 1998），编者和其他国内国外同行在此之后也发表了数篇相关论文，涉及多个不同的植物科属和诸多不同的天蛾物种。如Zhang and Gao（2017)发现同域分布同时开花且共享同一天蛾传粉者的两种玉凤花利用传粉者不同的身体部位携带花粉块从而避免相互繁殖干扰；Tao et al.（2018）发现滇西北高海拔一种玉凤花兼由红天蛾和一些夜蛾传粉，这些蛾类传粉效率高但导致高比例的自交；Liu et al.（2019）发现巨大喇叭状花的物种在百合属多次独立起源于非喇叭状花类群，这种进化转变事件是由其他传粉方式转为天蛾传粉而触发的。该研究第一次指出，巨型喇叭状天蛾媒花实际上代表了一种独特的适应机制，即它们允许喙长度不同的天蛾访问和传粉，甚至喙长远远短于其花管长度的天蛾都可以参与进来；Tang et al.（2020）以大旗瓣凤仙花为例，总结了前人在此属其他物种的观察结果，揭示出超级大属凤仙花属的长距类群可能并非适应蝴蝶传粉而是适应白天活动的天蛾传粉。这个研究的背景前提是大部分天蛾是夜间活动或黄昏活动的，部分种类却进化出日间活动的习性，其中在亚洲这个现象似乎格外常见，如长喙天蛾属、黑边天蛾属和木蜂天蛾属等类群；Lu et al.（2021）利用4种葫芦科作物第一次用实验证据揭示出蛾类也可以为某些栽培植物提供传粉服务，其中主要的传粉蛾类为天蛾。这否定了之前“鳞翅目昆虫不是任何栽培作物的主要传粉者”的说法。这4种作物包括广泛作为蔬菜的广东丝瓜和蛇瓜，作为重要药用植物并且种子新开发为食用坚果的栝楼，以及作为蔬菜兼工艺品的葫芦。

六、成虫的天敌

天蛾成虫具有高超的飞行能力，能够突然加速和突然变向，因此推测它们躲避鸟和蝙蝠捕食的能力比其他鳞翅目昆虫强。但它们身体更大，翅膀也宽大，所以飞行时可能更容易引起这些捕食者的注意。编者曾在广西植物研究所内多次见到蝙蝠试图捕捉访花中的天蛾，其动作是突然加速向访花天蛾俯冲过去。因光线弱且多少有枝叶遮挡视线，难以肉眼观察捕食成功率。作为夜行性昆虫，天蛾必然面对蝙蝠的强大捕食压力，因此众多天蛾科类群分支中分别独立进化出干扰蝙蝠声呐系统的发声机制也不意外（Barber et al., 2022）。白天大多数天蛾栖息于树枝、树干或叶丛中，处于休息状态。天蛾前翅和躯干普遍呈暗淡的黄褐色、灰色、绿色等色调，不动的情况下不显眼，可能产生逃避鸟类等昼行性天敌的伪装效果。对于少数白天飞行的种类来说，如何躲避这些天敌必然也是问题。据编者的观察，白天活动的天蛾，如长喙天蛾属、黑边天蛾属和木蜂天蛾属，对周围运动的物体非常敏感，突然加速飞行的能力似乎比夜间种类更强，只有蜂虎等飞行技巧强大的鸟类有机会捕捉到这些蛾子，例如图例中被捕食的木蜂天蛾*Sataspes xylocoparis*。还有记载表明大型伏击性蜘蛛也可能有机会捕食访花的天蛾（Arditti et al., 2012）。至于是否有蛛网能够困住天蛾，或者两栖类、爬行类是否也可以捕捉天蛾成虫，目前未见有报道；编者在进行野外灯诱采集时也观察到，一些哺乳类动物如果子狸、灵猫以及猕猴等也会来到光源附近捕食被灯光吸引而来的各种蛾类，其中就包括天蛾。此外一些纪录片中也有马达加斯加的狐猴捕捉到访花的天蛾的镜头。

就天蛾的生活史而言，其幼虫和蛹还常被多类双翅目或者膜翅目的昆虫寄生，如寄蝇和寄生蜂；除此之外一些真菌如层束梗孢属*Hymenostilbe*也会侵入幼虫或成虫体内，使得虫体沦为培育菌落的温床，成为永恒的僵尸。

被层束梗孢属 *Hymenostilbe* sp. 寄生的天蛾　云南独龙江 / 沈子豪　摄

1. 被寄生的栗六点天蛾蛹和钻出来的寄蝇幼虫　云南昆明 / 郭世伟　摄　2. 被茧蜂寄生的栗六点天蛾幼虫　云南昆明 / 郭世伟　摄　3. 大背天蛾与双叉犀金龟一同取食树液　浙江台州 / 苏圣博　摄　4. 被真菌寄生的天蛾幼虫　云南普洱 / 蒋卓衡　摄　5–7. 各类天蛾访花　云南昆明 / 刘长秋　摄　8. 天蛾访花　云南元江 / 刘长秋　摄　9. 天蛾访花　四川乐至 / 刘长秋　摄　10、14. 天蛾访花　云南香格里拉 / 刘长秋　摄　11–12. 天蛾访花　云南麻栗坡 / 刘长秋　摄　13、16. 天蛾访花　贵州施秉 / 刘长秋　摄　15. 天蛾访花　广西桂林 / 刘长秋　摄

5

6

7

8

9

10

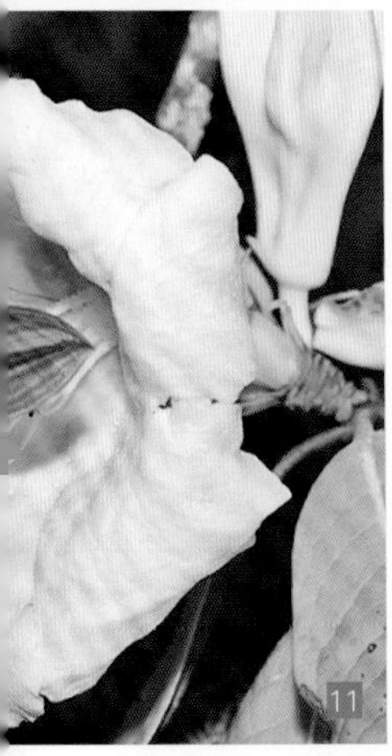
11

12

13

14

15

16

17

18

17. 果子狸捕食天蛾　马来西亚 / 周丹阳　摄　18. 黑嘴地鹃捕食天蛾　马来西亚 / 周丹阳　摄　19. 栗喉蜂虎捕食木蜂天蛾　海南海口 / 徐可意　摄　20. 突缘长喙天蛾被美丽月见草卡住口器　湖北武汉 / 沈子豪　摄　21. 葡萄昼天蛾吸食树液　福建福州 / 葛应强　摄

七、中国天蛾科物种

锯翅天蛾亚科 Langiinae Tutt, 1904

Langiinae Tutt, 1904, *A natural history of the British Lepidoptera*, 504.
Type genus: *Langia* Moore, 1872

锯翅天蛾属 *Langia* Moore, 1872

Langia Moore, 1872, *Proc. zool. Soc. Lond.*, 1872: 567.
Type species:*Langia zenzeroides* Moore, 1872

大型天蛾。身体、翅膀银灰色或者黄灰色；喙较短，不明显；前翅外缘具锯齿状突起，翅面具斑驳的条纹与斑块。该属成员停歇时常将腹部末端翘起，受到惊扰时身体会不停起伏或摩擦发出声响进行威吓。

该属世界已知1种，中国已知1种，本书收录1种。

锯翅天蛾 *Langia zenzeroides* Moore, 1872

Langia zenzeroides Moore, 1872, *Proc. zool. Soc. Lond.*, 1872: 567.

锯翅天蛾指名亚种 *Langia zenzeroides zenzeroides* Moore, 1872

Type locality: West Himalays.
Synonym:*Langia khasiana* Moore, 1872
Langia zenzeroides nina Mell, 1922
Langia zenzeroides szechuana Chu & Wang, 1980
Langia zenzeroides kunmingensis Zhao, 1984

大型天蛾。雄性触角正面灰色，反面黑色，身体与翅面主要为银灰色或黄灰色，胸部肩处具黑褐色大斑，腹部被密集的毛簇；前翅密布黑褐色与黄灰色的鳞片，外缘具明显的齿状突起，前翅面正面自翅基至顶角有深灰色带状区域，顶角至后缘具3条黑褐色的线纹；反面黄褐色，基半部具长纤毛，外中线处具1列褐色斑点。后翅灰褐色，近臀角处具黑色与白色条纹；反面黄灰色，内中线具1条明显的黑褐色波浪纹，亚外缘处具1枚褐色斑点。雌性外观形态类同雄性，但体型更加粗壮，斑纹更加扩展。

1年1代，出现于春季。寄主主要为李属植物。

中国分布于北京、河北、江苏、浙江、湖北、四川、重庆、云南、贵州、福建、广东、广西、海南等地。此外见于泰国、老挝、越南，以及朝鲜半岛、南亚次大陆。

锯翅天蛾台湾亚种 *Langia zenzeroides formosana* Clark, 1936

Langia zenzeroides formosana Clark, 1936, *Proc. New Engl. zool. Club*, 15: 83.
Type locality: China, Taiwan, Nantou, Puli.

大型天蛾。形态与指名亚种几乎无异，但整体颜色与花纹相对较淡。

1年1代，出现于春季。寄主主要为李属植物。

目前仅知分布于中国台湾。

1. 锯翅天蛾指名亚种 *Langia zenzeroides zenzeroides* 云南昆明 / 郭世伟　摄
2. 锯翅天蛾指名亚种 *Langia zenzeroides zenzeroides* 北京房山 / 许振邦　摄

锯翅天蛾指名亚种

Langia zenzeroides zenzeroides

♂ 云南昆明 翅展 125 毫米

锯翅天蛾指名亚种

Langia zenzeroides zenzeroides

♂ 广西金秀 翅展 130 毫米

锯翅天蛾指名亚种

Langia zenzeroides zenzeroides

♀ 江西武夷山 翅展 146 毫米

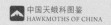

锯翅天蛾指名亚种

Langia zenzeroides zenzeroides

♀ 重庆巫溪 翅展 156 毫米

锯翅天蛾台湾亚种

Langia zenzeroides formosana

♂ 台湾南投 翅展 141 毫米

锯翅天蛾台湾亚种

Langia zenzeroides formosana

♀ 台湾台中 翅展 148 毫米

目天蛾亚科 Smerinthinae Grote & Robinson, 1865

Smerinthinae Grote & Robinson, 1865, *Proc. ent. Soc. Philad.*, 5: 153.
Type genus: *Smerinthus* Latreille, 1802

黄脉天蛾属 *Laothoe* Fabricius, 1807

Laothoe Fabricius, 1807, *Magazin Insektenk (Illiger)*, 6: 287.
Type species:*Sphinx populi* Linnaeus, 1758

中型天蛾。体色灰褐色或黄灰色，喙较短；翅形较圆润，翅面具波浪形条纹与斑带，翅脉具黄色鳞片，前后翅边缘通常具齿状突起。

该属世界已知7种，中国已知3种，本书收录3种。

黄脉天蛾 *Laothoe amurensis* (Staudinger, 1892)

Smerinthus tremulae var. amurensis Staudinger, 1892, *in* Romanoff (ed.), *Mém. Lépid.*, 6: 232.

黄脉天蛾指名亚种 *Laothoe amurensis amurensis* (Staudinger, 1892)

Type locality: Russia, Khabarovskiy Krai/Primorskiy Krai.
Synonym: *Sphinx tremulae* Boisduval, 1828
Smerinthus amurensis rosacea Staudinger, 1892
Laothoe tremulae baltica Viidalepp, 1979

中型天蛾。雄性胸部和腹部具灰褐色绒毛，触角黄褐色；前翅顶角尖锐，外缘具波浪状突起，前翅正面灰褐色，基半部具2条较粗的浅灰色斑带，外中线处具1条浅灰色锯齿状斑带，顶角和臀域处各具1枚浅灰色斑块；反面灰褐色，斑纹模式类同正面，但基半部区域为黄灰色。后翅灰褐色，基部黄灰色，具3条较粗的浅灰色条纹，其中外缘于Rs和M_1脉明显向外突出；反面灰褐色，斑纹模式类同正面，但斑纹之间的颜色对比度更深。雌性外观形态类同雄性，但体型更加粗壮，斑纹更加扩展。

主要出现在夏季。寄主不明，可能为柳属或杨属植物。

中国分布于新疆、内蒙古、黑龙江。此外见于日本、俄罗斯。

黄脉天蛾滇藏亚种 *Laothoe amurensis selene* Zolotuhin, 2018

Laothoe selene Zolotuhin, 2018, *Eversmannia*, 54: 11.
Type locality: China, Yunnan, Lijing/Zhongdian.
Synonym: *Laothoe eitschbergeri* Zolotuhin, 2018

中型天蛾。近似中华亚种*ssp. sinica*，但体型更大；前后翅的银色带状斑纹更加发达，外缘锯齿状突起更加明显。

主要出现于夏季。寄主为杨属植物。

分布于中国云南西北部、四川西部、西藏东南部。

黄脉天蛾中华亚种 *Laothoe amurensis sinica* (Rothschild & Jordan, 1903)

Amorpha amurensis sinica Rothschild & Jordan, 1903, *Novit. zool.*, 9 (suppl.):337.
Type locality: China, Sichuan, Hanyuan.

中型天蛾。近似指名亚种，但体型更加粗壮，翅面相对更宽阔，整体斑纹颜色较深。

主要出现于夏季和秋季。寄主为杨属植物。

中国分布于除华南和西北以外的大部分地区。此外见于朝鲜半岛。

川陕黄脉天蛾 *Laothoe habeli* Saldaitis, Ivinskis & Borth, 2010

Laothoe habeli Saldaitis, Ivinskis & Borth, 2010, *Tinea*, 21(2): 53.
Type locality: China, Shaanxi, Qinling Mts.

中型天蛾。雄性近似黄脉天蛾*L. amurensis*，但体型明显更小，整体相对浑圆，前后翅外缘锯齿状突起更加明显，前后翅正面的深褐色条纹与浅灰色条纹对比明显，后翅正面基部具明显的橙色斑块。雌性外观形态类同雄性，但体型更加粗壮，斑纹更加扩展。

主要出现于夏季。寄主不明。

该种为中国特有种。分布于陕西、四川。

欧洲黄脉天蛾 *Laothoe populi* (Linnaeus, 1758)

Sphinx populi Linnaeus, 1758, *Syst. Nat.* (Edn 10) ,1: 489.

欧洲黄脉天蛾指名亚种 *Laothoe populi populi* (Linnaeus, 1758)

Sphinx populi Linnaeus, 1758, *Syst. Nat.* (Edn 10) , 1: 489.
Type locality: not stated (Sweden, Stockholm).
Synonym: *Sphinx tremulae* Borkhausen, 1793
Smerinthus populi rufescens de Selys-Longschamps, 1857
Merinthus palustris Holle, 1865
Merinthus populi salicis Holle, 1865
Smerinthus populi rufescens Fuchs, 1889
Laothoe populi pallida Newnham, 1900
Smerinthus borkhauseni Bartel, 1900
Smerinthus populi fuchsi Bartel, 1900
Smerinthus populi violacea Newnham, 1900
Amorpha populi pallida Tutt, 1902
Amorpha populi suffusa Tutt, 1902
Smerinthus populi decorata Schultz, 1903
Smerinthus populi cinerea-diluta Gillmer, 1904
Smerinthus populi ferruginea-fasciata Gillmer, 1904
Smerinthus populi ferruginea Gillmer, 1904
Smerinthus populi grisea-diluta Gillmer, 1904

Smerinthus populi grisea Gillmer, 1904
Smerinthus populi pallida-fasciata Gillmer, 1904
Smerinthus populi rufa-diluta Gillmer, 1904
Smerinthus populi rufa Gillmer, 1904
Smerinthus populi subflava Gillmer, 1904
Smerinthus populi rectilineata Klemensiewicz, 1912
Amorpha populi angustata Closs, 1916
Amorpha populi flavomaculata Mezger, 1928
Amorpha populi philiponi Huard, 1928
Amorpha populi lappona Rangnow, 1935
Amorpha populi depupillatus Silbernagel, 1943
Laothoe populi albida Cockayne, 1953
Laothoe populi basilutescens Cockayne, 1953
Laothoe populi moesta Cockayne, 1953
Laothoe populi bicolor Lempke, 1959
Laothoe populi minor Vilarrubia, 1973
Laothoe populi iberica Eitschberger, Danner & Surholt, 1989

中型天蛾。雄性近似黄脉天蛾*L. amurensis*，但前后翅外缘锯齿状突起更加发达，翅面的深褐色条纹更加明显，且前翅中室末端具明显的齿状白斑；后翅正面基部具红褐色斑块。雌性外观形态类同雄性，但体型更加粗壮，斑纹更加扩展。

主要出现于夏季。寄主为杨属和柳属等多种植物。

中国分布于新疆西北部。此外见于俄罗斯及欧洲。

欧洲黄脉天蛾中亚亚种 *Laothoe populi populetorum* (Staudinger, 1887)

Smerinthus populi var. populetorum Staudinger, 1887, *Stettiner Entomologische Zeitung*, 48: 65.
Type locality: Kyrgyzstan, Osh.

中型天蛾。近似指名亚种，但整体颜色较指名亚种淡，且前后翅外缘的齿状突起相对不明显。

主要出现于夏季。寄主为杨属和柳属等多种植物。

中国分布于新疆西部。此外见于乌兹别克斯坦、塔吉克斯坦、吉尔吉斯斯坦、哈萨克斯坦。

1. 黄脉天蛾滇藏亚种 *Laothoe amurensis selene* 云南丽江 / 许振邦　摄
2. 黄脉天蛾中华亚种 *Laothoe amurensis sinica* 北京白河 / 张巍巍　摄

1

2

黄脉天蛾指名亚种

Laothoe amurensis amurensis

♂ 黑龙江牡丹江 翅展 65 毫米

黄脉天蛾滇藏亚种

Laothoe amurensis selene

♂ 云南丽江 翅展 86 毫米

黄脉天蛾滇藏亚种

Laothoe amurensis selene

♂ 云南维西 翅展 86 毫米

黄脉天蛾中华亚种
Laothoe amurensis sinica
♂ 辽宁本溪 翅展 85 毫米

黄脉天蛾中华亚种
Laothoe amurensis sinica
♂ 重庆巫溪 翅展 90 毫米

黄脉天蛾中华亚种
Laothoe amurensis sinica
♀ 四川平武 翅展 91 毫米

川陕黄脉天蛾
Laothoe habeli
♂ 陕西太白山 翅展 75 毫米

欧洲黄脉天蛾指名亚种
Laothoe populi populi
♂ 新疆新源 翅展 70 毫米

欧洲黄脉天蛾指名亚种
Laothoe populi populi
♂ 新疆伊犁 翅展 76 毫米

目天蛾属 *Smerinthus* Latreille, 1802

Smerinthus Latreille, 1802, Hist. *Nat. Gén. Partic. Crust. Ins.*, 3: 401.
Type species: *Sphinx ocellata* Linnaeus, 1758

小型至中型天蛾。头顶毛簇密集呈峰状；喙较短，触角通常为黄褐色或棕褐色。胸部、翅面灰色或黄褐色。前翅外缘具突起，后翅臀区多有大型眼斑。

该属世界已知12种，中国已知6种，本书收录6种。

杨目天蛾 *Smerinthus caecus* Ménétriés, 1857

Smerinthus caecus Ménétriés, 1857, *Enumeratio Corporum Anim. Mus. imp. Acad Sci. Petropolitanae* (Ins. Lepid.), 2 (Lepid. Heterocera): 135.
Type locality: Russia, Chitinskaya Oblast.

中型天蛾。雄性胸部正面具1枚深褐色斑块；前翅外缘突起明显，正面为灰色，具灰褐色花纹，内中线、中线和外中线明显，呈褐色，顶角具1枚褐色三角形斑，臀角具1枚褐色斑块；反面褐色，斑纹模式类同正面，但基半部区域为粉色。后翅黄褐色，基部至臀域粉红色，臀角处具1枚黑色大型眼斑，具2条蓝灰色瞳线；反面赭褐色，基半部褐色，中线和外中线各具1条粉白色波浪形条纹。雌性外观形态类同雄性，但体型更加粗壮，斑纹更加扩展。

主要出现于夏季。寄主为杨属和柳属等多种植物。

中国分布于内蒙古、黑龙江、吉林、辽宁、河北、北京、山西。此外见于蒙古国、日本、俄罗斯，以及朝鲜半岛。

合目天蛾 *Smerinthus kindermannii* Lederer, 1853

Smerinthus kindermannii Lederer, 1853, *Verh. zool-bot. Ver. Wien (Abhandl.)*, 2: 92.
Type locality: Turkey, Diyarbakir, Maden.
Synonym: *Smerinthus kindermanni* var. *orbata* Grum-Grshimailo, 1890
Smerinthus kindermannii var. *obsoleta* Staudinger, 1901
Smerinthus kindermannii obscura (Closs, 1917)
Smerinthus kindermanni meridionalis Gehlen, 1931
Smerinthus kindermannii gehleni Eitschberger & Lukhtanov, 1996
Smerinthus kindermannii iliensis Eitschberger & Lukhtanov, 1996

中型天蛾。雄性近似杨目天蛾*S. caecu*，但体型相对更大；前翅外缘锯齿状突起更加明显，翅面黑褐色斑纹更加发达；后翅粉红色面积更大，且臀区的黑色眼斑较小，呈倒弯月形，中间具1条蓝灰色瞳线。雌性外观形态类同雄性，但体型更加粗壮，斑纹更加扩展。

出现于春季至夏季。寄主为杨属和柳属等多种植物。

中国分布于西藏和新疆。此外见于蒙古国至中亚。

小目天蛾 *Smerinthus minor* Mell, 1937

Smerinthus minor Mell, 1937, *Dt. ent. Z.*, 1937: 5.
Type locality: China, Shaanxi, Taibai Shan.

中型天蛾。雄性整体形态类似目天蛾*S. ocellata*，但体型明显更小；前翅狭长，外缘和后缘起伏更加强烈，顶角尖锐。后翅整体面积相对更大，呈团扇形，粉色区域面积较小，臀域具1枚黑色大型眼斑，具环状的灰蓝色瞳线。雌性目前未知。

主要出现于夏季。寄主不明。

该种为中国特有种。分布于河北、北京、山西、陕西、湖北。

目天蛾 *Smerinthus ocellata* (Linnaeus, 1758)

Sphinx ocellata Linnaeus, 1758, *Syst. Nat.* (Edn 10), 1: 489.
Type locality: not stated (Europe).
Synonym: *Sphinx ocellata* Linnaeus, 1758
Sphinx semipavo Retzius, 1783
Sphinx salicis Hübner, 1796
Smerinthus ocellata cinerascens Staudinger, 1879
Smerinthus ocellata rosea Bartel, 1900
Smerinthus ocellata albescens Tutt, 1902
Smerinthus ocellata caeca Tutt, 1902
Smerinthus ocellata pallida Tutt, 1902
Smerinthus ocellata diluta Closs, 1917
Smerinthus ocellata grisea Closs, 1917
Smerinthus ocellata ollivryi Oberthür, 1920
Smerinthus ocellata flavescens Neumann, 1930
Smerinthus ocellata kainiti Knop, 1937
Smerinthus ocellata reducta Schnaider, 1950
Smerinthus ocellata monochromica Cockayne, 1953
Smerinthus ocellata biocellata Lempke, 1959
Smerinthus ocellata brunnescens Lempke, 1959
Smerinthus ocellata caerulocellata Lempke, 1959
Smerinthus ocellata deroseata Lempke, 1959
Smerinthus ocellata parvocellata Lempke, 1959
Smerinthus ocellata rufescens Lempke, 1959
Smerinthus ocellata uniformis Lempke, 1959
Smerinthus ocellata viridiocellata Lempke, 1959
Smerinthus visinskasi Zolotuhin & Saldaitis, 2009

中型天蛾。雄性胸部正面具 1 枚深褐色斑块；前翅外缘和后缘起伏明显，正面为黄灰色，具灰褐色云纹和深褐色斑块，中线和亚外缘线较明显，呈褐色，顶角具 1 枚褐色三角形斑，臀角和中室下方各具 1 枚黑褐色斑块；反面灰褐色，基半部区域为粉色，其余斑纹模式类同正面。后翅约 1/3 面积为黄灰色，其余为粉红色，臀域黄灰色，臀角处具 1 枚黑色大型眼斑，内部具环状蓝灰色瞳线；反面灰褐色，具黑褐色和浅灰色条纹。雌性外观形态类同雄性，但体型更加粗壮，斑纹更加扩展。

主要出现于春季至夏季。寄主主要为杨属和柳属等多种植物。

中国分布于新疆。此外见于蒙古国、俄罗斯，以及中亚和欧洲。

蓝目天蛾 *Smerinthus planus* Walker, 1856

Smerinthus planus Walker, 1856, *List Specimens lepid. Insects Colln. Br. Mus.*, 8: 254.
Type locality: North China.
Synonym: *Smerinthus argus* Ménétriés, 1857
Smerinthus planus meridionalis Closs, 1917
Smerinthus planus alticola Clark, 1922
Smerinthus planus clarissimus Mell, 1922
Smerinthus planus distinctus Mell, 1922
Smerinthus planus kuangtungensis Mell, 1922
Smerinthus planus chosensis Matsumura, 1931
Smerinthus planus unicolor Matsumura, 1931

中型天蛾。雄性近似目天蛾*S. ocellata*，但体型相对粗壮，翅膀相对宽阔，翅面花纹整体相对较淡，后翅仅在眼斑附近具有粉红色区域，且眼斑和后翅的面积比例相对更大。雌性外观形态类同雄性，但体型更加粗壮，斑纹更加扩展。分布于西南地区的个体有时前翅的黑褐色斑块会较为发达。

主要出现于春季至秋季。寄主主要为杨属、柳属和李属等多种植物。

中国分布于新疆、内蒙古、黑龙江、辽宁、吉林、北京、河北、山西、安徽、江苏、浙江、上海、湖北、西藏、贵州、云南、四川。此外见于蒙古国、日本、俄罗斯，以及朝鲜半岛。

曲线目天蛾 *Smerinthus szechuanus* (Clark, 1938)

Anambulyx szechuanus Clark, 1938, *Proc. New Engl. zool. Club*, 17: 43.
Type locality: China, Sichuan, Emei Shan.
Synonym: *Smerithus litulinea* Zhu & Wang, 1997

中型天蛾。身上被紫褐色绒毛，胸部正面具1枚深褐色斑块；前翅顶角尖锐，正面为褐色，基半部为黄棕色，中室末端具1枚黄棕色斑点，外中线处具3条深褐色波浪形条纹，外缘线近顶角和臀角处为紫色；反面褐色，斑纹模式类同正面，但基半部区域为粉色。后翅褐色和黄棕色，各占约1/2面积，基部至臀域粉红色，臀角处具1枚黑色大型眼斑，瞳线为蓝灰色；反面赭褐色，基半部橘红色，内中线处具1条粉色波浪形条纹，中线处具1条棕色条纹，顶角和臀角各具1枚橙色斑块。雌性目前未知。

主要出现于夏季和秋季。寄主不明。

中国分布于四川、湖南、湖北、重庆、湖南、江西、贵州、云南、广东。此外见于老挝和越南。

1. 杨目天蛾 *Smerinthus caecus* 北京怀柔 / 李涛　摄
2. 小目天蛾 *Smerinthus minor* 北京怀柔 / 李涛　摄
3. 目天蛾 *Smerinthus ocellata* 新疆阿勒泰 / 黄正中　摄

4. 蓝目天蛾 *Smerinthus planus* 北京白河 / 张巍巍　摄
5. 曲线目天蛾 *Smerinthus szechuanus* 重庆四面山 / 张巍巍　摄

杨目天蛾

Smerinthus caecus

♂ 黑龙江牡丹江 翅展 55 毫米

杨目天蛾

Smerinthus caecus

♂ 吉林长白山 翅展 67 毫米

合目天蛾

Smerinthus kindermannii

♂ 新疆乌鲁木齐 翅展 57 毫米

合目天蛾

Smerinthus kindermannii

♂ 西藏札达 翅展 66 毫米

小目天蛾

Smerinthus minor

♂ 北京门头沟 翅展 62 毫米

小目天蛾

Smerinthus minor

♂ 陕西宝鸡 翅展 56 毫米

小目天蛾

Smerinthus minor

♀ 北京怀柔 翅展 53 毫米

目天蛾

Smerinthus ocellata

♂ 新疆阿勒泰 翅展 65 毫米

蓝目天蛾

Smerinthus planus

♂ 安徽岳西 翅展 70 毫米

蓝目天蛾

Smerinthus planus

♂ 北京门头沟 翅展 61 毫米

蓝目天蛾

Smerinthus planus

♀ 上海徐汇 翅展 78 毫米

蓝目天蛾

Smerinthus planus

♀ 云南曲靖 翅展 88 毫米

曲线目天蛾

Smerinthus szechuanus

♂ 贵州荔波 翅展 65 毫米

曲线目天蛾

Smerinthus szechuanus

♂ 湖南岳阳 翅展 57 毫米

曲线目天蛾

Smerinthus szechuanus

♂ 四川汶川 翅展 65 毫米

月天蛾属 *Craspedortha* Mell, 1922

Craspedortha Mell, 1922, *Biol. und Syst. Südchin.Sphing.*, 1&2:167.
Type species: *Craspedortha inapicalis* Mell, 1922

中型天蛾。身体、翅面深褐色或黄褐色，喙较短；前翅顶角较钝，具新月形浅色斑纹，翅面具黑斑和浅灰色斑带，雄性在腹部末端两侧具臀簇。

该属世界已知2种，中国已知2种，本书收录2种。

山月天蛾 *Craspedortha montana* Cadiou, 2000

Craspedortha montana Cadiou, 2000, *Ent. Africana*, 5: 38.
Type locality: China, Yunnan, Pu'er.

中型天蛾。雄性近似月天蛾*C. porphyria*，但整体偏黄褐色，触角为棕褐色，翅膀相对宽阔，翅面花纹整体相对较淡，且前翅内线为条纹状；前后翅反面在近臀角处均有1枚橙红色斑块，臀域黄灰色。雌性目前未知。

主要出现于夏季。寄主不明。

中国分布于云南。此外见于泰国。

月天蛾 *Craspedortha porphyria* (Butler, 1876)

Daphnusa porphyria Butler, 1876, *Trans. zool. Soc. Lond.*, 9: 640.

月天蛾指名亚种 *Craspedortha porphyria porphyria* (Butler, 1876)

Type locality: India, West Bengal, Darjeeling.
Synonym: *Daphnusa porphyria* Butler, 1876
Craspedortha inapicalis Mell, 1922

中型天蛾。雄性触角灰褐色，身体与翅面主要为深褐色，肩部具黑褐色斑块，腹部末端两侧具臀簇；前翅具粉灰色条纹和斑带，顶角黑色，向内还具 1 枚紫灰色月牙形条纹，翅基褐色且内线为锯齿状，中部具 1 枚黑褐色箭形斑；反面浅褐色，具灰色和褐色条纹。后翅褐色，近臀角处具 1 枚黑斑；反面浅褐色，具灰色条纹，臀域黄灰色。雌性外观形态类同雄性，但体型更加粗壮，斑纹更加扩展，腹部末端不具臀簇。

主要出现于夏季。寄主为桑科与唇形科等多种植物。

中国分布于湖北、浙江、福建、湖南、广东、广西、海南、四川、云南、重庆、贵州。此外见于尼泊尔、不丹、印度、缅甸、泰国、越南、马来西亚、印度尼西亚。

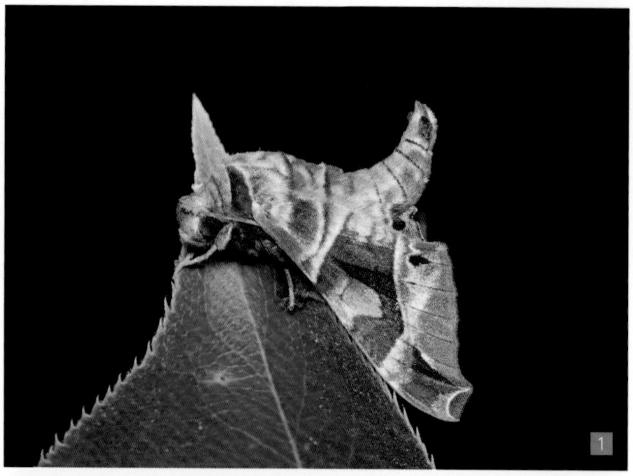
1

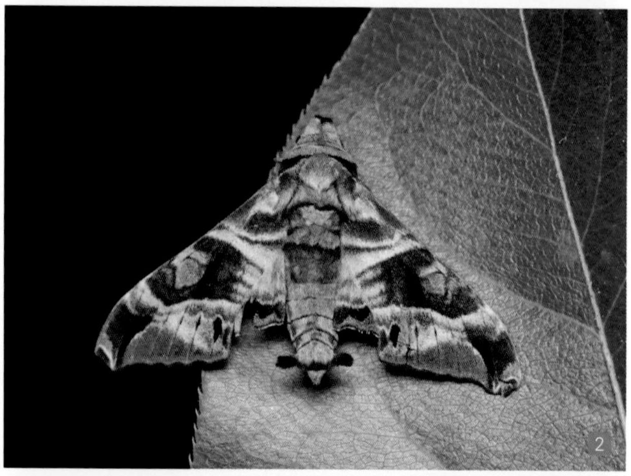
2

3

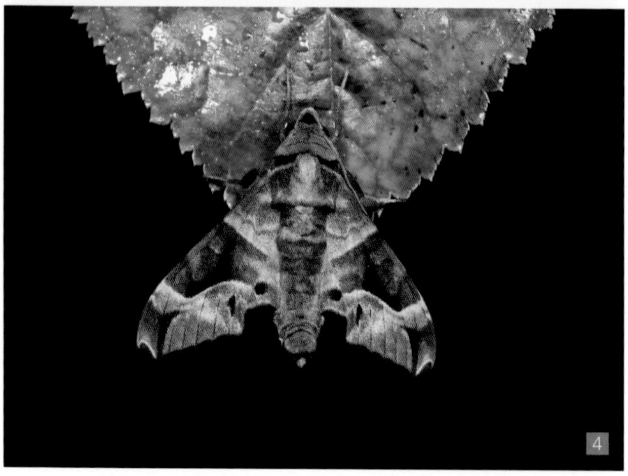
4

1–2. 山月天蛾 *Craspedortha montana* 云南临沧 / 陆千乐 摄
3–4. 月天蛾指名亚种 *Craspedortha porphyria porphyria* 重庆巫溪 / 陆千乐 摄

山月天蛾

Craspedortha montana

♂ 云南临沧 翅展 46 毫米

山月天蛾

Craspedortha montana

♂ 云南元江 翅展 47 毫米

月天蛾指名亚种

Craspedortha porphyria porphyria

♂ 云南勐腊 翅展 50 毫米

月天蛾指名亚种
Craspedortha porphyria porphyria
♂　重庆巫溪　翅展 51 毫米

月天蛾指名亚种
Craspedortha porphyria porphyria
♀　贵州荔波　翅展 56 毫米

构月天蛾属 *Parum* Rothchild & Jordan, 1903

Parum Rothchild & Jordan 1903, *Novit. Zool.*, 9 (Suppl.): 172, 173 (key), 295.
Type species: *Daphnusa colligata* Walker, 1856

中型天蛾。身体黄绿色或绿色，喙较短；翅面以绿色为主，翅面具墨绿色斑块和花纹，顶角具黑褐色月牙形斑纹；后翅臀角处具黑斑；雄性在腹部末端两侧具臀簇。

该属世界已知1种，中国已知1种，本书收录1种。

构月天蛾 *Parum colligata* Walker, 1856

Daphnusa colligata Walker, 1856, *List Specimens lepid. Insects Colln. Br. Mus.*, 8: 238.
Type locality: North China.
Synonym: *Daphnusa colligata* Walker, 1856
Metagastes bieti Oberthür, 1886
Parum colligata saturata Mell, 1922
Parum colligata tristis Bryk, 1944

中型天蛾。雄性触角正面灰绿色，反面棕褐色，身体主要为灰绿色，肩处具墨绿色大斑，腹部灰绿色，腹节背面和侧面具绿色三角形斑纹，腹部末端两侧各具1枚臀簇；前翅灰绿色，外缘光滑，正面基部具墨绿色斑块，中区为墨绿色，具茶褐色三角形大斑，中室端部具1枚白色斑点，下方具黑色条纹，顶角具1枚墨绿色半月形斑纹；反面灰绿色，斑纹模式基本同正面，近臀角处具黑褐色斑块。后翅灰褐色，近臀角处具1枚狭长黑斑，边缘具灰色条纹；反面灰绿色，斑纹模式同正面。雌性外观形态类同雄性，但体型更加粗壮，斑纹更加扩展，腹部末端不具臀簇。

主要出现于春季至秋季。寄主为构属植物。

中国分布于除新疆外的大部分地区。此外见于日本、韩国、俄罗斯、印度、缅甸、老挝、越南、泰国。

1-2. 构月天蛾 *Parum colligata* 广东车八岭 / 陆千乐　摄

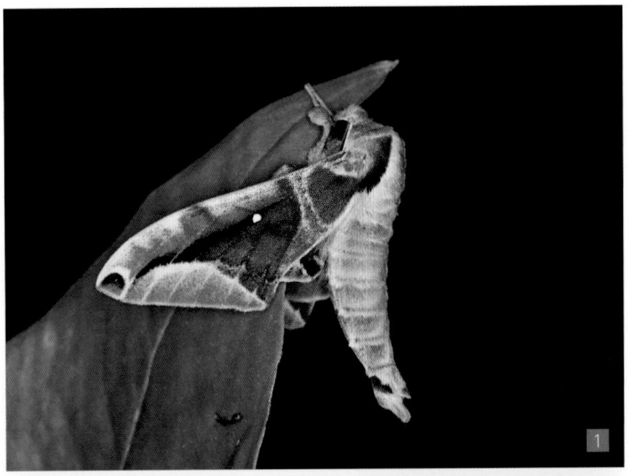
1

2

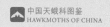

构月天蛾
Parum colligata
♂ 重庆巫溪 翅展 73 毫米

构月天蛾
Parum colligata
♂ 浙江天目山 翅展 74 毫米

构月天蛾
Parum colligata
♀ 云南丽江 翅展 72 毫米

赭带天蛾属 *Anambulyx* Rothchild & Jordan, 1903

Anambulyx Rothchild & Jordan 1903, *Novit. Zool.*, 9 (Suppl.): 172 (key), 312 .
Type species: *Anambulyx elwesi*, Druce 1882

中型天蛾。前翅顶角尖锐；喙较短；翅面为绿色和褐色，具条纹与斑点，后翅具大面积粉红色斑块。

该属世界已知1种，中国已知1种，本书收录1种。

赭带天蛾 *Anambulyx elwesi* Druce 1882

Ambulyx elwesi Druce, 1882, *Entomologist's mon. Mag.*, 19: 17.
Type locality: India, West Bengal, Darjiling.
Synonym: *Ambulyx elwesi* Druce, 1882

中型天蛾。雄性触角正面墨绿色，反面棕黄色，身上被灰褐色绒毛，背部具1枚黑褐色斑块；前翅顶角尖锐且呈黄绿色，正面为褐色，具灰褐色波浪形条纹，基半部草绿色，中室末端具1枚草绿色斑点；反面灰褐色，基半部区域为粉红色，具灰色和黄绿色条纹。后翅黑褐色，基部具粉红色斑块；反面褐色，具浅灰色和黄绿色条纹，臀域黄灰色。雌性外观形态类同雄性，但体型更加粗壮，斑纹更加扩展。

主要出现于夏季。寄主为柳属植物。

中国分布于云南和海南。此外见于巴基斯坦、印度、尼泊尔、不丹、缅甸、泰国、老挝、越南。

赭带天蛾 *Anambulyx elwesi* 海南五指山 / 苏圣博　摄

赭带天蛾

Anambulyx elwesi

♂ 云南麻栗坡 翅展 86 毫米

赭带天蛾

Anambulyx elwesi

♂ 海南尖峰岭 翅展 84 毫米

六点天蛾属 *Marumba* Moore, 1882

Marumba Moore, 1882, *Lepid. Ceylon.*, 2: 8.
Type species: *Smerinthus dyras* Walker, 1856

中型至大型天蛾。喙较短，触角栉状明显，通常为黄褐色或棕褐色。前翅顶角和臀角端部向外突，前翅外缘通常有锯齿状或者波浪状突起，中室内、外侧常具条纹或者斑带，亚外缘线通常在臀角处形成半环状，前翅CuA_2脉和臀角处通常具深色斑块；后翅正面无斑纹，臀角处有2个圆斑或圆点。

该属世界已知21种，中国已知10种，本书收录10种。

直翅六点天蛾 *Marumba cristata* (Butler, 1875)

Triptogon cristata Butler, 1875, *Proc. zool. Soc. Lond.*, 1875: 253.

直翅六点天蛾台湾亚种 *Marumba cristata bukaiana* Clark, 1937

Marumba cristata bukaiana Clark, 1937, *Proc. New Engl. zool. Club*, 16: 31.
Type locality: China, Taiwan, Nantou.

中型天蛾。近似大型亚种*ssp. titan*，但体态相对狭长，翅色和花纹偏淡。

主要出现于春季至秋季。寄主主要为樟属、木姜子属、润楠属等多种植物。

目前仅知分布于中国台湾。

直翅六点天蛾华中亚种 *Marumba cristata centrosinica* Brechlin, 2014

Marumba cristata centrosinica Brechlin, 2014, *Entomo-Satsphingia*, 7(2): 61.
Type locality: China, Shaanxi, Daba Shan.

中型天蛾。近似大型亚种*ssp. titan*，但体型明显较小，翅形和体态较为圆润，且翅面条纹和斑点颜色相对较淡。

主要出现于春季至秋季。寄主不明。

分布于中国云南、四川、湖北、重庆、陕西。

直翅六点天蛾大型亚种 *Marumba cristata titan* Rothschild, 1920

Marumba cristata titan Rothschild, 1920, *Ann. Mag. Nat. His.*, 5: 479-482.
Type locality: Indonesia, Sumatra, Lebong-Tandai, Benkoelen District.

大型天蛾。雄性身体被浅棕色绒毛，具1条黑褐色背线；触角黄棕色，喙较短；前翅顶角突出，外缘具波浪状突起，正面浅棕色，自基部向外具8条褐色条纹，CuA_2脉处具1枚黑色圆斑，臀角处具1枚狭长的黑色细斑；反面红棕色，具3条深褐色条纹，基部为黄棕色。后翅棕褐色，基部深棕色，臀域黄灰色，臀角处具1枚黑色椭圆形斑；反面红棕色，具3条深褐色条纹。雌性外观形态类同雄性，但体型更加粗壮，斑纹更加扩展。

主要出现于春季至秋季。寄主为木姜子属、润楠属、楠属等多种植物。

中国分布于湖南、江西、海南、广西、广东、福建、浙江、贵州、云南、四川、西藏。此外见于老挝、越南、柬埔寨、泰国、缅甸、马来西亚、印度尼西亚。

椴六点天蛾 *Marumba dyras* (Walker, 1865)

Smerinthus dyras Walker, 1856, *List Specimens lepid. Insects Colln. Br. Mus.*, 8: 250.
Type locality: Sri Lanka.
Synonym: *Marumba dryas* Boisduval, 1875
Triptogon ceylanica Butler, 1875
Triptogon fuscescens Butler, 1875
Triptogon massurensis Butler, 1875
Triptogon oriens Butler, 1875
Triptogon silhetensis Butler, 1875
Triptogon sinensis Butler, 1875
Triptogon andamana Moore, 1877
Marumba dyras plana Clark, 1923
Marumba dyras tonkinensis Clark, 1936
Marumba dyras handeliioides Mell, 1937
Marumba dyras ceylonica Kernbach, 1960

大型天蛾。雄性身体被灰褐色绒毛，具1条黑褐色背线；触角黄棕色；前翅花纹模式近似直翅六点天蛾*M. cristata*，外缘具锯齿状突起， 正面为灰褐色，条纹之间的区域有时呈深褐色，顶角至近臀角的区域为深褐色。反面褐色，斑纹模式类同正面，基部为黄棕色，顶角和臀角处为棕色。后翅棕褐色，基部深褐色，臀域灰褐色，臀角处具2枚黑色椭圆形斑；反面褐色，具2条深褐色宽斑带，臀角处具棕色斑块。雌性外观形态类同雄性，但体型更加粗壮，斑纹更加扩展，有的个体两性前后翅条纹颜色会明显加深。

主要出现于春季至秋季。寄主为梧桐属、木棉属、木槿属等多种植物。

中国广布于华中、华东、华南和西南地区。此外见于印度、斯里兰卡、尼泊尔、不丹，以及中南半岛。

晋陕六点天蛾 *Marumba fenzelii* (Mell, 1937)

Marumba fenzelii Mell, 1937, *Dt. ent. Z. Berl.*, 1937: 5.
Type locality: China, Shaanxi, Taibai Shan.
Synonym: *Marumba fenzelii connectens* Mell, 1939

中型天蛾。雄性近似椴六点天蛾*M. dyras*，但本种前翅相对狭长，外缘锯齿状突起发达，翅面斑纹颜色更深；后翅臀角的2个黑色圆斑相连。雌性外观形态类同雄性，但体型更加粗壮，翅膀更为宽阔，斑纹颜色明显加深。

主要出现于春季至秋季。寄主为紫椴。

该种为中国特有种。分布于北京、山西、陕西、四川。

红六点天蛾 *Marumba gaschkewitschii* (Bremer & Grey, 1853)

Smerinthus gaschkewitschii Bremer & Grey, 1853, *in* Motschulsky (ed.), *Etudes ent.*, 1: 62.

红六点天蛾指名亚种 *Marumba gaschkewitschii gaschkewitschii* (Bremer & Grey, 1853)

Type locality: China, Beijing.
Synonym: *Marumba gashkevitshi* Kuznetsova, 1906
Marumba gaschkewitschi [sic] discreta Derzhavets, 1977
Marumba bremeri Eitschberger, 2012
Marumba gordeevorum Eitschberger & Saldaitis, 2012
Marumba greyi Eitschberger, 2012

中型天蛾。雄性身体被棕褐色绒毛，具1条黑褐色背线；触角棕色，喙较短；前翅顶角尖锐，外缘具锯齿状突起，前翅正面红棕色，后缘区域为紫褐色，具深褐色斑带与条纹，顶角至近臀角的区域为深褐色，CuA_2脉处具1枚黑色圆斑，臀角处尚具1枚狭长的黑色细斑；反面浅棕色，基半部为玫红色，臀角处为橘红色。后翅红棕色，基部具粉红色斑块，臀角处具2枚黑色斑块；反面浅棕色，具深褐色宽条纹，亚外缘至外缘之间的区域为红棕色，臀角为橘红色，臀域灰色。雌性外观形态类同雄性，但体型更加粗壮，斑纹更加扩展。

主要出现于春季至夏季。寄主为枇杷属、李属、枣属等多种植物。

中国分布于北京、河北、内蒙古、山西、陕西、山东。此外见于俄罗斯、蒙古国。

红六点天蛾远东亚种 *Marumba gaschkewitschii carstanjeni* (Staudinger, 1887)

Smerinthus carstanjeni Staudinger, 1887, *in* Romanoff (ed.), *Mém. Lépid.*, 3: 159.
Type locality: Russia, Khabarovskiy Krai.
Synonym: *Smerinthus gaschkewitschii carstanjeni* Staudinger, 1887
Marumba gaschkewitschii coreana Clark, 1937
Marumba gaschkewitschii koreuemba Bryk, 1946

中型天蛾。形态近似指名亚种，但体型明显较小，体态相对圆润。

主要出现于夏季。寄主为李属植物。

中国分布于辽宁、内蒙古、吉林、黑龙江。此外见于俄罗斯及朝鲜半岛。

红六点天蛾南方亚种 *Marumba gaschkewitschii complacens* (Walker, 1856)

Smerinthus complacens Walker, [1865], *List Specimens lepid. Insects Colln Br. Mus.*, 31: 40.
Type locality: China, Fujian, Xiamen.
Synonym: *Marumba complacens circumcincta* Eitschberger, 2012
Marumba omeii Clark, 1936
Marumba complacens kernbachi Eitschberger & Hoa Binh Ngguyen, 2012

中型天蛾。形态近似指名亚种，但整体翅形更加狭长，体型偏大，花纹颜色更深，顶角向外突出更加强烈。

主要出现于春季至秋季。寄主为李属植物。

中国分布于陕西、湖北、四川、云南、重庆、宁夏、青海、河南、江苏、上海、浙江、安徽、福建、江西、湖南、广东、广西。此外见于越南。

红六点天蛾台湾亚种 *Marumba gaschkewitschii gressitti* Clark, 1937

Marumba gaschkewitschii gressitti Clark, 1937, *Proc. New Engl. zool. Club.*, 16: 29.
Type locality: China, Taiwan, Nantou, Puli.

中型天蛾。形态近似南方亚种*ssp. complacens*，但体型偏小，整体花纹颜色相对偏淡。

主要出现于夏季。寄主为李属植物。

目前仅知分布于中国台湾。

滇藏红六点天蛾 *Marumba irata* Joicey & Kaye, 1917

Marumba irata Joicey & Kaye, 1917, *Ann. Mag. nat. Hist.*, (8) 20: 305.
Type locality: China, "Tibet" (probably western Sichuan/Yunnan).
Synonym: *Marumba gaschkewischi fortis* Jordan, 1929
Marumba dalailama Eitschberger, 2012
Marumba fickleri Eitschberger, 2012
Marumba lisa Eitschberger & Ihle, 2012
Marumba namphuongae Eitschberger & Hoa Binh Nguyen, 2012

中型天蛾。雄性十分近似红六点天蛾*M. gaschkewitschii*，但体型更大，前后翅相对狭长，且前翅外缘锯齿状突起更加明显，后翅的粉红色斑块面积更加宽阔。雌性外观形态类同雄性，但体型更加粗壮，斑纹更加扩展，整体颜色偏黄。

主要出现于春季至秋季。寄主不明。

中国分布于云南、四川、西藏。此外见于印度、缅甸、老挝、越南、泰国。

菩提六点天蛾 *Marumba jankowskii* (Oberthür, 1880)

Smerinthus jankowskii Oberthür, 1880, *Etud. ent.*, 5: 26.
Type locality: Russia, Primorskiy Krai.
Synonym: *Smerinthus jankowskii* Oberthür, 1880
Marumba jankowskii Kuznetsova, 1906
Marumba jankowskii bergmani Bryk, 1946

中型天蛾。雄性近似晋陕六点天蛾*M. fenzelii*，但体型偏小，体态和翅形相对圆润，翅面颜色与花纹相对偏淡，后翅臀角的2枚黑褐色圆斑相对更加扁平。雌性外观形态类同雄性，但体型更加粗壮，斑纹更加扩展，有的个体前翅条纹颜色会加深。

主要出现于春季至秋季。寄主为栎属植物。

中国分布于内蒙古、黑龙江、辽宁、吉林。此外见于日本、俄罗斯，以及朝鲜半岛。

黄边六点天蛾 *Marumba maackii* (Bremer, 1861)

Smerinthus maackii Bremer, 1861, *Bull. Acad. imp. Sci. St Pétersb.*, 3: 474.

黄边六点天蛾指名亚种 *Marumba maackii maackii* (Bremer, 1861)

Type locality: Russia, Primorskiy Krai.
Synonym: *Smerinthus maackii* Bremer, 1861
Marumba maackii bipunctata O. Bang-Haas, 1936
Marumba maackii jankowskioides O. Bang-Haas, 1936

中型天蛾。雄性近似椴六点天蛾*M. dyras*，但本种身体被黄灰色绒毛，前翅相对狭长，前翅正面为黄灰色，外缘锯齿状突起明显，翅正面斑纹颜色较深；反面黄灰色，基半部为明黄色，顶角和臀角处为橙黄色。后翅正面明黄色，基部至臀域为黄灰色，臀角的2个黑褐色圆斑相连；反面黄色，具褐色条纹，臀角处为橙黄色，臀域为灰色。雌性外观形态类同雄性，但体型更加粗壮，翅膀更为宽阔，翅面斑纹颜色明显加深。

主要出现于夏季至秋季。寄主为椴树属植物。

中国分布于内蒙古、北京、黑龙江、吉林、辽宁、山西。此外见于日本、俄罗斯，以及朝鲜半岛。

黄边六点天蛾华东亚种 *Marumba maackii ochreata* Mell, 1935

Marumba maackii ochreata Mell, 1935, *Mitt. zool. Mus. Berl.*, 20: 351.
Type locality: China, Zhejiang, Tianmu Shan.

中型天蛾。形态近似指名亚种，但整体颜色较淡。

主要出现于夏季。寄主不明。

分布于中国浙江、安徽、陕西、重庆、湖北、云南。

黑角六点天蛾 *Marumba saishiuana* Okamoto, 1924

Marumba saishiuana Okamoto, 1924, *Bull. agric. Exp. Stn Gov.-Gen. Chosen*, 1: 96.
Type locality: South Korea, Cheju-do.
Synonym: *Marumba spectabilior* Mell, 1935
Marumba fujinensis Zhu & Wang, 1997
Marumba anhuiensis Eitschberger & Nguyen, 2021
Marumba dabashanensis Eitschberger & Nguyen, 2021
Marumba guizhouensis Eitschberger & Nguyen, 2021
Marumba hanhongxiangae Eitschberger & Nguyen, 2021
Marumba heppneri Eitschberger & Nguyen, 2021
Marumba hubeiensis Eitschberger & Nguyen, 2021
Marumba humphreyae Eitschberger & Nguyen, 2021
Marumba hunanensis Eitschberger & Nguyen, 2021
Marumba ihleorum Eitschberger & Nguyen, 2021
Marumba incerta Eitschberger & Nguyen, 2021
Marumba jiangxiensis Eitschberger & Nguyen, 2021

中型天蛾。雄性斑纹模式近似红六点天蛾*M. gaschkewitschii*，但本种身体被褐色绒毛，翅形相对狭长且外缘具锯齿状突起十分明显，前翅正面灰褐色，具深褐色斑带与条纹，顶角至近臀角的区域为深褐色；反面灰褐色，基半部为黄灰色，臀角处为棕红色。后翅棕褐色，外缘区域的颜色偏深；反面灰褐色，具深褐色宽条纹，亚外缘至外缘之间的区域为红棕色，臀角为棕红色，臀域灰色。雌性外观形态类同雄性，但体型更加粗壮，斑纹更加扩展，前翅外缘的锯齿状突起较平滑。

主要出现于夏季至秋季。寄主不明。

中国分布于陕西、浙江、湖北、四川、重庆、云南、贵州、西藏、安徽、江西、湖南、广西、广东、台湾、海南。此外见于韩国、日本、缅甸、泰国、老挝、越南。

枇杷六点天蛾 *Marumba spectabilis* (Butler, 1875)

Triptogon spectabilis Butler, 1875, *Proc. zool. Soc. Lond.* 1875: 256

枇杷六点天蛾指名亚种 *Marumba spectabilis spectabilis* (Butler, 1875)

Type locality: India, West Bengal, Darjeeling.
Synonym: *Triptogon spectabilis* Butler, 1875
Marumba spectabilis chinensis Mell, 1922
Marumba spectabilis tonkini Clark, 1933

大型天蛾。十分近似黑角六点天蛾*M. saishiuana*，但本种体型相对较大，前翅更加狭长，条纹内具有更多的灰褐色鳞片，顶角更加向外突出，臀角处的2枚黑色斑块明显更大；后翅反面臀角处的斑块为橙色。雌性外观形态类同雄性，但体型更加粗壮，斑纹更加扩展，前翅外缘的锯齿状突起较平滑。

主要出现于春季至秋季。寄主为笔罗子。

中国分布于安徽、浙江、湖北、四川、贵州、云南、西藏、湖南、福建、江西、广东、广西、海南。此外见于尼泊尔、不丹、印度、泰国、老挝、越南、马来西亚、印度尼西亚。

栗六点天蛾 *Marumba sperchius* (Ménétriés, 1857)

Smerinthus sperchius Ménétriés, 1857, *Enumeratio Corporum Anim. Mus. imp Acad. Sci. Petropolitanae* (Ins. Lepid.), 2 (Lepid. Heterocera): 137.

栗六点天蛾指名亚种 *Marumba sperchius sperchius* (Ménétriés, 1857)

Type locality: Japan.
Synonym: *Smerinthus sperchius* Ménétriés, 1857
Triptogon albicans Butler, 1875
Triptogon gigas Butler, 1875
Triptogon piceipennis Butler, 1877
Smerinthus michaelis Oberthür, 1886
Marumba scotti Rothschild, 1920
Marumba sperchius handelii Mell, 1922
Marumba sperchius ochraceus O. Bang-Haas, 1927
Marumba sperchius ussuriensis O. Bang-Haas, 1927
Marumba sperchius horiana Clark, 1937
Marumba sperchius castanea O. Bang-Haas, 1938
Marumba sperchius coreanus O. Bang-Haas, 1938
Marumba sperchius obsoleta O. Bang-Haas, 1938
Marumba sperchius koreaesperchius Bryk, 1946

大型天蛾。近似椴六点天蛾*M. dyras*，但本种颜色偏黄，体型较大，前翅更加狭长；前翅反面仅臀角处具棕色斑块。后翅正面为褐色，臀角为灰色。雌性外观形态类同雄性，但体型更加粗壮，斑纹更加扩展，有的个体两性前后翅条纹颜色会明显加深。

主要出现于春季至秋季。寄主为壳斗科多种植物。

中国分布于除新疆以外的大部分地区。此外见于日本、俄罗斯、巴基斯坦、不丹、泰国、老挝、越南，以及朝鲜半岛。

1

2

3

4

1. 直翅六点天蛾华中亚种 *Marumba cristata centrosinica* 重庆巫溪 / 陆千乐　摄
2. 直翅六点天蛾大型亚种 *Marumba cristata titan* 西藏林芝 / 刘庆明　摄
3. 椴六点天蛾 *Marumba dyras* 广东象头山 / 陆千乐　摄
4. 红六点天蛾指名亚种 *Marumba gaschkewitschii gaschkewitschii* 北京衡水湖 / 张巍巍　摄
5. 红六点天蛾南方亚种 *Marumba gaschkewitschii complacens* 贵州绥阳 / 张巍巍　摄
6. 滇藏红六点天蛾 *Marumba irata* 西藏墨脱 / 郭世伟　摄
7. 黄边六点天蛾指名亚种 *Marumba maackii maackii* 北京怀柔 / 李涛　摄
8. 黄边六点天蛾华东亚种 *Marumba maackii ochreata* 湖北神农架 / 陆千乐　摄
9. 黑角六点天蛾 *Marumba saishiuana* 云南临沧 / 陆千乐　摄
10. 枇杷六点天蛾指名亚种 *Marumba spectabilis spectabilis* 西藏墨脱 / 郭世伟　摄
11. 枇杷六点天蛾指名亚种 *Marumba spectabilis spectabilis* 云南丽江 / 张巍巍　摄
12. 栗六点天蛾指名亚种 *Marumba sperchius sperchius* 重庆巫溪 / 陆千乐　摄

5

6

7

8

9

10

11

12

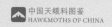

直翅六点天蛾台湾亚种

Marumba cristata bukaiana

♂ 台湾屏东 翅展 87 毫米

直翅六点天蛾华中亚种

Marumba cristata centrosinica

♂ 重庆巫溪 翅展 86 毫米

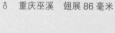

直翅六点天蛾华中亚种

Marumba cristata centrosinica

♂ 四川青城山 翅展 72 毫米

直翅六点天蛾大型亚种

Marumba cristata titan

♂ 广西崇左 翅展 105 毫米

直翅六点天蛾大型亚种

Marumba cristata titan

♂ 云南盈江 翅展 102 毫米

直翅六点天蛾大型亚种

Marumba cristata titan

♀ 西藏林芝 翅展 103 毫米

椴六点天蛾

Marumba dyras

♂ 广西金秀 翅展 98 毫米

椴六点天蛾

Marumba dyras

♂ 湖南岳阳 翅展 73 毫米

椴六点天蛾

Marumba dyras

♀ 浙江天目山 翅展 102 毫米

椴六点天蛾

Marumba dyras

♀ 四川攀枝花 翅展 113 毫米

晋陕六点天蛾

Marumba fenzelii

♂ 北京百花山 翅展 75 毫米

晋陕六点天蛾

Marumba fenzelii

♂ 陕西安康 翅展 76 毫米

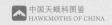

晋陕六点天蛾

Marumba fenzelii

♀ 陕西宁陕 翅展 95 毫米

红六点天蛾指名亚种

Marumba gaschkewitschii gaschkewitschii

♂ 北京房山 翅展 77 毫米

红六点天蛾指名亚种

Marumba gaschkewitschii gaschkewitschii

♀ 河北涞水 翅展 79 毫米

红六点天蛾远东亚种

Marumba gaschkewitschii carstanjeni

♂ 黑龙江牡丹江 翅展 65 毫米

红六点天蛾远东亚种

Marumba gaschkewitschii carstanjeni

♂ 辽宁本溪 翅展 68 毫米

红六点天蛾南方亚种

Marumba gaschkewitschii complacens

♂ 福建三明 翅展 77 毫米

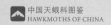

红六点天蛾南方亚种
Marumba gaschkewitschii complacens
♂　重庆巫溪　翅展 80 毫米

红六点天蛾南方亚种
Marumba gaschkewitschii complacens
♀　上海徐汇　翅展 82 毫米

红六点天蛾台湾亚种
Marumba gaschkewitschii gressitti
♂　台湾屏东　翅展 72 毫米

滇藏红六点天蛾
Marumba irata
♂　云南昆明　翅展 100 毫米

滇藏红六点天蛾
Marumba irata
♂　云南盈江　翅展 88 毫米

滇藏红六点天蛾
Marumba irata
♀　西藏林芝　翅展 90 毫米

菩提六点天蛾

Marumba jankowskii

♂ 黑龙江牡丹江 翅展 65 毫米

菩提六点天蛾

Marumba jankowskii

♂ 吉林长白山 翅展 66 毫米

黄边六点天蛾指名亚种

Marumba maackii maackii

♂ 黑龙江牡丹江 翅展 80 毫米

黄边六点天蛾指名亚种

Marumba maackii maackii

♀　北京怀柔　翅展 85 毫米

黄边六点天蛾华东亚种

Marumba maackii ochreata

♂　云南维西　翅展 82 毫米

黄边六点天蛾华东亚种

Marumba maackii ochreata

♂　重庆巫溪　翅展 86 毫米

黄边六点天蛾华东亚种

Marumba maackii ochreata

♀ 陕西周至 翅展 87 毫米

黄边六点天蛾华东亚种

Marumba maackii ochreata

♀ 浙江天目山 翅展 96 毫米

黑角六点天蛾

Marumba saishiuana

♂ 广西桂林 翅展 76 毫米

黑角六点天蛾

Marumba saishiuana

♂ 浙江天目山 翅展 77 毫米

黑角六点天蛾

Marumba saishiuana

♀ 安徽岳西 翅展 87 毫米

枇杷六点天蛾指名亚种

Marumba spectabilis spectabilis

♂ 云南盈江 翅展 90 毫米

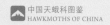

枇杷六点天蛾指名亚种

Marumba spectabilis spectabilis

♂ 贵州荔波 翅展 104 毫米

枇杷六点天蛾指名亚种

Marumba spectabilis spectabilis

♀ 广西崇左 翅展 100 毫米

栗六点天蛾指名亚种

Marumba sperchius sperchius

♂ 海南尖峰岭 翅展 100 毫米

栗六点天蛾指名亚种

Marumba sperchius sperchius

♂ 重庆巫溪 翅展 104 毫米

栗六点天蛾指名亚种

Marumba sperchius sperchius

♀ 河南罗山 翅展 108 毫米

栗六点天蛾指名亚种

Marumba sperchius sperchius

♀ 河南罗山 翅展 109 毫米

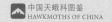

条窗天蛾属 *Morwennius* Cassidy, Allen & Harman, 2002

Morwennius Cassidy, Allen & Harman, 2002, *Trans. Lepid. Soc. Japan*, 53 (4): 226 .
Type species: *Smerinthus decoratus* Moore 1872

中型天蛾。身体粗短，喙退化。前后翅为灰褐色，前翅外缘为锯齿状，正面具深褐色斑块，顶角区具1枚透明斑。

该属世界已知1种，中国已知1种，本书收录1种。

钩翅条窗天蛾 *Morwennius decoratus* (Moore, 1872)

Smerinthus decoratus Moore, 1872, *Proc. zool. Soc. Lond.*, 1872: 568.
Type locality: India, Sikkim.
Synonym: *Smerinthus decoratus* Moore, 1872
Marumba decoratus indochinensis Gehlen, 1933
Mimas strigfenestra Zhu & Wang, 1997

中型天蛾。雄性身体被灰色绒毛，具1条黑褐色背线；触角黄色，喙较短；前翅顶角明显向外突出，具1个明显缺口，外缘具锯齿状突起，前翅灰褐色，正面具褐色条纹与斑块，还具1枚深褐色不规则形大斑，中室端斑为褐色，顶角区具1枚狭长的透明斑；反面黄灰色，前缘至臀角具1条灰色云纹。后翅正面棕褐色，臀角处具1枚黑色斑块和灰色斑带；反面黄灰色，具2条褐色条纹，顶角处具1枚紫灰色斑块。雌性外观形态类同雄性，但体型更加粗壮，斑纹颜色较深，一些个体前翅外缘的锯齿状突起较不明显。

主要出现于夏季至秋季。寄主为木棉属植物。

中国分布于云南。此外见于尼泊尔、印度、泰国、老挝、越南、马来西亚、印度尼西亚。

钩翅条窗天蛾
Morwennius decoratus
♀ 云南勐腊 翅展 84 毫米

斗斑天蛾属 *Daphnusa* Walker, 1856

Daphnusa Walker, 1856, *List Specimens lepid. Insects Colln Br. Mus.*, 8: 78 (key), 237.
Type species:*Daphnusa ocellaris* Walker, 1856

中型天蛾，身体粗壮，喙退化。身体和翅膀一般以褐色或灰色为主，前翅具锯齿状条纹，臀角上方附近具蝌蚪状斑块；后翅臀角有闭合眼形纹。

该属世界已知6种，中国已知1种，本书收录1种。

中南斗斑天蛾 *Daphnusa sinocontinentalis* Brechlin, 2009

Daphnusa sinocontinentalis Brechlin, 2009, *Entomo-Satsphingia.*, 2: 12.
Type locality: Thailand, Chiang Mai, Doi Inthanon.

中型种类。雄性身体被灰色绒毛，颈处具1圈黑褐色绒毛，后胸处具黑色绒毛；触角黄褐色，喙较短；前翅顶角明显向外突出，前翅灰褐色，正面具褐色锯齿状条纹与斑带，中室端部具1枚黑点，臀角上方具1枚内具黑色瞳点的墨绿色蝌蚪状大斑；反面浅褐色，顶角深褐色，外缘为灰色。后翅正面黄棕色，臀角处具1枚黑色闭合眼形纹；反面浅褐色，具深褐色条纹和斑带，臀角具深褐色斑块。雌性外观形态类同雄性，但体型更加粗壮，斑纹较淡，整体颜色偏棕色，此外一些雄性因个体差异翅面颜色会呈现为灰绿色或灰褐色。

主要出现于春季至夏季。寄主为木棉科植物。

中国分布于云南、广西、贵州、江西、海南。此外见于中南半岛。

中南斗斑天蛾
Daphnusa sinocontinentalis
♂　海南尖峰岭　翅展 74 毫米

中南斗斑天蛾
Daphnusa sinocontinentalis
♀　江西武夷山　翅展 77 毫米

盾天蛾属 *Phyllosphingia* Swinhoe, 1897

Phyllosphingia Swinhoe, 1897 *Ann. Mag. Nat. Hiset.*, (6) 19: 164.
Type species: *Phyllosphingia perundulans* Swinhoe, 1879

大型天蛾。身体粗壮，喙退化。身体和翅膀颜色多变，一般以褐色、灰色或者黄色为主，前后翅边缘具锯齿状突起，前翅中部具深色盾形斑。

该属目前仅已知1种，中国已知1种，本书收录1种。

盾天蛾 *Phyllosphingia dissimilis* (Bremer, 1861)

Triptogon dissimilis Bremer, 1861, *Bull. Acad. Sci. St., Petersburg*, 3: 475.

盾天蛾指名亚种 *Phyllosphingia dissimilis dissimilis* (Bremer, 1861)

Type locality: Russia, Khabarovskiy Krai.
Synonym: *Triptogon dissimilis* Bremer, 1861
Phyllosphingia perundulans Swinhoe, 1897
Phyllosphingia dissimilis sinensis Jordan, 1911
Phyllosphingia dissimilis hoenei Clark, 1937
Phyllosphingia dissimilis jordani Bryk, 1946

大型天蛾。雄性身体被褐色绒毛；触角棕褐色，喙较短；前翅顶角尖锐，外缘具锯齿状突起，前翅正面褐色，前缘至中室具1枚密布紫色鳞片的盾形大斑，顶角深褐色，臀角具紫色斑块；反面棕褐色，斑纹模式类同正面，亚外缘线为粉紫色，呈锯齿状。后翅棕褐色，外缘具锯齿状突起，基部具深褐色斑块，正面具3条明显的深褐色锯齿状条纹；反面棕褐色，斑纹模式类同正面，但基部的斑块为赭褐色，中线处的锯齿状条纹为粉紫色。雌性外观形态类同雄性，但体型更加粗壮，斑纹更加扩展。该种个体差异较大，翅面和身体颜色通常为棕褐色，但也会呈现为灰色或者黄褐色。

主要出现于春季至秋季。寄主为胡桃科植物，如胡桃楸。

中国分布于除新疆外的大部分地区。此外见于俄罗斯、日本，以及朝鲜半岛。

盾天蛾中南亚种 *Phyllosphingia dissimilis berdievi* Zolotuhin & Ryabov, 2012

Phyllosphingia dissimilis berdievi Zolotuhin & Ryabov, 2012, *The hawkmoths of vietnam*, 201.
Type locality: Vietnam, Kon Tum, Kon Plong.

大型天蛾。近似指名亚种，但整体颜色偏黄，翅面具更多灰色鳞片，尤其前后翅反面的锯齿状条纹更加发达，且几乎皆为灰白色或粉紫色。

主要出现于春季至秋季。寄主为胡桃科植物。

中国分布于云南。此外见于泰国、老挝、越南。

1

2

3

1–2. 盾天蛾指名亚种 *Phyllosphingia dissimilis dissimilis* 重庆巫溪 / 陆千乐 摄
3. 盾天蛾中南亚种 *Phyllosphingia dissimilis berdievi* 云南西双版纳 / 张巍巍 摄

盾天蛾指名亚种
Phyllosphingia dissimilis dissimilis
♂ 重庆巫溪 翅展 92 毫米

盾天蛾指名亚种
Phyllosphingia dissimilis dissimilis
♂ 云南昆明 翅展 98 毫米

盾天蛾指名亚种
Phyllosphingia dissimilis dissimilis
♀ 贵州荔波 翅展 116 毫米

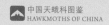

盾天蛾指名亚种

Phyllosphingia dissimilis dissimilis

♀　西藏墨脱　翅展 113 毫米

盾天蛾中南亚种

Phyllosphingia dissimilis berdievi

♂　云南临沧　翅展 94 毫米

钩翅天蛾属 *Mimas* Hübner, 1819

Mimas, Hübner 1819, *Verz. Bekannter Schmett*, (9): 142.
Type species:*Sphinx tiliae* Linnaeus, 1758

中型天蛾。喙退化。身体和翅膀以褐色或灰色为主，颜色多变。前翅顶角突出，外缘锯齿状突起明显，前翅具明显的“Y”形深色斑。

该属世界已知2种，中国已知2种，本书收录2种。

钩翅天蛾 *Mimas christophi* (Staudinger, 1887)

Smerinthus christophi Staudinger, 1887, *in* Romanoff (ed.), *Mém. Lépid.*, 3: 162.
Type locality: Russia, Primorskiy Krai, Vladivostok.
Synonym: *Smerinthus christophi* Staudinger, 1887
Smerinthus christophi alni Bartel, 1900
Mimas christophi pseudotypica O. Bang-Haas, 1936

中型天蛾。雄性身体被褐色绒毛；触角黄褐色，喙较短；前翅顶角灰褐色，呈方形且向外突出，具 1 条灰色闪电形条纹，前翅外缘具不规则锯齿状突起，前翅正面褐色，具深褐色斑块和条纹，中区具 1 枚深褐色“Y”形斑纹；反面黄褐色，顶角花纹和颜色类同正面，亚外缘至外缘区域为棕褐色。后翅黄褐色，臀角深褐色；反面黄褐色，具 2 条褐色条纹，亚外缘至外缘区域为褐色。雌性外观形态类同雄性，但体型更加粗壮，颜色相对较淡，斑纹更加扩展。该种翅面的“Y”形斑纹因个体差异而形状各异，有的个体此斑纹中间会出现明显的断裂分离。

主要出现于夏季至秋季。寄主为桤木属、栎属、榆属等多种植物。

中国分布于内蒙古、黑龙江、北京、吉林、辽宁。此外见于日本、俄罗斯，以及朝鲜半岛。

欧亚钩翅天蛾 *Mimas tiliae* (Linnaeus, 1758)

Sphinx tiliae Linnaeus, 1758; *Syst. Nat.* (Edn 10), 1: 489.

欧亚钩翅天蛾东部亚种 *Mimas tiliae orientalis* Melichar, T., Melichar, R. & Řezáč, 2021

Mimas tiliae orientalis Melichar, T., Melichar, R. & Řezáč, 2021, *The European Entomologist*, 12: 123.
Type locality: Czechia, Kostelec.

中型天蛾。近似钩翅天蛾*M. christophi*，但该种身体和翅面颜色主要以黄灰色或灰绿色为主，且前翅顶角具明显的闪电状斑块而并非条纹，前翅的“Y”形斑纹有明显的断裂分离。雌性外观形态类同雄性，但体型更加粗壮，颜色相对较淡，“Y”形斑纹的分离更加明显。

主要出现于夏季至秋季。寄主为栎属、榆属等多种植物。

中国仅分布于新疆西北部。此外见于俄罗斯，以及中亚、欧洲。

1

2

1. 钩翅天蛾 *Mimas christophi* 吉林安图 / 熊昊洋　摄
2. 欧亚钩翅天蛾东部亚种 *Mimas tiliae orientalis* 新疆阿勒泰 / 黄正中　摄

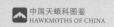

钩翅天蛾

Mimas christophi

♂ 吉林长白山 翅展 56 毫米

钩翅天蛾

Mimas christophi

♂ 黑龙江牡丹江 翅展 60 毫米

钩翅天蛾

Mimas christophi

♀ 吉林蛟河 翅展 73 毫米

欧亚钩翅天蛾东部亚种

Mimas tiliae orientalis

♂ 新疆阿勒泰 翅展 66 毫米

欧亚钩翅天蛾东部亚种

Mimas tiliae orientalis

♂ 新疆阿勒泰 翅展 67 毫米

红鹰天蛾属 *Rhodambulyx* Mell, 1939

Rhodambulyx, Mell, 1939, *Dt. Ent. Z., Iris*, 52: 140.
Type species: *Rhodambulyx davidi* Mell, 1939

中型至大型天蛾。喙退化。身体和翅膀以褐色或棕色为主。前翅顶角尖锐，翅面具褐色条纹，中室具黄色端斑。

该属世界已知6种，中国已知4种，本书收录4种。

红鹰天蛾 *Rhodambulyx davidi* Mell, 1939

Rhodambulyx davidi Mell, 1939, *Dt. ent. Z., Iris*, 52: 140.
Type locality: China, Fujian, Guadun.
Synonym: *Rhodambulyx namvui* Eitschberger & Nguyen, 2017

中型天蛾。雄性身体被黄褐色绒毛；触角棕褐色，喙较短；前翅顶角棕褐色，前翅外缘光滑，前翅正面褐色，具棕褐色斑块和条纹，中室端部具1枚黄色圆斑，亚外缘至外缘的区域具灰色鳞片；反面黄褐色，基半部赭褐色，斑纹模式类同正面。后翅赭色，外缘棕褐色，外缘具黄褐色绒毛，臀域黄灰色；反面黄褐色，具2条弯曲的褐色条纹。雌性外观形态类同雄性，但体型更加粗壮，翅膀更加宽大，触角较细。

1年1代，出现于早春。寄主不明。

中国分布于福建、广东、广西、湖南、江西、贵州。此外见于越南。

海南红鹰天蛾 *Rhodambulyx hainanensis* Brechlin, 2001

Rhodambulyx hainanensis Brechlin, 2001, *Nachr. entomol. Ver. Apollo, N.F.*, 22(3): 145.
Type locality: China, Hainan, Wuzhi Shan.

大型天蛾。近似红鹰天蛾*R. davidi*，但本种前翅正反面除亚外缘线之外的各深褐色条纹较为平直，且相互之间相对平行。后翅正反面基部具赭褐色斑块，且后翅反面的2条深褐色条纹较为平直。雌性外观形态类同雄性，但体型更加粗壮，翅膀更加宽大，触角较细。

1年1代，出现于早春。寄主不明。

该种为中国特有种。仅分布于海南。

施氏红鹰天蛾 *Rhodambulyx schnitzleri* Cadiou, 1990

Rhodambulyx schnitzleri Cadiou, 1990, *Lambillionea*, 90(2): 42.
Type locality: Thailand, Chiang Mai, Doi Inthanon.

大型天蛾。近似海南红鹰天蛾*R. hainanensis*，但本种整体颜色较淡，顶角相对更加向外突出，前翅各深褐色条纹较粗且更加平直，翅面覆盖的灰白色鳞片更多。雌性目前未知。

1年1代。出现于早春。寄主不明。

中国仅分布于云南。此外见于泰国、老挝。

芯语红鹰天蛾 *Rhodambulyx xinyuae* Xu, Melichar & He, 2022

Rhodambulyx xinyuae Xu, Melichar & He, 2022, *Zootaxa*, 5105(1): 53.
Type locality: China, Chongqing, Simian Shan.

中型天蛾。近似红鹰天蛾*R. davidi*，但本种颜色较深，以棕褐色或赭褐色为主，前翅前缘近顶角处具黄褐色斑块；前翅反面基半部为赭红色。

1年1代，出现于早春。寄主不明。

该种为中国特有种。仅分布于重庆。

1

2

1. 红鹰天蛾 *Rhodambulyx davidi* 福建戴云山 / 黄嘉龙　摄
2. 芯语红鹰天蛾 *Rhodambulyx xinyuae* 重庆四面山 / 张超　摄

红鹰天蛾
Rhodambulyx davidi
♂ 福建戴云山 翅展 75 毫米

红鹰天蛾
Rhodambulyx davidi
♂ 广西金秀 翅展 81 毫米

红鹰天蛾
Rhodambulyx davidi
♀ 广东韶关 翅展 85 毫米

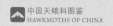

正模标本 HT　海南红鹰天蛾

Rhodambulyx hainanensis

♂　海南五指山　翅展 110 毫米

副模标本 PT　海南红鹰天蛾

Rhodambulyx hainanensis

♀　海南五指山　翅展 130 毫米

施氏红鹰天蛾

Rhodambulyx schnitzleri

♂　云南保山　翅展 108 毫米

正模标本 HT　芯语红鹰天蛾

Rhodambulyx xinyuae

♂　重庆四面山　翅展 80 毫米

副模标本 PT　芯语红鹰天蛾

Rhodambulyx xinyuae

♂　重庆四面山　翅展 85 毫米

雾带天蛾属 *Rhodoprasina* Rothchild & Jordan, 1903

Rhodoprasina Rothchild & Jordan, 1903, *Novit. Zool.*, 9 (Suppl.): 171(key), 192.
Type species: *Ambulyx floralis* Butler, 1876

中型至大型天蛾。喙退化。身体和翅膀颜色多变，一般以绿色、黄绿色或黄棕色为主。前翅顶角突出，翅面具深色条纹，部分种类具银灰色云纹，后翅具大面积红色斑块。

该属世界已知7种，中国已知5种，本书收录5种。

弧线雾带天蛾 *Rhodoprasina callantha* Jordan, 1929

Rhodoprasina callantha Jordan, 1929, Novit. zool., 35: 86.

弧线雾带天蛾中南亚种 *Rhodoprasina callantha callsinica* Brechlin, 2015

Rhodoprasina callantha callsinica Brechlin, 2015, *Entomo-Satsphingia*, 8: 26-30.
Type locality: China, Yunnan, Xishuangbanna.

大型天蛾。雄性身体被草绿色绒毛；触角黄绿色，喙较短；前翅顶角突出，前翅外缘具明显弧度，前翅正面草绿色，具4条墨绿色弧线，其中内线、前缘至臀角处覆有密集的银灰色鳞片，似云纹，中室端部具1枚黑点；反面浅绿色，基半部玫红色，斑纹模式类同正面，亚外缘线呈锯齿状。后翅正面草绿色，基部具玫红色大斑，臀角尖锐，缘毛为黄灰色；反面浅绿色，具1条墨绿色条纹和2条银灰色云纹。雌性外观形态类同雄性，但整体偏黄色，体型更加粗壮，翅膀更加宽大，触角较细。该种因个体差异，有时还会有黄绿色个体出现。

1年2代，出现于早春至夏季。寄主为柯属植物。

中国分布于云南。此外分布于印度、尼泊尔、缅甸、泰国、老挝、越南。

南亚雾带天蛾 *Rhodoprasina corrigenda* Kitching & Caidou, 1996

Rhodoprasina corrigenda Cadiou & Kitching, 1996. *in* Kitching & Brechlin, 1996, *Nachr. entomol. Ver. Apollo (N.F.)* ,17(1): 56.
Type locality: Thailand, Chiang Mai, Doi Inthanon.
Synonym: *Rhodoprasina viksinjaevi* Brechlin, 2004
Rhodoprasina chrisbrechlinae Brechlin, 2016
Rhodoprasina myhanhae Brechlin, 2016

中型天蛾。雄性身体被草绿色绒毛；触角黄绿色，喙较短；前翅顶角突出，臀角处向内凹陷明显，前翅正面草绿色，具5条墨绿色条纹，亚外缘线处具墨绿色锯齿状条纹，各条纹附近具明显的银灰色鳞片，亚外缘线处具墨绿色锯齿状条纹，中室端部具1枚黑点；反面浅绿色，基半部玫红色，具1条墨绿色条纹，臀角覆有紫褐色鳞片。后翅正面草绿色，基部具玫红色大斑，臀角尖锐，缘毛为黄灰色；反面浅绿色，具2条墨绿色条纹。雌性外观形态类同雄性，但整体偏黄色，体态更加粗壮，翅膀更加宽大，触角较细。

1年1代，主要出现于冬季。寄主不明。

中国分布于重庆、湖南、福建、广东、云南。此外见于泰国、老挝、越南。

注：该种雌性由于习性特殊、数量比例相对雄性较少等原因，采集难度较大。本书编著过程中我们没有检视或者采集到中国境内产的标本，故选取了泰国产的雌性标本以供参考。

科罗拉雾带天蛾 *Rhodoprasina corolla* Caidou & Kitching, 1990

Rhodoprasina corolla Cadiou & Kitching, 1990. *Lambillionea*, 90(4): 5.
Type locality: Thailand, Chiang Mai, Doi Inthanon.
Synonym: *Rhodoprasina winbrechlini* Brechlin, 1996
Rhodoprasina mateji Brechlin & Melichar, 2006
Rhodoprasina minoris Brechlin, 2007

中型天蛾。雄性近似南亚雾带天蛾*R. corrigenda*，但体态相对粗短，前翅的墨绿色条纹和银灰色鳞片较淡。雌性外观形态类同雄性，但整体偏黄色，翅膀更加宽大，前翅前缘的银灰色鳞片较为明显，触角较细。该种体色花纹较多变，会出现褐色和黄绿色个体，有的个体前翅亚外缘线处的锯齿状条纹会特别发达，中室端部的黑色斑点也会扩大。

1年1代，主要出现于晚冬至春季。寄主为柯属植物。

中国分布于湖北、四川、重庆、云南、广东、福建。此外见于越南、泰国。

南岭雾带天蛾 *Rhodoprasina nanlingensis* Kishida & Wang, 2003

Rhodoprasina nanlingensis Kishida & Wang, 2003, *Tinea*, 17(4): 176.
Type locality: China, Guangdong, Shaoguan.

中型天蛾。雄性近似南亚雾带天蛾*R. corrigenda*，但体型较小，体态相对粗短，身体被黄棕色绒毛，前翅为黄棕色，覆有银灰色鳞片。雌性目前未知。

1年1代，主要出现于冬季。寄主不明。

该种为中国特有种。分布于湖南、广东、四川。

直线雾带天蛾 *Rhodoprasina nenulfascia* Zhu & Wang, 1997

Rhodoprasina nenulfascia Zhu & Wang, 1997, *Fauna Sinica* (Insecta), 11: 267.
Type locality: China, Tibet, Yadong.
Synonym: *Rhodoprasina koerferi* Brechlin, 2010

中型天蛾。雄性近似南亚雾带天蛾*R. corrigenda*，但前翅外缘波浪形突起较不明显，前翅正面除亚外缘线的各墨绿色条纹较为平直，彼此之间相对较为平行，条纹间的银灰色鳞片较为明显。雌性目前未知。

1年1代，主要出现于冬季。寄主不明。

中国分布于西藏。此外见于不丹、印度。

1. 弧线雾带天蛾中南亚种 *Rhodoprasina callantha callsinica* 云南景东 / 熊紫春　摄
2–3. 南亚雾带天蛾 *Rhodoprasina corrigenda* 福建戴云山 / 黄嘉龙　摄
4. 科罗拉雾带天蛾 *Rhodoprasina corolla* 重庆四面山 / 张超　摄
5. 科罗拉雾带天蛾 *Rhodoprasina corolla* 云南景东 / 熊紫春　摄

弧线雾带天蛾中南亚种
Rhodoprasina callantha callsinica
♂ 云南昆明 翅展 101 毫米

弧线雾带天蛾中南亚种
Rhodoprasina callantha callsinica
♂ 云南保山 翅展 102 毫米

弧线雾带天蛾中南亚种
Rhodoprasina callantha callsinica
♀ 云南临沧 翅展 128 毫米

弧线雾带天蛾中南亚种
Rhodoprasina callantha callsinica
♀ 云南勐腊 翅展 137 毫米

南亚雾带天蛾
Rhodoprasina corrigenda
♂ 福建戴云山 翅展 85 毫米

南亚雾带天蛾
Rhodoprasina corrigenda
♂ 广东南岭 翅展 87 毫米

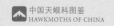

南亚雾带天蛾

Rhodoprasina corrigenda

♂ 重庆四面山 翅展 79 毫米

南亚雾带天蛾

Rhodoprasina corrigenda

♂ 云南盈江 翅展 84 毫米

南亚雾带天蛾

Rhodoprasina corrigenda

♀ 泰国 翅展 117 毫米

科罗拉雾带天蛾

Rhodoprasina corolla

♂ 福建戴云山 翅展 73 毫米

科罗拉雾带天蛾

Rhodoprasina corolla

♂ 云南保山 翅展 70 毫米

科罗拉雾带天蛾

Rhodoprasina corolla

♂ 四川攀枝花 翅展 76 毫米

科罗拉雾带天蛾

Rhodoprasina corolla

♂ 重庆四面山 翅展 76 毫米

科罗拉雾带天蛾

Rhodoprasina corolla

♀ 四川荥经 翅展 84 毫米

南岭雾带天蛾

Rhodoprasina nanlingensis

♂ 湖南石坑崆 翅展 83 毫米

南岭雾带天蛾

Rhodoprasina nanlingensis

♂ 四川荥经 翅展 84 毫米

正模标本 HT 直线雾带天蛾

Rhodoprasina nenulfascia

♂ 西藏亚东 翅展 105 毫米

直线雾带天蛾

Rhodoprasina nenulfascia

♂ 西藏林芝 翅展 103 毫米

枫天蛾属 *Cypoides* Matsumura, 1921

Cypoides Matsumura, 1921, *Thousand Insects Japan (Additam)*, 4: 752.
Type species: *Cypa formosana* Wileman, 1910

小型天蛾。喙不发达；身体与翅面主要为褐色或赭色，前翅外缘有锯齿状突起，翅面具深褐色斑块和条纹，雄性腹部两侧具臀簇。

该属世界已知4种，中国已知2种，本书收录2种。

枫天蛾 *Cypoides chinensis* (Rothschild & Jordan, 1903)

Smerinthulus chinensis Rothschild & Jordan, 1903, *Novit. zool.*, 9 (suppl.): 299 (key), 301.
Type locality: China, Fujian, Qingliu.
Synonym: *Smerinthulus chinensis* Rothschild & Jordan, 1903
Cypa formosana Wileman, 1910
Amorphulus chinensis fasciata Mell, 1922
Enpinanga transtriata Chu & Wang, 1980
Callambulyx yunnanensis Dong, 2018

小型天蛾。雄性身体被褐色绒毛；触角棕褐色，喙较短，腹部末端两侧各具1枚臀簇；前翅顶角突出，具1个缺口，外缘具锯齿状突起，前翅正面褐色，具深褐色斑块和波浪形条纹，臀角上方具1枚暗紫色椭圆形斑块；反面棕褐色，具1条深褐色条纹。后翅正面赭褐色，无特别花纹；反面棕褐色，具1条深褐色条纹。雌性外观形态类同雄性，但体型更加粗壮，翅膀更加宽阔，整体颜色相对更深。该种因个体差异，翅面的斑纹和颜色变化较大。

主要出现于春季至秋季。主要寄主为枫香树。

中国分布于陕西、安徽、浙江、湖北、贵州、湖南、江西、广东、香港、广西、海南、台湾。此外见于泰国、老挝、越南。

拟枫天蛾 *Cypoides parachinensis* Brechlin, 2009

Cypoides parachinensis Brechlin, 2009, *Entomo-Satsphingia*, 2(2): 57.
Type locality: Myanmar, ZimYar Dam.

小型天蛾。雄性十分近似枫天蛾*C. chinensis*，但整体花纹和体色相对较暗，前翅更加狭长，正面的深褐色斑块面积更大，顶角外突更加明显，后翅正面相对偏红色。

主要出现于夏季至秋季。寄主不明。

中国分布于广西、云南、西藏。此外见于缅甸、不丹、印度。

1

2

1. 枫天蛾 *Cypoides chinensis* 贵州绥阳 / 郑心怡　摄
2. 拟枫天蛾 *Cypoides parachinensis* 云南勐腊 / 程文达　摄

枫天蛾

Cypoides chinensis

♂ 广西桂林 翅展 40 毫米

枫天蛾

Cypoides chinensis

♂ 浙江天目山 翅展 38 毫米

枫天蛾

Cypoides chinensis

♂ 台湾新北 翅展 38 毫米

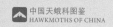

枫天蛾

Cypoides chinensis

♀　湖南长沙　翅展 45 毫米

拟枫天蛾

Cypoides parachinensis

♂　云南勐腊　翅展 45 毫米

拟枫天蛾

Cypoides parachinensis

♂　西藏林芝　翅展 46 毫米

齿缘天蛾属 *Cypa* Walker, 1865

Cypa Walker, 1865, *List Specimens lepid. Insects Colln Br. Mus.*, 31: 41.
Type species: *Cypa ferruginea* Walker, 1865

小型至中型天蛾。喙不发达；身体与翅面主要为褐色或赭色，前翅外缘有锯齿状突起，顶角向外突出，翅面具深褐色条纹或者刻点，雄性腹部两侧具臀簇。

该属世界已知19种，中国已知5种，本书收录5种。

褐齿缘天蛾 *Cypa decolor* (Walker, 1856)

Smerinthus decolor Walker, 1856, *List Specimens lepid. Insects Colln Br. Mus.*, 8: 255.

褐齿缘天蛾指名亚种 *Cypa decolor decolor* (Walker, 1856)

Type locality: India.
Synonym: *Cypa incongruens* Butler, 1881
Smerinthulus chinensis Rothschild & Jordan, 1903
Cypa decolor manilae Clark, 1930

小型天蛾。雄性身体被褐色绒毛；触角棕褐色，喙较短，腹部末端两侧各具1枚臀簇；前翅顶角突出，外缘具锯齿状突起，前翅正面浅褐色，具深褐色斑带和条纹，亚外缘线处具黑褐色刻点，亚外缘至外缘的区域为灰褐色，中室末端具黑褐色斑点；反面浅褐色，基半部赭色，外中线处具1条褐色条纹，亚外缘线处具黑褐色锯齿状条纹。后翅正面棕褐色，无特别花纹；反面黄灰色，具2条褐色锯齿状条纹。中室处具1枚褐色斑点。雌性花纹类同雄性，但体型更加粗壮，翅膀更加宽阔，整体颜色相对更深，偏棕褐色。

主要出现于夏季。寄主为栎属和锥属等多种植物。

中国分布于云南和海南。此外见于印度、尼泊尔、缅甸、泰国、越南、老挝、马来西亚、菲律宾、印度尼西亚。

单齿缘天蛾 *Cypa enodis* Jordan, 1931

Cypa pallens enodis Jordan, 1931, *Novit. zool.*, 36: 240.
Type locality: India, Assam, Shillong.

中型天蛾。雄性近似褐齿缘天蛾*C. decolor*，但本种前翅较长，顶角较为突出，亚外缘处的黑褐色刻点颇为明显，中室端斑较为模糊，前翅正面为棕灰色，反面基半部为赭褐色，后翅正面为赭色。雌性花纹类同雄性，但体型更加粗壮，翅膀更加宽阔，整体颜色相对更深，偏棕褐色。该种有的个体在前翅顶角处会出现缺口。

主要出现于春末至夏初。寄主为桦属植物。

中国分布于湖北、四川、云南、西藏、广西、海南。此外见于中南半岛。

江西齿缘天蛾 *Cypa jiangxiana* Brechlin & Kitching, 2014

Cypa jiangxiana Brechlin & Kitching, 2014, *Entomo-Satsphingia.*, 7(2): 5.
Type locality: China, Jiangxi, Wuyi Shan.

中型天蛾。雄性近似单齿缘天蛾*C. enodis*，但本种前翅外缘齿突较少，相对平滑，前翅为赭褐色，后翅偏红色。雌性目前未知。

主要出现于夏季。寄主不明。

该种为中国特有种。分布于江西、贵州、四川、湖北。

陕西齿缘天蛾 *Cypa shaanxiana* Brechlin & Kitching, 2014

Cypa shaanxiana Brechlin & Kitching, 2014, *Entomo-Satsphingia.*, 7(2): 6.
Type locality: China, Shaanxi, Taibai Shan, Foping.

中型天蛾。雄性近似单齿缘天蛾*C. enodis*，但本种前翅较短，顶角缺口明显，前翅偏棕色，具明显的深褐色条纹与斑块，前翅反面基半部为赭色。雌性花纹类同雄性，但体型更加粗壮，翅膀更加宽阔，整体颜色相对更深。

主要出现于夏季。寄主不明。

该种为中国特有种。分布于陕西、四川、云南。

均齿缘天蛾 *Cypa uniformis* Mell, 1992

Cypa decolor uniformis Mell, 1922, *Dt. ent. Z.*, 1922: 117.
Type locality: China, Guangdong.

中型天蛾。雄性近似褐齿缘天蛾*C. decolor*，但本种前翅正面颜色较为均匀，偏棕褐色，前翅反面基半部为赭红色，后翅正面为赭褐色。雌性花纹类同雄性，但体型更加粗壮，翅膀更加宽阔，整体花纹淡化。

主要出现于春季至夏季。寄主不明。

中国分布于四川、云南、江西、广东、广西、香港。此外见于老挝、越南。

1. 褐齿缘天蛾指名亚种 *Cypa decolor decolor* 海南尖峰岭 / 苏圣博　摄　2. 单齿缘天蛾 *Cypa enodis* 云南景东 / 熊紫春　摄　3. 均齿缘天蛾 *Cypa uniformis* 广东象头山 / 陆千乐　摄

褐齿缘天蛾指名亚种
Cypa decolor decolor
♂ 海南尖峰岭 翅展 45 毫米

褐齿缘天蛾指名亚种
Cypa decolor decolor
♂ 海南五指山 翅展 45 毫米

褐齿缘天蛾指名亚种
Cypa decolor decolor
♀ 海南五指山 翅展 60 毫米

单齿缘天蛾
Cypa enodis
♂ 西藏林芝 翅展 52 毫米

单齿缘天蛾
Cypa enodis
♀ 云南麻栗坡 翅展 60 毫米

单齿缘天蛾
Cypa enodis
♀ 云南昆明 翅展 62 毫米

江西齿缘天蛾
Cypa jiangxiana
♂ 四川荥经 翅展 53 毫米

江西齿缘天蛾
Cypa jiangxiana
♂ 湖北神农架 翅展 55 毫米

江西齿缘天蛾
Cypa jiangxiana
♀ 贵州梵净山 翅展 58 毫米

陕西齿缘天蛾
Cypa shaanxiana
♂ 四川荥经 翅展 56 毫米

陕西齿缘天蛾
Cypa shaanxiana
♂ 陕西佛坪 翅展 58 毫米

陕西齿缘天蛾
Cypa shaanxiana
♀ 陕西佛坪 翅展 70 毫米

均齿缘天蛾
Cypa uniformis
♂ 云南富宁 翅展 47 毫米

均齿缘天蛾
Cypa uniformis
♀ 广东广州 翅展 56 毫米

索天蛾属 *Smerinthulus* Huwe, 1895

Smerinthulus Huwe, 1895, *Berl. Ent. Z.*, 40: 370.
Type species: *Smerinthulus quadripunctatus* Huwe, 1895

小型至中型天蛾。喙不发达；身体、翅膀淡黄色或黄褐色；前翅正面有不规则黄色斑块，外缘齿状。雄性腹部末端两侧具臀簇，雌性前翅较雄性更宽大，腹部肥大，末端无臀簇。

该属世界已知 15 种，中国已知 5 种，本书收录 5 种。

石栎索天蛾 *Smerinthulus mirabilis* (Rothschild, 1894)

Cypa mirabilis Rothschild, 1894, *Novit. zool.*, 1: 664.

石栎索天蛾北越亚种 *Smerinthulus mirabilis tonkiniana* (Brechlin,2014)

Smerinthulus mirabilis tonkiniana (Brechlin, 2014), *Entomo-Satsphingia.*, 7: 36-45.
Type locality: Vietnam, Chapa, Mt. Fan Si Pan.
Synonym: *Degmaptera mirabilis tonkiniana* Brechlin, 2014

小型天蛾。雄性身体被赭褐色绒毛；触角棕褐色，喙较短，胸部背面和腹部前端具浅黄色毛簇，腹部背面具1列浅黄色斑点，末端两侧各具1枚臀簇；前翅顶角突出，顶角具浅黄色月形纹，外缘具锯齿状突起，后缘近臀角处向内凹陷明显，前翅正面赭褐色，具浅黄色斑带和条纹，密布褐色细纹，外中线处具1条黑褐色锯齿状条纹，中室端部具1枚黑色圆斑，前缘至中室端斑附近具1枚绿棕色肾形斑纹；反面黄灰色，可透见正面斑纹。后翅近五边形，前缘处有1个明显的缺刻，正面棕褐色，基部具浅褐色斑块，中室处具1枚黑褐色斑点；反面黄灰色，具1枚黑斑和1条黑褐色条纹，条纹外侧具1列灰褐色锯齿状斑块。雌性形态类同雄性，但体型更加粗壮，翅膀更加宽阔，整体颜色相对更深。该种个体差异较大，翅面的花纹疏密程度和颜色深浅皆有变化，有些个体呈红褐色或绿棕色。

主要出现于春季至夏季。寄主不明。

中国分布于云南。此外见于缅甸、泰国、老挝、越南。

石栎索天蛾华东亚种 *Smerinthulus mirabilis orientosinica* (Brechlin,2014)

Degmaptera mirabilis orientosinica Brechlin, 2014, *Entomo-Satsphingia.*,7: 36.
Type locality: China, Guangdong, Huaiji, Luoke shan.

小型天蛾。与北越亚种*ssp. tonkiniana*几乎无形态上的明显差异。

主要出现于春季至夏季。寄主为栎属植物。

分布于中国浙江、安徽、福建、广东、湖南、江西、重庆。

石栎索天蛾台湾亚种 *Smerinthulus mirabilis schnitzleri* (Melichar & Řezáč, 2014)

Smerinthulus mirabilis schnitzleri (Melichar & Řezáč, 2014), *The European Entomologist*, 5: 53.
Type locality: China, Taiwan, Nantou, Puli.
Synonym: *Degmaptera schnitzleri* Melichar & Řezáč, 2014
Smerinthulus schnitzleri (Melichar & Řezáč, 2014)

小型天蛾。与东部亚种*ssp. orientosinica*相似，但身体与翅膀的颜色偏红，前翅花纹相对较淡。

主要出现于春季至夏季。寄主不明。

目前仅知分布于中国台湾。

霉斑索天蛾 *Smerinthulus perversa* (Rothschlid, 1895)

Cypa perversa Rothschild, 1895, *Novit. zool.* 2: 28

霉斑索天蛾指名亚种 *Smerinthulus perversa perversa* (Rothschlid,1895)

Cypa perversa Rothschild, 1895, *Novit. zool.*, 2: 28.
Type locality: India, Assam, Khasi Hills.
Synonym: *Cypa perversa* Rothschild, 1895
Smerinthulus doipuiensis Inoue, 1991

小型天蛾。雄性身体被黄褐色绒毛；触角棕色，喙较短，腹部末端两侧各具1枚臀簇；前翅顶角突出，具1枚浅黄色斑块，外缘具锯齿状突起，前翅正面褐色，具淡黄色斑块和条纹，中室末端具黑褐色斑点；反面黄灰色，基半部赭褐色，外中线处具1条褐色条纹。后翅正面棕褐色，顶区黄灰色，中室处具1枚黑褐色斑点，亚外缘处具黑褐色条纹；反面黄灰色，具1条褐色条纹。雌性形态类同雄性，但体型更加粗壮，翅膀更加宽阔，整体花纹较淡。该种个体差异较大，翅面的花纹疏密程度和颜色深浅皆有变化。

主要出现于春季至秋季。寄主不明。

中国分布于云南。此外见于印度、老挝、缅甸、泰国。

霉斑索天蛾华南亚种 *Smerinthulus perversa pallidus* Mell, 1922

Smerinthulus pallidus Mell, 1922, *Dt. ent. Z.*, 1922: 116.
Type locality: China, north Guangdong.

小型天蛾。近似指名亚种，但整体翅形较为圆润，后翅颜色偏赭红，前翅翅面花纹相对淡化，较为模糊。

主要出现于春季至秋季。寄主不明。

分布于中国重庆、湖南、福建、广东、海南。

黄斑索天蛾 *Smerinthulus flavomaculatus* Inoue, 1990

Smerinthulus flavomaculatus Inoue, 1990, *Tinea*, 12: 252.
Type locality: China, Taiwan, Nantou, Lushan.
Syonoym: *Smerinthulus perversa flavomaculatus* Inoue,1990

小型天蛾。雄性近似霉斑索天蛾*S. perversa*，但整体偏褐色，前翅翅面臀角上方的淡黄色斑块较为明显，褐色条纹较为发达。雌性形态类同雄性，但体型更加粗壮，翅膀更加宽阔，整体花纹较淡。

主要出现于春季至夏季。寄主不明。

该种为中国特有种。目前仅知分布于台湾。

台湾索天蛾 *Smerinthulus taiwana* Haxaire & Melichar, 2022

Smerinthulus taiwana Haxaire & Melichar, 2022, *The European Entomologist*, 14: 12.
Type locality: China, Taiwan, Nantou, Puli.

小型天蛾。雄性近似黄斑索天蛾*S. flavomaculatus*，但整体颜色偏淡，前翅褐色条纹较为发达，臀角上方不具有淡黄色斑块。雌性形态类同雄性，但体型更加粗壮，翅膀更加宽阔，整体花纹较淡。

主要出现于夏季。寄主不明。

该种为中国特有种。目前仅知分布于台湾。

维氏索天蛾 *Smerinthulus witti* Brechlin, 2000

Smerinthulus witti Brechlin, 2000, *Nachr. ent. Ver., Apollo* (N.F.), 21: 103.
Type locality: China, Yunnan, Dali, Yunlong.

中型天蛾。雄性近似霉斑索天蛾*S. perversa*，但体型较大，前翅更加狭长，整体偏褐色，前翅翅面具深褐色条纹，主要于亚外缘和顶角附近具淡黄色斑块；前翅反面基半部为棕褐色。雌性形态类同雄性，但体型更加粗壮，翅膀更加宽阔。该种个体差异较大，会出现偏棕红色的个体，且有的个体前翅正面黄斑非常发达，有的几乎不具黄斑。

主要出现于夏季至秋季。寄主不明。

该种为中国特有种。分布于云南、四川、贵州、广西。

1

2

1. 石栎索天蛾北越亚种 *Smerinthulus mirabilis tonkiniana* 云南西双版纳 / 张巍巍　摄
2. 石栎索天蛾华东亚种 *Smerinthulus mirabilis orientosinica* 福建武夷山 / 郭亮　摄

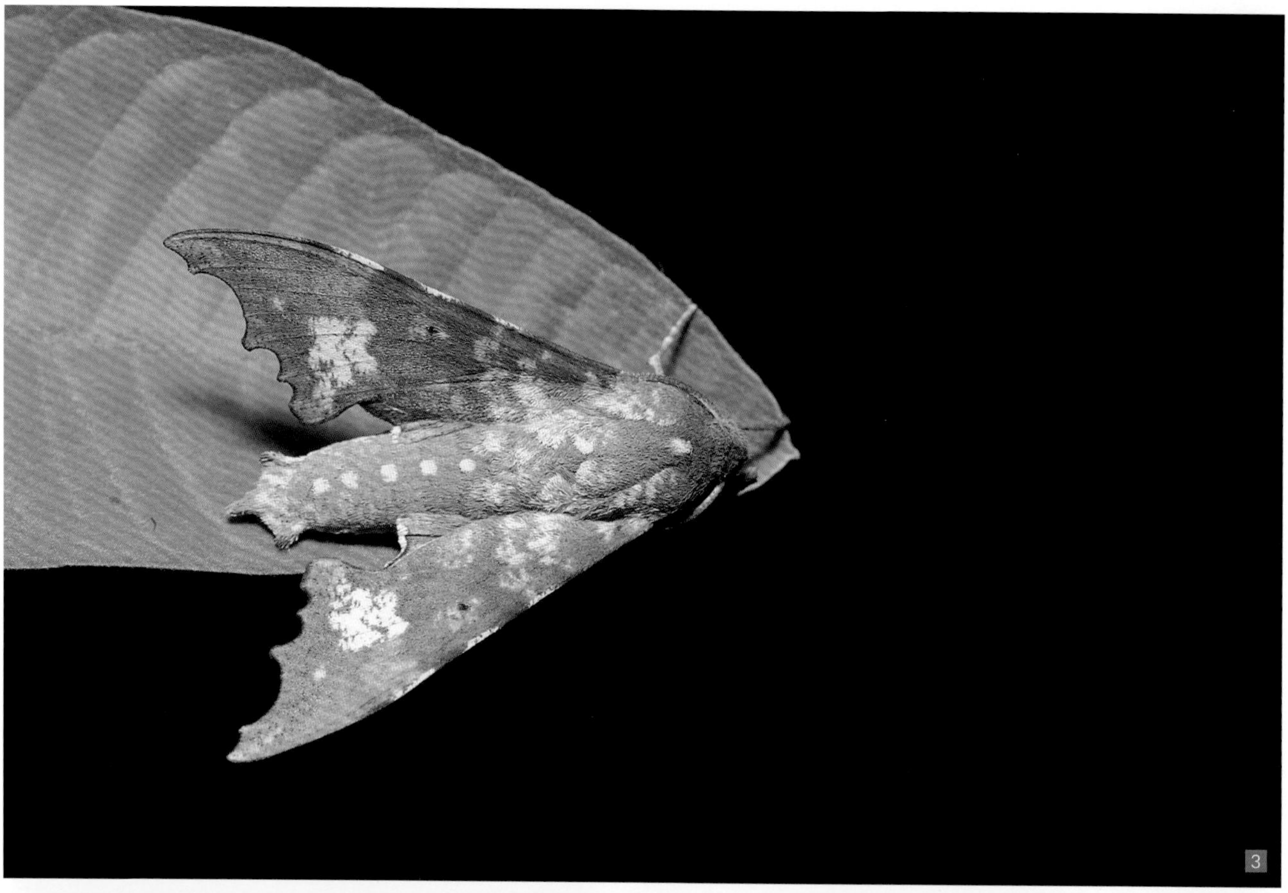

3. 霉斑索天蛾指名亚种 *Smerinthulus perversa perversa* 云南西双版纳 / 张巍巍　摄
4. 霉斑索天蛾华南亚种 *Smerinthulus perversa pallidus* 海南五指山 / 张巍巍　摄
5. 维氏索天蛾 *Smerinthulus witti* 云南昆明 / 许振邦　摄

石栎索天蛾北越亚种

Smerinthulus mirabilis tonkiniana

♂ 云南景洪 翅展 48 毫米

石栎索天蛾华东亚种

Smerinthulus mirabilis orientosinica

♂ 福建龙岩 翅展 49 毫米

石栎索天蛾华东亚种

Smerinthulus mirabilis orientosinica

♀ 重庆四面山 翅展 60 毫米

正模标本 HT 石栎索天蛾台湾亚种
Smerinthulus mirabilis schnitzleri
♂ 台湾南投 翅展 50 毫米

霉斑索天蛾指名亚种
Smerinthulus perversa perversa
♂ 云南墨江 翅展 50 毫米

霉斑索天蛾指名亚种
Smerinthulus perversa perversa
♀ 云南墨江 翅展 73 毫米

霉斑索天蛾华南亚种

Smerinthulus perversa pallidus

♂ 福建福鼎 翅展 46 毫米

霉斑索天蛾华南亚种

Smerinthulus perversa pallidus

♂ 海南五指山 翅展 44 毫米

霉斑索天蛾华南亚种

Smerinthulus perversa pallidus

♀ 福建武夷山 翅展 51 毫米

黄斑索天蛾

Smerinthulus flavomaculatus

♂ 台湾南投　翅展 56 毫米

正模标本 HT　台湾索天蛾

Smerinthulus taiwana

♂ 台湾南投　翅展 46 毫米

维氏索天蛾

Smerinthulus witti

♂ 四川都江堰　翅展 60 毫米

维氏索天蛾
Smerinthulus witti
♂　云南昆明　翅展 61 毫米

维氏索天蛾
Smerinthulus witti
♀　四川荥经　翅展 72 毫米

涟漪天蛾属 *Opistoclanis* Jordan, 1929

Opistoclanis Jordan, 1929, Novit. zool., 35: 62.
Type species: *Clains hawkeri* Joicey & Talbot, 1921

中型天蛾。身体和前翅褐色，前翅特别狭长，具深褐色涟漪状条纹，后翅呈玫红色。

该属世界已知1种，中国已知1种，本书收录1种。

涟漪天蛾 *Opistoclanis hawkeri* (Joicey & Talbot, 1921)

Clanis hawkeri Joicey & Talbot, 1921, *Entomologist*, 54: 106.
Type locality: Laos; Cambodia; Vietnam.
Synonym: *Clanis hawkeri* Joicey & Talbot, 1921

中型天蛾。雄性身体被褐色绒毛；触角棕褐色，喙较短，头部至胸部背面具1条深褐色宽斑带；前翅狭长，外缘光滑，正面为褐色，具6条深褐色条纹，互相之间平行或交错，周围覆有灰色鳞片，整体似涟漪状，顶角下方具1枚灰黑色斑块；反面浅褐色，基半部玫红色，可透见正面条纹。后翅正面玫红色，顶区黄灰色，臀角区域灰褐色，臀域为黄灰色；反面浅褐色，具2条褐色条纹。雌性形态类同雄性，但体型相对粗壮，翅膀更加宽阔。本种因个体差异，后翅的玫红色面积会有所变化。

主要出现于春季至夏季。寄主为黄檀属植物。

中国分布于云南、贵州、广西、海南。此外见于泰国、老挝、越南。

涟漪天蛾 *Opistoclanis hawkeri* 贵州荔波 / 蒋卓衡　摄

涟漪天蛾

Opistoclanis hawkeri

♂ 云南屏边 翅展 81 毫米

涟漪天蛾

Opistoclanis hawkeri

♂ 海南五指山 翅展 80 毫米

涟漪天蛾

Opistoclanis hawkeri

♀ 贵州荔波 翅展 75 毫米

绿天蛾属 *Callambulyx* Rothschild & Jordan, 1903

Callambulyx Rothschild & Jordan, 1903, *Novit. zool.*, 9 (Suppl.): 173 (key).
Type species: *Ambulyx rubricosa* Walker, 1856

中型至大型天蛾。喙比较短；身体和翅膀绿色，前翅顶角尖锐，通常外缘光滑，正面具深色斑块或条纹；后翅具大面积红色，部分种类臀角具眼斑或类眼斑。

该属世界已知11种，中国已知7种，本书收录7种。

云越绿天蛾 *Callambulyx diehli* Brechlin & Kitching, 2012

Callambulyx diehli Brechlin & Kitching, 2012, *Entomo-Satsphingia.*, 5(3): 56.
Type locality: Indonesia, Sumatra, NW Aceh, Mt. Silawa.

中型天蛾。雄性近似榆绿天蛾*C. tatarinovii*，但本种身体腹面的绒毛偏黄绿色，前翅十分狭长，顶角突出，外缘具明显弧度，亚外缘至外缘的区域覆有灰绿色鳞片，前翅正面自中室至臀角贯穿1条墨绿色条纹，与后缘的墨绿色弧线相交汇，且后翅正面的玫红色区域更大。雌性形态类同雄性，但体型相对粗壮，翅膀更加宽阔，整体颜色偏黄。

主要出现于春季至秋季。寄主不明。

中国分布于云南、海南、广西、贵州、福建。此外见于老挝、越南、柬埔寨、泰国、缅甸、马来西亚、印度尼西亚。

眼斑绿天蛾 *Callambulyx junonia* (Butler, 1881)

Ambulyx junonia Butler, 1881, *Illustr. typ. Spec. Lepid. Heterocera Brit. Mus.*, 5: 9.
Type locality: Bhutan.
Synonym: *Ambulyx junonia* Butler, 1881
Callambulyx junonia angusta Clark, 1935
Callambulyx junonia chinensis Clark, 1938
Callambulyx orbita Chu & Wang, 1980

中型天蛾。雄性近似凯氏绿天蛾*C. kitchingi*，但本种整体为草绿色，前翅外缘向内凹陷弧度明显，正面于亚外缘区和中区内侧具众多的墨绿色波浪形条纹，且条纹周围覆有蓝灰色鳞片，中室端部具1枚墨绿色圆点；反面黄绿色，具3条墨绿色弧线，中区至外缘具1枚近三角形墨绿色大斑，外缘具灰色鳞片。后翅几乎全为玫红色，臀角处具1枚瞳点为蓝灰色的黑色眼斑，眼斑外侧还具1条绿色弧线，臀域灰绿色；反面黄绿色，具3条墨绿色弧线，外缘具灰白色鳞片。雌性形态类同雄性，但顶角突出不明显，体型相对粗壮，翅膀更加宽阔，整体颜色偏黄，后翅的玫红色面积较小。该种由于个体差异，使得翅面花纹的疏密、明暗，以及后翅眼斑的鲜艳程度均有变化。

主要出现于春季至秋季。寄主不明。

中国分布于陕西、湖北、四川、贵州、重庆、湖南、云南、海南。此外见于不丹、印度、越南。

凯氏绿天蛾 *Callambulyx kitchingi* Cadiou, 1996

Callambulyx kitchingi Cadiou, 1996, *Ent. Africana*, 1: 15.
Type locality: China, Fujian, Kuatun.

中型天蛾。雄性近似云越绿天蛾*C. diehli*，但本种身体腹面的绒毛偏明黄色，前翅外缘较为平滑，正面自基部至中区墨绿色条纹的区域覆盖有明显的浅紫色鳞片；前翅反面为黄绿色，前缘至顶角的区域为明黄色，边界分割明显，外缘覆盖有浅灰色鳞片；后翅几乎全为玫红色，臀角具类眼斑，靠内还具有2枚黑色齿状斑块；后翅反面为明黄色。雌性形态类同雄性，但顶角突出不明显，体型相对粗壮，翅膀更加宽阔。

主要出现于春季至夏季。寄主为黄花柳。

中国分布于安徽、湖南、江西、重庆、福建、四川、贵州、广东、广西、海南。此外见于越南。

闭目绿天蛾 *Callambulyx rubricosa* Walker, 1856

Ambulyx rubricosa Walker, 1856, *List Specimens lepid. Insects Colln Br. Mus.*, 8: 122.
Type locality: India.
Synonym: *Ambulyx rubricosa* Walker, 1856
Basiana superba Moore, 1866
Callambulyx rubricosa indochinensis Clark, 1936

大型天蛾。雄性近似眼斑绿天蛾*C. junonia*，但本种体型明显较大，整体为草绿色，前翅锯齿状条纹明显，前翅中室末端具墨绿色圆点；反面基半部不具玫红色斑块，顶角至中区具1条墨绿色折线，亚外缘至外缘区域覆有灰色鳞片。后翅几乎全为玫红色，基部和亚外缘具有明显的红褐色斑块，臀角灰色且具2条黑色弧线；反面具1条褐色纹和2条锯齿状条纹。雌性形态类同雄性，但体型庞大，正面整体呈黄绿色，前翅的紫褐色区域和后翅的红褐色斑块较雄性更加扩大，前后翅反面呈橘黄色。该种具多种色型，有的个体呈现为浅绿色或黄绿色，有些雌性前翅的紫褐色区域远多于黄绿色区域。

主要出现于春季至秋季。寄主为黄花柳。

中国分布于西藏、云南、贵州、广西、广东、海南。此外见于尼泊尔、不丹、印度、缅甸、泰国、老挝、越南、印度尼西亚。

西昌绿天蛾 *Callambulyx sichangensis* Chu & Wang, 1980

Callambulyx tatarinovi [sic] sichangensis Chu & Wang, 1980, *Acta zootaxon. sin.*, 5: 418.
Type locality: China, Sichuan, Xichang, Lushan.

中型天蛾。雄性十分近似榆绿天蛾*C. tatarinovii*，但本种整体偏翠绿色，顶角外突明显，前翅更加狭长，中区的墨绿色"V"形大斑颜色较深，自顶角至前缘的白色折纹更长且折角更平直。雌性形态类同雄性，但体型相对粗壮，翅膀更加宽阔，整体偏黄色。本种因个体差异，后翅的玫红色面积、前翅的白色折纹宽度会有所变化。

主要出现于夏季至秋季。寄主可能为榔榆。

该种为中国特有种。分布于四川、重庆、云南。

太白绿天蛾 *Callambulyx sinjaevi* Brechlin, 2000

Callambulyx sinjaevi Brechlin, 2000, *Nachr. entomol. Ver. Apollo (N.F.)*, 20: 266.
Type locality: China, Shaanxi, south Tai-bai-shan.

中型天蛾。本种形态与该属其他种类有明显区别；雄性身体被草绿色绒毛，胸部背面及两侧具灰色条纹和斑块，腹部具1条墨绿色背线，背线两侧覆有灰白色绒毛；前翅草绿色，基部至后缘由黄灰色过渡为紫灰色，正面具墨绿色斑块和条纹，顶角至中室末端具1条透明的闪电状条纹，亚外缘线灰绿色；反面基半部灰色。后翅草绿色，基部具玫红色斑块，臀角紫灰色；反面顶区具灰白色鳞片，臀角附近具浅紫色。雌性形态类同雄性，但体型相对粗壮，翅膀更加宽阔，整体呈黄绿色，后翅玫红色面积较小。

1年1代，主要出现于春末至夏初。寄主不明。

该种为中国特有种。分布于陕西、河南。

榆绿天蛾 *Callambulyx tatarinovii* (Bremer & Grey, 1853)

Smerinthus tatarinovii Bremer & Grey, 1853, *in Motschulsky (ed.), Etudes ent.*, 1: 62.

榆绿天蛾指名亚种 *Callambulyx tatarinovii tatarinovii* (Bremer & Grey, 1853)

Type locality: China, Beijing.
Synonym: *Smerinthus tatarinovii* Bremer & Grey, 1853
Smerinthus eversmanni Eversmann, 1854
Callambulyx tatarinovii coreana Gehlen, 1941

中型天蛾。雄性身体被草绿色绒毛，头部与胸部具墨绿色斑块，腹部具1条褐色背线；触角黄色，长度达中室末端，比较短；前翅顶角尖锐，外缘光滑，前翅正面草绿色，前翅中区具1枚墨绿色“V”形大斑，后缘具紫褐色鳞片，顶角具1枚墨绿色三角形大斑，自顶角至前缘具1条白色折纹，缘毛为黄绿色；反面黄绿色，基半部玫红色，臀角具明黄色斑块。后翅草绿色，基部至中区具大面积红色斑块，臀角处具墨绿色类眼斑和条纹，臀域灰绿色；反面黄绿色，具翠绿色条纹，具灰白色缘毛。雌性形态类同雄性，但体型相对粗壮，翅膀更加宽阔，整体颜色偏黄。本种因个体差异，后翅的玫红色面积、前翅的白色折纹宽度会有所变化，且颜色多变，还会出现棕色型与黄色型的个体。

主要出现于春季至秋季。寄主为榆属、椴树属、榉属和卫矛属等多种植物。

中国分布于黑龙江、吉林、辽宁、内蒙古、新疆、北京、河北、山东、山西、陕西、湖北、四川、重庆、宁夏、青海、河南、江苏、上海、浙江、安徽、福建、江西、湖南、贵州。此外见于蒙古国、韩国、俄罗斯。

榆绿天蛾台湾亚种 *Callambulyx tatarinovii formosana* Clark, 1935

Callambulyx poecilus formosana Clark, 1935, *Proc. New Engl. zool. Club*, 15: 24.
Type locality: China, Taiwan, Nantou, Puli.

中型天蛾。近似指名亚种，但整体翅膀轮廓相对较圆润，翅面花纹较淡。

主要出现于春季至秋季。寄主为榉属植物。

目前仅知分布于中国台湾。

1. 云越绿天蛾 *Callambulyx diehli* 云南西双版纳 / 张巍巍　摄
2. 眼斑绿天蛾 *Callambulyx junonia* 湖北神农架 / 陆千乐　摄

1

2

3. 凯氏绿天蛾 *Callambulyx kitchingi* 广东象头山 / 陆千乐　摄　4. 闭目绿天蛾 *Callambulyx rubricosa* 西藏墨脱 / 刘庆明　摄　5. 闭目绿天蛾 *Callambulyx rubricosa* 西藏墨脱 / 郭世伟　摄　6. 西昌绿天蛾 *Callambulyx sichangensis* 云南昆明 / 郭世伟　摄　7. 太白绿天蛾 *Callambulyx sinjaevi* 陕西安康 / 李宇飞　摄　8–9. 榆绿天蛾指名亚种 *Callambulyx tatarinovii tatarinovii* 北京怀柔 / 李涛　摄

8

9

云越绿天蛾

Callambulyx diehli

♂　贵州荔波　翅展 80 毫米

云越绿天蛾

Callambulyx diehli

♂　云南泸水　翅展 78 毫米

云越绿天蛾

Callambulyx diehli

♀　云南麻栗坡　翅展 94 毫米

眼斑绿天蛾
Callambulyx junonia
♂ 陕西安康 翅展 67 毫米

眼斑绿天蛾
Callambulyx junonia
♂ 云南屏边 翅展 88 毫米

眼斑绿天蛾
Callambulyx junonia
♀ 四川汶川 翅展 82 毫米

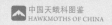

凯氏绿天蛾

Callambulyx kitchingi

♂ 广东广州 翅展 73 毫米

凯氏绿天蛾

Callambulyx kitchingi

♂ 贵州荔波 翅展 70 毫米

凯氏绿天蛾

Callambulyx kitchingi

♀ 广东连州 翅展 76 毫米

闭目绿天蛾
Callambulyx rubricosa
♂ 海南五指山 翅展 90 毫米

闭目绿天蛾
Callambulyx rubricosa
♂ 贵州荔波 翅展 101 毫米

闭目绿天蛾
Callambulyx rubricosa
♀ 云南盈江 翅展 125 毫米

闭目绿天蛾

Callambulyx rubricosa

♀ 西藏墨脱 翅展 122 毫米

西昌绿天蛾

Callambulyx sichangensis

♂ 云南昆明 翅展 78 毫米

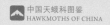

西昌绿天蛾

Callambulyx sichangensis

♂ 四川西昌 翅展 75 毫米

西昌绿天蛾

Callambulyx sichangensis

♂ 重庆四面山 翅展 77 毫米

西昌绿天蛾

Callambulyx sichangensis

♀ 云南德钦 翅展 86 毫米

太白绿天蛾

Callambulyx sinjaevi

♂ 陕西西安 翅展 60 毫米

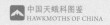

太白绿天蛾
Callambulyx sinjaevi
♂ 河南宝天曼 翅展 65 毫米

太白绿天蛾
Callambulyx sinjaevi
♀ 陕西安康 翅展 74 毫米

榆绿天蛾指名亚种
Callambulyx tatarinovii tatarinovii
♂ 黑龙江哈尔滨 翅展 56 毫米

榆绿天蛾指名亚种
Callambulyx tatarinovii tatarinovii
♂ 北京怀柔 翅展 60 毫米

榆绿天蛾指名亚种
Callambulyx tatarinovii tatarinovii
♂ 重庆巫溪 翅展 79 毫米

榆绿天蛾指名亚种
Callambulyx tatarinovii tatarinovii
♀ 北京怀柔 翅展 55 毫米

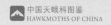

榆绿天蛾指名亚种

Callambulyx tatarinovii tatarinovii

♀　陕西宁陕　翅展 76 毫米

榆绿天蛾台湾亚种

Callambulyx tatarinovii formosana

♂　台湾南投　翅展 74 毫米

榆绿天蛾台湾亚种

Callambulyx tatarinovii formosana

♀　台湾南投　翅展 88 毫米

木蜂天蛾属 *Sataspes* Moore, 1858

Sataspes Moore, [1858] *in* Horsfield & Moore, *Cat. lep. Ins. Mus. East India Company*, 1: 261.
Type species: *Sesia infernalis* Westwood, 1847

中型天蛾。本属物种形态上与多种木蜂互相拟态；雄性触角粗大，具明显栉节，雌性触角棒状，末端稍膨大；身体较为粗壮肥大，被黑色和黄色绒毛，翅膀狭长且翅脉明显，翅上具色彩丰富的金属光泽鳞片，如黑色、金色、蓝色或紫色等。该属成员为日行性，常于晴天访花，成虫常在水塘或者溪流附近巡飞，有俯冲至水面并迅速上升的习性。

该属世界已知10种，中国已知3种，本书收录3种。

黄节木蜂天蛾 *Sataspes infernalis* (Westwood, 1847)

Sesia infernalis [Westwood, 1847], *Cabinet Oriental., Ent.*, 61.
Type locality: Bangladesh, Sylhet.
Synonym: *Sesia infernalis* Westwood, 1847
Sataspes uniformis Butler, 1875

中型天蛾。雄性十分近似木蜂天蛾*S. xylocoparis*，但体型较大，通常而言仅腹部第6节、第7节背板上具黄色绒毛宽带，尾毛为团扇形；前后翅反面在一定角度下呈现出较为明显的淡紫色金属光泽。雌性形态类同雄性，但体型更加粗壮，腹部末端的黄色绒毛较为稀疏，触角棒状且末端稍显膨大。

主要出现于春季与秋季。寄主为豆科黄檀属、合欢属、胡枝子属等多种植物。

中国分布于云南、西藏。此外分布于印度、不丹、尼泊尔、缅甸、泰国、越南。

黑胸木蜂天蛾 *Sataspes tagalica* Boisduval, 1875

Sataspes tagalica Boisduval, 1875, *in* Boisduval & Guenée, *Hist. nat. Insectes (Spec. gén. Lépid. Hétérocères)*, 1: 378.
Type locality: Philippines, Burias.
Synonym: *Sataspes ventralis* Butler, 1875
Sataspes hauxwellii de Nicéville, 1900
Sataspes tagalica collaris Rothschild & Jordan, 1903
Sataspes tagalica thoracica Rothschild & Jordan, 1903
Sataspes tagalica chinensis Mell, 1922
Sataspes tagalica protomelas (Seitz, 1929)

中型天蛾。该种形态上主要拟态竹木蜂*X. nasalis*等，雄性整体形态近似木蜂天蛾*S. xylocoparis*，但全身主要密布具有蓝黑色金属光泽的绒毛，脖颈处和腹部背面具明黄色绒毛，腹部反面具有大量的浅黄色绒毛；前后翅正反面以黑褐色为主，正面中区具有耀眼的呈金属蓝色光泽的窄带，反面基部至中区的鳞片具明显的蓝紫色金属光泽。雌性形态类同雄性，但体型相对粗短。本种色型较多，有的个体全身绒毛皆为黑色，或者胸部背面和脖颈处具黄色绒毛，或前后翅正面的窄带呈现为黄绿色或蓝绿色。

主要出现于春季与秋季。寄主为豆科黄檀属、合欢属、胡枝子属等多种植物。

中国分布于湖北、四川、云南、广东、广西、西藏、湖南、海南、香港、福建。此外见于印度、不丹、尼泊尔、缅甸、泰国、老挝、越南。

木蜂天蛾 *Sataspes xylocoparis* Butler, 1875

Sataspes xylocoparis Butler, 1875, *Proceedings of the Zoological Society of London*, 1875.
Type locality: China, Shanghai.

中型天蛾。雄性身体短粗，密布黑色绒毛，其中头颈处、胸部背面、腹部末端和部分腹节背面密布明黄色绒毛；触角黑色且具明显栉节，喙比较短；前翅为极狭长的三角形，顶角较钝，外缘较为平滑，前翅翅脉明显，正面褐色，基半部黑色，具天鹅绒光泽质感，基部具蓝灰色条纹和斑块；反面颜色和斑纹模式类同正面，鳞片在一定角度下可见淡紫色金属光泽。后翅褐色，顶区灰白色，基部至臀域黑色；反面颜色和斑纹模式类同正面。雌性形态类同雄性，但体型更加敦实，腹部末端的黄色绒毛较为稀疏，触角棒状且末端稍显膨大。

主要出现于春季至秋季。寄主为豆科黄檀属、合欢属、胡枝子属等多种植物。

中国分布于湖北、陕西、重庆、四川、云南、贵州、江苏、浙江、上海、湖南、江西、福建、广东、香港。此外见于印度、尼泊尔、不丹、缅甸、泰国、越南。

1. 黄节木蜂天蛾 *Sataspes infernalis* 西藏墨脱 / 吴超　摄

2. 黑胸木蜂天蛾 *Sataspes tagalica* 广西花山 / 张巍巍　摄　3. 木蜂天蛾 *Sataspes xylocoparis* 江苏南京 / 苏圣博　摄

黄节木蜂天蛾

Sataspes infernalis

♂ 云南贡山 翅展 55 毫米

黄节木蜂天蛾

Sataspes infernalis

♂ 西藏林芝 翅展 57 毫米

黄节木蜂天蛾

Sataspes infernalis

♂ 云南勐腊 翅展 58 毫米

黑胸木蜂天蛾
Sataspes tagalica
♂ 云南勐腊 翅展 61 毫米

黑胸木蜂天蛾
Sataspes tagalica
♂ 云南勐腊 翅展 57 毫米

黑胸木蜂天蛾
Sataspes tagalica
♂ 云南勐腊 翅展 61 毫米

黑胸木蜂天蛾

Sataspes tagalica

♀　香港大帽山　翅展 58 毫米

木蜂天蛾

Sataspes xylocoparis

♂　香港大帽山　翅展 54 毫米

木蜂天蛾

Sataspes xylocoparis

♂　云南昆明　翅展 56 毫米

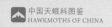

木蜂天蛾

Sataspes xylocoparis

♂ 江苏镇江 翅展 54 毫米

木蜂天蛾

Sataspes xylocoparis

♀ 重庆巫溪 翅展 61 毫米

木蜂天蛾

Sataspes xylocoparis

♀ 湖南岳阳 翅展 64 毫米

蔗天蛾属 *Leucophlebia* Westwood, 1847

Leucophlebia Westwood, 1847, *Cabinet orient. Ent.*, 46.
Type species: *Leucophlebia lineata* Westwood, 1847

中型天蛾。喙不发达；胸部具有白色绒毛，前翅粉红色，具有较宽的黄色纵条；后翅通常为橙黄色。

该属世界已知9种，中国已知1种，本书收录1种。

甘蔗天蛾 *Leucophlebia lineata* Westwood, 1847

Leucophlebia lineata Westwood, 1847, *Cabinet oriental Ent.*, [46], pl. 22, upper figure.
Type locality: India, Assam.
Synonym: *Leucophlebia formosana* Clark, 1936
Leucophlebia rosacea Butler, 1875
Leucophlebia lineata brunnea Closs, 1915
Leucophlebia formosana chinaensis Eitschberger, 2003
Leucophlebia hogenesi Eitschberger, 2003
Leucophlebia pinratanai Eitschberger, 2003
Leucophlebia schachti Eitschberger, 2003
Leucophlebia vietnamensis Eitschberger, 2003

中型天蛾。雄性胸部背面被粉白色绒毛，腹部橘黄色，腹面皆被粉红色绒毛；触角橘黄色，喙比较短；前翅顶角尖锐，外缘光滑，正面粉红色，具一长一短2条明黄色条纹，翅脉覆有灰白色鳞片，缘毛为白色；反面粉红色，斑纹模式同正面，基半部为橘黄色。后翅正面橘黄色，无特别花纹，缘毛为白色；反面明黄色，顶区和外缘部分区域为粉红色。雌性形态类同雄性，但体型相对粗壮，翅膀更加宽阔，触角较纤细。

主要出现于春季至秋季。寄主为甘蔗属植物。

中国分布于北京、河北、山东、陕西、湖北、湖南、江西、福建、广东、香港、广西、云南、海南、台湾。此外见于印度、斯里兰卡、巴基斯坦、老挝、越南、柬埔寨、泰国、缅甸、菲律宾、马来西亚、印度尼西亚。

甘蔗天蛾 *Leucophlebia lineata* 广西崇左 / 张巍巍　摄

甘蔗天蛾
Leucophlebia lineata
♂ 广西金秀 翅展 66 毫米

甘蔗天蛾
Leucophlebia lineata
♂ 广西桂林 翅展 68 毫米

甘蔗天蛾
Leucophlebia lineata
♀ 广东广州 翅展 72 毫米

豆天蛾属 *Clanis* Hübner, 1819

Clanis Hübner, 1819, *Verz. bekannter Schmett*, (9): 138.
Type species: *Sphinx phalaris* Cramer, 1779

大型天蛾。喙不发达；身体粗壮，前翅顶角尖锐，中室至前缘区域具有浅色三角形大斑，翅面通常为红棕色、黄褐色或者浅褐色，具有锯齿状条纹和深色斑块，后翅正面多为棕褐色，基部具黑斑。其中豆天蛾*C. bilineata*的幼虫常作为中国北方部分地区，如山东等地的美食，因此被广泛养殖，俗称“豆虫”或“豆丹”。

该属世界已知14种，中国已知6种，本书收录6种。

豆天蛾 *Clanis bilineata* (Walker, 1866)

Basiana bilineata Walker, 1866, *List Specimens lepid. Insects Colln Br. Mus.*, 35: 1857.
Type locality: India, West Bengal, Darjeeling.
Synonym: *Basiana bilineata* Walker, 1866
Clanis bilineata tsingtauica Mell, 1922
Clanis bilineata sumatrana Clark, 1936
Clanis bilineata formosana Gehlen, 1941
Clanis mcguirei Eitschberger, 2004

大型天蛾。雄性胸部和腹部具浅褐色绒毛，头部至胸部具 1 条棕褐色背线；触角褐色，喙比较短；前翅顶角尖锐，外缘较为平滑，前翅正面褐色，具深褐色锯齿状条纹和斑块，中室至外缘的区域具 1 枚浅褐色三角形大斑，前缘处具 1 枚深褐色斑块，顶角具 1 枚三角形褐色斑纹；反面黄灰色，具 3 条褐色波浪形条纹，基半部具 1 枚狭长的黑色斑纹，顶角至前缘具 1 枚三角形斑块，密布灰色鳞片。后翅正面棕褐色，基部具黑斑，顶区和臀域黄灰色；反面黄灰色，具 3 条褐色波浪形条纹。雌性形态类同雄性，但体型相对粗壮，翅膀更加宽阔，触角较纤细。该种分布广泛，个体差异明显，翅膀的花纹疏密，以及颜色有多种深浅变化。

主要出现于春季至秋季。寄主为水黄皮、四翅崖豆、花榈木，以及油麻藤属、葛属等多种豆科植物。

中国分布于除新疆、内蒙古、青海以外的大部分地区。此外见于日本、印度、尼泊尔、老挝、泰国，以及朝鲜半岛。

洋槐豆天蛾 *Clanis deucalion* (Walker, 1856)

Basiana deucalion Walker, 1856, *List Specimens lepid. Insects Colln Br. Mus.*, 8: 236.
Type locality: North India.
Synonym: *Basiana deucalion* Walker, 1856
Clanis deucalion thomaswitti Eitschberger & Ihle, 2013

大型天蛾。雄性近似灰斑豆天蛾*C. undulosa*，但翅形相对圆润，前翅中区至亚外缘具3条明显的深褐色锯齿状条纹；后翅相对圆润，且正面基部的黑斑明显较小，边界较为明显。雌性形态类同雄性，但体型相对粗壮，翅膀更加宽阔，触角较纤细。

主要出现于夏季。寄主为刺槐属植物。

中国分布于西藏。此外见于尼泊尔、印度、巴基斯坦。

注：该种由于在中国为边缘化分布，文献记录中国分布于西藏东南部。本书编著过程中我们未能检视到中国境内产的标本，故选取了巴基斯坦产的雄性标本以供参考。

阳豆天蛾 *Clanis hyperion* Cadiou & Kitching, 1990

Clanis hyperion Cadiou & Kitching, 1990, *Lambillionea*, 90(4): 9.
Type locality: Thailand, Chiang Mai, Mae Taeng, Pamieng Hom Ha.
Synonym: *Clanis hyperion bhutana* Brechlin, 2014

大型天蛾。雄性近似豆天蛾*C. bilineata*，但本种身体主要被棕色绒毛，前后翅更加狭长，前翅正面偏棕色，自中室至外缘的赭褐色宽带十分发达，翅面的各条纹较粗，顶角的三角形斑块较为狭长；后翅正面黄棕色，基部具1枚黑褐色大斑，由内向外逐渐过渡为黄褐色，边缘具2条黑褐色条纹。雌性形态类同雄性，但体型相对粗壮，翅膀更加宽阔，触角较纤细。有的个体整体偏红棕色或黑褐色。

主要出现于春季至秋季。寄主不明。

中国分布于云南。此外见于泰国、印度、不丹。

舒豆天蛾 *Clanis schwartzi* Cadiou, 1993

Clanis schwartzi Cadiou, 1993, *Lambillionea*, 93: 445.
Type locality: Laos, Ban Kheun.
Synonym: *Clanis bilineata*

大型天蛾。雄性近似豆天蛾*C. bilineata*，但本种前翅十分狭长，顶角尖锐，前翅正面自中室至外缘的棕褐色宽带于中段具1处明显的凹陷，翅面的深褐色波浪形条纹较为模糊。后翅正面黑褐色，臀角至臀域的三角形区域为黄灰色。雌性形态类同雄性，但体型相对粗壮，翅膀更加宽阔，触角较纤细。

主要出现于夏季至秋季。寄主不明。

中国分布于湖南、江西、福建、广东、广西、海南。此外见于老挝、越南。

浅斑豆天蛾 *Clanis titan* Rothschild & Jordan, 1903

Clanis titan Rothschild & Jordan, 1903, *Novit. zool.*, 9 (suppl.): 213 (key), 218.
Type locality: India, Assam, Khasi Hills.

大型天蛾。雄性近似舒豆天蛾*C. schwartzi*，但体型较大，翅膀较为宽阔，前翅的赭褐色宽带面积更大，顶部缺刻更加明显。后翅正面赭褐色，基部的黑褐色斑块面积相对较小。雌性形态类同雄性，但体型相对粗壮，翅膀更加宽阔，触角较纤细。本种具有多个色型，大部分个体为红棕色，但有的个体呈现为棕褐色或紫褐色。

主要出现于夏季至秋季。寄主为黄檀属植物。

中国分布于云南、贵州。此外见于印度、尼泊尔、不丹、缅甸、泰国、越南、马来西亚。

灰斑豆天蛾 *Clanis undulosa* Moore, 1879

Clanis undulosa Moore, 1879, *Proc. zool. Soc. Lond.*, 1879: 387.

灰斑豆天蛾指名亚种 *Clanis undulosa undulosa* Moore, 1879

Type locality: North China.
Synonym: *Clanis undulosa jankowskii* Gehlen, 1932

大型天蛾。雄性近似豆天蛾*C. bilineata*，但整体偏棕色，前后翅较为狭长，顶角的深褐色三角形斑边缘密布灰色鳞片，前翅基部覆有紫灰色鳞片，正面中区至亚外缘区域的深褐色波浪形条纹较为明显。后翅正面基部的黑斑面积更大，边缘具明显的黑褐色锯齿状条纹，雌性形态类同雄性，但体型相对粗壮，翅膀更加宽阔，翅面的深褐色斑块和波浪形条纹颜色更深，触角较纤细。

主要出现于春季至夏季。寄主为刺槐属植物。

中国分布于辽宁、吉林、北京、河北、陕西、重庆。此外见于俄罗斯及朝鲜半岛。

灰斑豆天蛾南方亚种 *Clanis undulosa gigantea* Rothschild, 1894

Clanis gigantea Rothschild, 1894, *Novit. zool.*, 1: 96.
Type locality: India, Assam, Khasi Hills.
Synonym: *Clanis undulosa hoenei* Mell, 1935
Clanis undulosa roseata Mell, 1922

大型天蛾。近似指名亚种，但前后翅更为狭长，身体和翅膀偏红色；前翅正面的褐色波浪形条纹较淡，顶角附近的灰色鳞片更加明显；后翅的黑斑面积相对较小。

主要出现于春季至秋季。寄主为胡枝子属植物。

中国分布于安徽、浙江、湖北、四川、云南、贵州、湖南、江西、福建、广东、广西、海南。此外见于印度、尼泊尔、不丹，以及中南半岛。

1–2. 豆天蛾 *Clanis bilineata* 广东深圳 / 陆千乐　摄
3. 舒豆天蛾 *Clanis schwartzi* 广西十万大山 / 许振邦　摄
4. 舒豆天蛾 *Clanis schwartzi* 广西花坪 / 陆千乐　摄
5. 灰斑豆天蛾指名亚种 *Clanis undulosa undulosa* 重庆巫溪 / 陆千乐　摄
6. 灰斑豆天蛾南方亚种 *Clanis undulosa gigantea* 贵州绥阳 / 郑心怡　摄

5

6

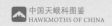

豆天蛾
Clanis bilineata
♂ 重庆巫溪 翅展 100 毫米

豆天蛾
Clanis bilineata
♂ 四川攀枝花 翅展 106 毫米

豆天蛾
Clanis bilineata
♀ 上海徐汇 翅展 110 毫米

豆天蛾

Clanis bilineata

♀ 台湾屏东 翅展 112 毫米

洋槐豆天蛾

Clanis deucalion

♂ 巴基斯坦 翅展 86 毫米

阳豆天蛾

Clanis deucalion

♂ 云南保山 翅展 131 毫米

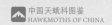

阳豆天蛾

Clanis deucalion

♂　云南盈江　翅展 130 毫米

舒豆天蛾

Clanis schwartzi

♂　广西资源　翅展 120 毫米

舒豆天蛾

Clanis schwartzi

♂　福建龙岩　翅展 118 毫米

舒豆天蛾

Clanis schwartzi

♀ 湖南怀化 翅展 131 毫米

浅斑豆天蛾

Clanis titan

♂ 云南屏边 翅展 133 毫米

浅斑豆天蛾

Clanis titan

♂ 云南泸水 翅展 135 毫米

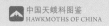

灰斑豆天蛾指名亚种
Clanis undulosa undulosa
♂ 北京房山 翅展 104 毫米

灰斑豆天蛾指名亚种
Clanis undulosa undulosa
♂ 重庆巫溪 翅展 116 毫米

灰斑豆天蛾指名亚种
Clanis undulosa undulosa
♀ 陕西宁陕 翅展 125 毫米

灰斑豆天蛾南方亚种

Clanis undulosa gigantea

♂ 湖南岳阳 翅展 136 毫米

灰斑豆天蛾南方亚种

Clanis undulosa gigantea

♂ 云南德钦 翅展 142 毫米

灰斑豆天蛾南方亚种

Clanis undulosa gigantea

♀ 贵州梵净山 翅展 147 毫米

横线天蛾属 *Clanidopsis* Rothschild & Jordan, 1903

Clanidopsis Rothschild & Jordan, 1903, *Novit. Zool.*, 9 (Suppl.): 173 (key), 294.
Type species: *Basiana exusta* Butler, 1875

中型天蛾。身体和翅膀赭色。前翅具5条棕褐色波浪状线，顶角较钝；后翅赭黄色，具2条黑褐色横线。

该属世界已知1种，中国已知1种，本书收录1种。

赭横线天蛾 *Clanidopsis exusta* (Butler, 1875)

Basiana exusta Butler, 1875, *Proc. zool. Soc. Lond.*, 1875: 252.
Type locality: West Himalays.
Synonym: *Basiana exusta* Butler, 1875

中型天蛾。雄性胸部和头部具红棕色绒毛，腹部棕褐色；触角褐色，喙比较短；前翅外缘较为平滑，正面浅褐色，具6条深褐色锯齿状条纹，中室端斑为1枚黑点，自端部向亚外缘发出1条黄灰色条纹，顶角具1枚三角形褐色斑纹，边缘覆有灰色鳞片，亚外缘至外缘的区域为粉褐色，外缘棕褐色；反面黄灰色，可透见正面部分条纹，顶角至前缘具1枚三角形斑块，密布灰色鳞片。后翅正面黄棕色，具2条黑褐色弧线，外缘棕褐色；反面黄灰色，具2条褐色条纹。雌性形态类同雄性，但体型相对粗壮，翅膀更加宽阔，触角较纤细。

主要出现于夏季。寄主为木蓝属植物。

中国分布于西藏。此外见于印度、巴基斯坦、尼泊尔、不丹。

注：该种由于在中国为边缘化分布，仅可见于西藏西南部，且密度较低。本书编著过程中我们仅检视到中国境内产的1头雄性标本，但过于残破，故选取了印度产的两性标本以供参考。

赭横线天蛾
Clanidopsis exusta
♂ 印度 翅展 77 毫米

赭横线天蛾
Clanidopsis exusta
♀ 印度 翅展 80 毫米

三线天蛾属 *Polyptychus* Hübner, 1819

Polyptychus Hübner, 1819, *Verz. Bekannter Schmett.*, (9): 141.
Type species: *Sphinx dentatus* Cramer, 1777

中型至大型天蛾，身体和翅面主要为灰色或褐色；前翅上通常具3条明显的深色条纹，外缘通常具齿状突起，后翅边缘通常为深褐色。该属大多数种类分布于非洲区。

该属世界已知59种，中国已知2种，本书收录2种。

中国三线天蛾 *Polyptychus chinensis* Rothschild & Jordan, 1903

Polyptychus trilineatus chinensis Rothschild & Jordan, 1903, *Novit. zool.*, 9 (suppl.): 239.
Type locality: China, "probably Yangtse-kiang Region".
Synonym: *Polyptychus chinensis draconis* Rothschild & Jordan, 1916
Polyptychus draconis draconoides Mell, 1935
Polyptychus chinensis shaanxiensis Brechlin, 2008

大型天蛾。雄性胸部和头部被灰色绒毛，腹部棕褐色；触角黄褐色长度达中室，喙比较短；前翅顶角突出，外缘具齿状突起，前翅正面灰色，具 3 条明显的深褐色条纹，中室端斑为 1 枚黑点，其中外中线至亚外缘线之间的还具褐色齿状花纹，顶角下方具 1 枚三角形褐色斑纹；反面浅灰色，可透见正面部分斑纹。后翅灰色，中区具 2 条深褐色条纹，亚外缘线为灰白色，亚外缘至外缘过渡为深褐色；反面浅灰色，可透见正面斑纹。雌性形态类同雄性，但体型相对粗壮，翅膀更加宽阔，触角较纤细。该种分布广泛，具有一定的个体差异，有的前翅外缘齿状突起不明显，前翅深褐色条纹和齿状纹较为模糊。

主要出现于春季至秋季。寄主为破布木属和厚壳树属等多种植物。

中国分布于河南、安徽、浙江、湖北、四川、重庆、云南、西藏、贵州、湖南、福建、台湾、广西。此外见于日本。

曲纹三线天蛾 *Polyptychus trilineatus* Moore, 1888

Polyptychus trilineatus Moore, 1888, *Proc. zool.* Soc. Lond., 1888: 390.
Type locality: West Himalays.
Synonym: *Polyptychus trilineatus undatus* Rothschild & Jordan, 1903
Polyptychus trilineatus costalis Mell, 1922
Polyptychus trilineatus kelanus Jordan, 1930
Polyptychus trilineatus mincopicus Jordan, 1930

大型天蛾。雄性十分近似中国三线天蛾*P. chinensis*，但本种整体颜色偏灰褐色，前翅外缘突起较钝，顶角更加向外突出，前翅亚外缘线具强烈弯曲弧度；后翅反面中区具1条较宽的灰褐色条纹。雌性形态类同雄性，但体型相对粗壮，翅膀更加宽阔，外缘突起更加不明显。该种因个体差异会导致有的前翅正面褐色斑纹颜色加深或者变淡模糊。

主要出现于春季至秋季。寄主为厚壳树属植物。

中国分布于云南、西藏、广东、香港、广西、江西、海南。此外见于巴基斯坦、印度、尼泊尔、不丹、缅甸、泰国、老挝、越南、菲律宾、印度尼西亚。

1

2

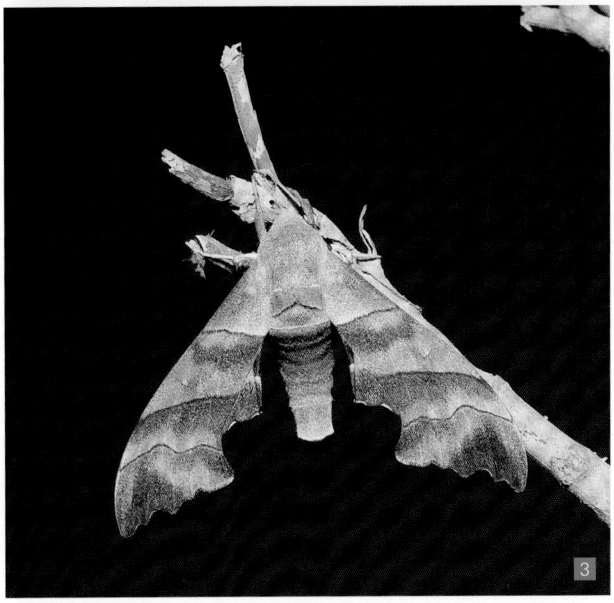
3

1–2. 中国三线天蛾 *Polyptychus chinensis* 重庆巫溪 / 陆千乐　摄
3. 曲纹三线天蛾 *Polyptychus trilineatus* 云南西双版纳 / 张巍巍　摄

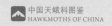

中国三线天蛾

Polyptychus chinensis

♂　重庆巫溪　翅展 114 毫米

中国三线天蛾

Polyptychus chinensis

♂　四川攀枝花　翅展 94 毫米

中国三线天蛾

Polyptychus chinensis

♀　云南大理　翅展 117 毫米

曲纹三线天蛾
Polyptychus trilineatus
♂ 西藏林芝 翅展 94 毫米

曲纹三线天蛾
Polyptychus trilineatus
♂ 云南景洪 翅展 100 毫米

曲纹三线天蛾
Polyptychus trilineatus
♂ 广西崇左 翅展 87 毫米

鹰翅天蛾属 *Ambulyx* Westwood, 1847

Ambulyx Westwood, 1847, *Cabinet orient. Ent.*, 61.
Type species: *Sphinx substrigilis* Westwood, 1847

中型至大型天蛾。喙较短；胸部侧面有深色宽带，大部分种类腹部背面有深色细线，近腹部末端两侧具深色圆斑；前翅底色为灰色、黄色或褐色，翅脉颜色深，翅面上有不规则的深色横带，亚外缘线具明显弧度，外缘通常具深色的新月形区域，前翅顶角尖锐向下弯曲，许多种类前翅近翅基处有深灰色或墨绿色圆斑；后翅多为黄色，上具不规则黑色横带或条纹。雄性通常在腹部末端两侧具三角形臀簇，雌性无此结构。

该属世界已知59种，中国已知17种，本书收录17种。

灰带鹰翅天蛾 *Ambulyx canescens* (Walker, 1865)

Basiana canescens [Walker, 1865], *List of the specimens of lepidopterous insects in the* collection of the British Museum, 31 (suppl.): 38.
Type locality: Cambodia.
Synonym: *Ambulyx argentata* Druce, 1882
Oxyambulyx canescens (Walker, 1865)

大型天蛾。雄性身体背面被灰色绒毛，腹面被橘黄色绒毛，胸部两侧肩区具黑褐色大斑，腹部具间断的黑褐色背线，末端两侧各具1枚黑斑和褐色臀簇；触角褐色，喙比较短；前翅顶角尖锐，外缘较光滑，前翅正面灰色，基部附近具5枚边缘为浅灰色的黑斑，中线、外中线为褐色锯齿状斑带，中室端斑为1枚黑点，Cu_1室处具1枚较大的黑斑，外缘线浅灰色，外缘的新月形区域为灰褐色；反面棕褐色，具少量黄色斑块。后翅正面灰色，基部至顶区具黑褐色斑块，中区具1列浅黄色斑块和黑色刻点，外缘线黄灰色；反面棕褐色，可透见正面部分斑纹，外缘线为黑褐色。雌性形态类同雄性，但体型相对粗壮，翅膀更加宽阔，前翅Cu_1室的黑斑几乎不可见，腹部末端两侧不具臀簇。

主要出现于春季至秋季。寄主不明。

中国分布于云南。此外见于印度、缅甸、泰国、老挝、越南、柬埔寨、马来西亚、印度尼西亚。

内斑鹰翅天蛾 *Ambulyx interplacida* Brechlin, 2006

Ambulyx interplacida Brechlin, 2006, *Nachr. entomol. Ver. Apollo, N.F.*, 27(3): 103.
Type locality: China, Jiangxi, Wuyi Shan.
Synonym: *Ambulyx amara* Kobayashi, Wang & Yano, 2006
Ambulyx pseudoregia Eitschberger & Bergmann, 2006
Ambulyx regia Eitschberger, 2006

大型天蛾。雄性近似亚洲鹰翅天蛾*A. sericeipennis*，但身体和前翅偏灰褐色，前翅更加狭长，顶角向外突出明显，翅面各斑纹较淡，基半部不具圆斑，外缘线内侧的黄绿色鳞片带较明显。雌性形态类同雄性，但体型相对粗壮，翅膀更加宽阔，触角相对较细，腹部末端两侧不具臀簇。

主要出现于春季至秋季。寄主不明。

该种为中国特有种。分布于四川、贵州、广东、江西、湖南。

日本鹰翅天蛾 *Ambulyx japonica* Rothschild, 1894

Oxyambulyx japonica Rothschild, 1894, Novit. zool., 1: 87.

日本鹰翅天蛾台湾亚种 *Ambulyx japonica angustifasciata* (Okano,1959)

Oxyambulyx japonica angustifasciata Okano, 1959, *Rep. Gakigei Fac. Iwate Univ.*, 14: 40.
Type locality: China, Taiwan, Nantou, Puli .

中型天蛾。近似朝鲜亚种*ssp. koreana*，但翅面花纹较淡，整体翅形相对狭长。

主要出现于春季至夏季。寄主不明。

目前仅知分布于中国台湾。

日本鹰翅天蛾朝鲜亚种 *Ambulyx japonica koreana* Inoue, 1993

Ambulyx japonica koreana Inoue, 1993, *Insecta Koreana*, 10: 50.
Type locality: South Korea, Kangwon Province, Mt. Odae.

中型天蛾。雄性身体被灰色绒毛，胸部腹面被橘黄色绒毛，胸部两侧肩区具黑褐色大斑，腹部具黑褐色背线，末端两侧各具1枚黑斑和褐色臀簇；触角棕褐色，喙比较短；前翅顶角尖锐，外缘较光滑，前翅正面灰色，基半部具1枚黑褐色宽斑带，中室端斑为1枚黑点，中区外侧具2条黑褐色锯齿状条纹，外缘线黑色，附近密布褐色鳞片，外缘的新月形区域为深灰色；反面黄灰色，密布红褐色碎斑和鳞片。后翅正面黄灰色，密布黑褐色碎纹，中区具1条灰褐色条纹，亚外缘至外缘区域为黑褐色；反面黄灰色，可透见正面部分各斑纹。雌性形态类同雄性，但体型相对粗壮，翅膀更加宽阔，整体偏黄色，腹部末端两侧不具臀簇。

主要出现于夏季至秋季。寄主为槭属和鹅耳枥属等多种植物。

中国分布于吉林、辽宁、北京、河北、河南、陕西、湖北、重庆、四川、云南。此外见于朝鲜半岛。

华南鹰翅天蛾 *Ambulyx kuangtungensis* (Mell, 1922)

Oxyambulyx kuangtungensis Mell, 1922, *Dt. ent. Z.*, 1922: 114.
Type locality: China, northwest Kwangtung.
Synonym: *Oxyambulyx kuangtungensis* Mell, 1922

Oxyambulyx kuangtungensis formosana Clark, 1936
Oxyambulyx kuangtungensis hoenei Mell, 1937
Oxyambulyx kuangtungensis melli Gehlen, 1942
Oxyambulyx takasago Okano, 1964
Ambulyx adhemariusa Eitschberger, Bergmann & Hauenstein, 2006

中型天蛾。雄性身体背面被褐色绒毛，腹面被橘黄色绒毛，胸部两侧肩区具墨绿色大斑，腹部末端背部具1枚墨绿色箭形斑，两侧各具1枚臀簇；触角棕褐色，喙比较短；前翅正面褐色，具褐色锯齿状条纹，基部具1枚黑点，基半部于后缘上方和主翅脉处各具1枚墨绿色斑，中室端斑为1枚黑点，Cu_1室具1枚墨绿色斑块，臀角处具1枚紫褐色类眼斑，外缘线黄色，外缘的新月形区域为棕褐色；反面黄褐色，基半部粉红色，具深褐色碎斑。后翅正面黄灰色，密布灰褐色碎斑，中区具1条灰褐色条纹，基部至中区为玫红色，外缘黑褐色；反面黄褐色，可透见正面斑纹，臀域黄灰色。雌性形态类同雄性，但体型相对粗壮，翅膀更加宽阔，翅面的褐色条纹和斑块颜色更深，腹部末端两侧不具臀簇。该种花纹和颜色变化较多，有的个体偏红色或偏灰色，翅面基部的墨绿色圆斑会扩大为连斑，或是中区外侧的深褐色锯齿纹异常发达。

主要出现于春季至秋季。寄主为黄连木和南酸枣。

中国分布于北京、河北、陕西、甘肃、河南、湖北、四川、重庆、云南、贵州、西藏、江苏、浙江、福建、台湾、江西、湖南、广东、广西、海南。此外见于缅甸、泰国、老挝、越南。

连斑鹰翅天蛾 *Ambulyx latifascia* Brechlin & Haxaire, 2014

Ambulyx latifascia Brechlin & Haxaire, 2014, *Entomo-Satsphingia.*, 7(2): 46.
Type locality: China, NW. Yunnan, Hutiaoxia.

中型天蛾。雄性十分近似华南鹰翅天蛾*A. kuangtungensis*，但整体偏红色，前翅基半部后缘上方的墨绿色斑块更大，与主翅脉的斑块几近相连。雌性形态类同雄性，体型相对粗壮，翅膀更加宽阔，翅面的褐色条纹和斑块颜色更深，腹部末端两侧不具臀簇。

主要出现于夏季至秋季。寄主不明。

该种为中国特有种。分布于云南、四川。

栎鹰翅天蛾 *Ambulyx liturata* Butler, 1875

Ambulyx liturata Butler, 1875, *Proc. zool. Soc. Lond.*, 1875: 250.
Type locality: Not stated.
Synonym: *Ambulyx rhodoptera* Butler, 1875

大型天蛾。雄性近似裂斑鹰翅天蛾*A. ochracea*，但体型明显较大，腹部具棕褐色背线，两侧不具黑斑，前翅基半部的墨绿色圆斑不具缺口，主翅脉不具有墨绿色斑块，Cu_1室的墨绿色斑块和臀角处的紫褐色类眼斑较淡，外缘线为深褐色，内侧覆有明显的黄绿色鳞片；反面具黑褐色碎纹。后翅正面中区具1条棕褐色条纹，亚外缘处具1条棕褐色锯齿状条纹，外缘棕褐色。雌性形态类同雄性，但体型相对粗壮，翅膀更加宽阔，前翅Cu_1室的黑斑几乎不可见，腹部末端两侧不具臀簇。

主要出现于春季至秋季。寄主为橄榄，以及栎属和锥属等多种植物。

中国分布于安徽、浙江、湖北、四川、云南、贵州、西藏、福建、江西、湖南、广东、香港、广西、海南。此外见于尼泊尔、印度、不丹、缅甸、泰国、老挝、越南、柬埔寨。

杂斑鹰翅天蛾 *Ambulyx maculifera* Walker, 1866

Ambulyx maculifera Walker, 1866, *List of the specimens of lepidopterous insects in the collection of the British Museum*, 35: 185.
Type locality: India, West Bengal, Darjiling.
Synonym: *Oxyambulyx maculifera* (Walker, 1866)
Ambulyx consanguis Butler, 1881

中型天蛾。雄性近似裂斑鹰翅天蛾*A. ochracea*，但腹部具棕褐色背线，前翅基半部的墨绿色圆斑不具缺口，中区的锯齿状条纹明显，中区外侧具深褐色斑带和锯齿状条纹，外缘线为黑褐色，内侧覆有黄绿色鳞片，外缘的新月形区域为深褐色，且中段向内侧弯曲较为强烈；反面可透见正面部分斑纹。雌性形态类同雄性，体型相对粗壮，翅膀更加宽阔，前翅外缘线覆有的黄绿色鳞片面积更宽，翅面偏棕褐色，腹部末端两侧不具臀簇。

主要出现于夏季至秋季。寄主不明。

中国分布于西藏、云南、贵州。此外见于巴基斯坦、印度、尼泊尔、不丹、缅甸、越南。

摩尔鹰翅天蛾 *Ambulyx moorei* Moore, 1858

Ambulyx moorei [Moore, 1858], *in* Horsfield & Moore, *Cat. Lepid. Ins. Mus. East India Company*, 1: 266.
Type locality: Indonesia, Java.
Synonym: *Smerinthus decolor* Schaufuss, 1870
Ambulyx subocellata Felder, C. & Felder, R, 1874
Ambulyx turbata Butler, 1875
Ambulyx thwaitesii Moore, 1882
Ambulyx nubila Huwe, 1895
Oxyambulyx moorei chinensis Clark, 1922

中型天蛾。雄性斑纹模式类似灰带鹰翅天蛾*A. canescens*，但身体被砖红色绒毛，腹部末端两侧的黑斑边缘为灰色；触角红褐色，前翅正面砖红色，具明显的黑褐色锯齿状条纹，中区为粉褐色，基部附近的圆斑列边缘为灰色，中室端斑为1枚较大的灰白色圆斑，外缘的新月形区域为黄褐色；反面黄棕色，密布黑色碎斑。后翅砖红色，顶区黄灰色，具2条黑褐色条纹，外缘黑褐色，臀域黄灰色；反面黄棕色，可透见正面斑纹。雌性形态类同雄性，但体型相对粗壮，翅膀更加宽阔，腹部末端两侧不具臀簇。

主要出现于春季至秋季。寄主为橄榄。

中国分布于西藏、云南、贵州、广东、广西、香港、海南。此外见于斯里兰卡、印度、尼泊尔、不丹、泰国、越南、菲律宾、马来西亚、印度尼西亚。

裂斑鹰翅天蛾 *Ambulyx ochracea* Butler, 1885

Ambulyx ochracea Butler, 1885, *Cistula ent.*, 3: 113.
Type locality: Japan, Honshu, Tochigi.
Synonym: *Ambulyx ochracea kyora* Kishida, 2019

中型天蛾。雄性近似华南鹰翅天蛾*A. kuangtungensis*，但体型相对较大，前翅基半部的墨绿色圆斑较大，且右上方通常具1个缺口，外缘线为深褐色，内侧覆有黄绿色鳞片；反面可透见正面部分斑纹。后翅正面不具玫红色斑块。雌性形态类同雄性，但体型相对粗壮，翅膀更加宽阔，前翅Cu_1室的黑斑几乎不可见，腹部末端两侧不具臀簇。

主要出现于夏季至秋季。寄主为盐麸木、南酸枣和核桃。

中国分布于北京、河北、陕西、甘肃、河南、湖北、四川、重庆、云南、西藏、贵州、安徽、江苏、浙江、福建、台湾、江西、湖南、广东、香港、广西、海南。此外见于日本、尼泊尔、印度、不丹、缅甸、泰国、老挝、越南，以及朝鲜半岛。

散斑鹰翅天蛾 *Ambulyx placida* Moore, 1888

Ambulyx placida Moore, 1888, *Proc. zool. Soc. Lond.*, 1888: 390.
Type locality: West Himalays.
Synonym: *Oxyambulyx citrona* Joicey & Kaye, 1917
Ambulyx placida nepalplacida Inoue, 1992

大型天蛾。雄性近似内斑鹰翅天蛾*A. interplacida*，但前翅花纹更淡，基半部具1枚黑褐色圆斑，腹部后端两侧不具黑斑。雌性形态类同雄性，但体型相对粗壮，翅膀更加宽阔，腹部末端两侧不具臀簇，有的个体前翅基半部的黑斑会消失。

主要出现于夏季。寄主不明。

中国分布于西藏。此外见于印度、尼泊尔、不丹。

核桃鹰翅天蛾 *Ambulyx schauffelbergeri* Bremer & Grey, 1853

Ambulyx schauffelbergeri Bremer & Grey, 1853, *in* Motschulsky (ed.), *Etudes ent.*, 1: 62.
Type locality: China, Beijing.
Synonym: *Ambulyx trilineata* Rothschild, 1894
Oxyambulyx schauffelbergeri sobrina (Mell, 1922)
Oxyambulyx schauffelbergeri siaolouensis Clark, 1937

中型天蛾。雄性近似裂斑鹰翅天蛾*A. ochracea*，但体型较大，前翅较为宽大，前翅基半部的墨绿色圆斑较小且不具缺口，中区的锯齿状条纹明显，中区外侧具深褐色斑带和锯齿状条纹，外缘线为黑褐色，内侧覆有黄绿色鳞片，外缘的新月形区域为棕褐色，且中段向内侧弯曲强烈；反面可透见正面部分斑纹。后翅正面中区具1条灰褐色条纹，臀角处还具1条灰褐色弧纹。雌性形态类同雄性，但体型相对粗壮，翅膀更加宽阔，翅面偏棕褐色，腹部末端两侧不具臀簇。该种个体差异较大，且翅面的褐色斑块和条纹的深浅、疏密皆有不同变化，有的个体整体偏灰色。

主要出现于夏季至秋季。寄主为核桃。

中国分布于辽宁、北京、河北、山东、陕西、河南、湖北、重庆、四川、云南、贵州、西藏、安徽、江苏、上海、浙江、福建、江西、湖南、广东、海南。此外见于日本、印度、越南，以及朝鲜半岛。

圆斑鹰翅天蛾 *Ambulyx semiplacida* Inoue, 1990

Ambulyx semiplacida Inoue, 1990, Tinea, 12: 248.
Type locality: China, Taiwan, Nantou, Lushan Spa.

大型天蛾。雄性近似内斑鹰翅天蛾*A. interplacida*，但整体偏褐色，基半部具1枚较大的黑褐色圆斑，Cu_1室具1枚较为模糊的黑色圆斑，外缘线为棕褐色，内侧覆有的黄绿色鳞片带较宽。雌性形态类同雄性，但体型相对粗壮，整体偏红色，翅膀更加宽阔，腹部末端两侧不具臀簇。

主要出现于春季至夏季。寄主为黄连木。

该种为中国特有种。目前仅已知分布于台湾。

亚洲鹰翅天蛾 *Ambulyx sericeipennis* Butler, 1875

Ambulyx sericeipennis Butler, 1875, *Proc. zool. Soc. Lond.*, 1875: 252.

亚洲鹰翅天蛾指名亚种 *Ambulyx sericeipennis sericeipennis* Butler, 1875

Type locality: India, Uttarakhand, Masuri.
Synonym: *Oxyambulyx sericeipennis brunnea* (Mell, 1922)
Oxyambulyx sericeipennis reducta (Mell, 1922)
Oxyambulyx sericeipennis agana Jordan, 1929
Oxyambulyx okurai Okano, 1959
Oxyambulyx amaculata Meng, 1989

大型天蛾。雄性近似杂斑鹰翅天蛾*A. maculifera*，但身体和前翅偏灰色，外缘线深褐色且内侧的黄绿色鳞片带较为明显，前翅外缘的新月形区域直达臀角，且向内弯曲弧度较弱，Cu_1室的黑褐色圆斑相对较淡。雌性形态类同雄性，但整体偏棕褐色，体型相对粗壮，翅膀更加宽阔，腹部末端两侧不具臀簇。该种个体差异明显，有的个体偏黄色，翅面深褐色斑纹加重或是淡化，前翅基半部的黑褐色圆斑也有明显的大小差异。

主要出现于春季至秋季。寄主为核桃，以及黄杞属、杜英属、栎属、桦木属、盐麸木属等多种植物。

中国分布于陕西、安徽、湖北、重庆、四川、云南、贵州、西藏、浙江、台湾、福建、江西、湖南、广东、香港、广西、海南。此外见于巴基斯坦、印度、尼泊尔、不丹、缅甸、老挝、泰国、越南、柬埔寨。

暹罗鹰翅天蛾 *Ambulyx siamensis* Inoue, 1991

Ambulyx siamensis Inoue, 1991, *Tinea*, 13: 130.
Type locality: Thailand, Chaiyaphum, Nam Proam.

大型天蛾。雄性十分近似栎鹰翅天蛾*A. liturata*，但前翅基半部的墨绿色圆斑较小，或呈微点状甚至消失，中区的深褐色锯齿状条纹相对明显，Cu_1室不具墨绿色斑块，臀角处不具紫褐色类眼斑。后翅正面中区具1枚水滴形黑斑，基部具1枚黑色斑块，亚外缘处具1条棕黑褐色锯齿状条纹。雌性形态类同雄性，但体型相对粗壮，翅膀更加宽阔，翅面花纹更淡，腹部两侧不具臀簇。

主要出现于春季至秋季。寄主为橄榄及栎属植物。

中国分布云南。此外见于泰国、老挝、越南。

亚距鹰翅天蛾 *Ambulyx substrigilis* Westwood, 1847

Sphinx (Ambulyx) substrigilis Westwood, 1847, *Cabinet oriental Ent*, [61], pl. 30, fig. 2.
Type locality: Bangladesh, Sylhet.
Synonym: *Ambulyx philemon* Boisduval, 1870
Oxyambulyx substrigilis brooksi Clark, 1923
Oxyambulyx sericeipennis subrufescens Clark, 1936
Ambulyx substrigilis cana Gehlen, 1940

大型天蛾。雄性近似栎鹰翅天蛾*A. liturata*，但整体偏灰色，前翅各深褐色锯齿状花纹十分发达，外缘线较粗且为黑褐色，外缘的新月形区域为棕褐色。后翅正面中区具1枚狭长的黑斑，基部具1枚黑色斑块，亚外缘处具1条黑褐色锯齿状条纹。雌性形态类同雄性，但整体偏棕色，体型相对粗壮，翅膀更加宽阔，翅面花纹相对更淡，腹部两侧不具臀簇。

主要出现于夏季至秋季。寄主可能为楝科植物。

中国分布于云南、广西、海南。此外见于斯里兰卡、印度、尼泊尔、不丹、泰国、老挝、越南、马来西亚、印度尼西亚、菲律宾。

拓比鹰翅天蛾 *Ambulyx tobii* Inoue, 1976

Oxyambulyx sericeipennis tobii Inoue, 1976, *Bull. Fac. domest. Sci. Otsuma Wom. Univ.*, 12: 173.
Type locality: Japan, Nakatsugawa, Sumoto City.
Synonym: *Oxyambulyx sericeipennis tobii* Inoue, 1976
Ambulyx sericeipennis pirika Kishida, 2018

大型天蛾。雄性十分近似亚洲鹰翅天蛾*A. sericeipennis*，但新鲜个体身体和前翅偏枯草黄色，前翅各斑纹边界的轮廓颜色较深，外缘线内侧的鳞片带偏绿色，外缘的新月形区域中段向内突出幅度相对强烈。雌性形态类同雄性，但体型相对粗壮，翅膀更加宽阔，前翅外缘线内侧的鳞片带更宽，腹部两侧不具臀簇。

主要出现于春季至秋季。寄主为槭属和核桃属等多种植物。

中国分布于北京、河北、陕西、河南、湖北、重庆、青海、四川、云南、贵州、西藏、浙江、台湾、福建、江西、湖南、广东、广西。此外见于俄罗斯、日本、印度、不丹、越南，以及朝鲜半岛。

浙江鹰翅天蛾 *Ambulyx zhejiangensis* Brechlin, 2009

Ambulyx zhejiangensis Brechlin, 2009, *Entomo-Satsphingia.*, 2(2): 50 .
Type locality: China, Zhejiang, Anji County.

中型天蛾。雄性近似内斑鹰翅天蛾*A. interplacida*，但前翅相对较短，且顶角向外突出程度不强烈，前翅外缘新月形区域弧度较为平缓，直达臀角，外缘线为褐色，内侧覆有的黄绿色鳞片带较窄，前翅基半部具1枚较小的黑褐色圆斑，主翅脉不具斑块；反面灰褐色，基半部覆有粉色鳞片。后翅正面黄灰色，灰褐色碎斑较为稀疏；反面黄灰色，覆有粉色鳞片。雌性形态类同雄性，但整体偏棕色，体型相对粗壮，翅膀更加狭长宽阔，翅面花纹相对更淡，腹部两侧不具臀簇，因个体差异有时前翅的黑色圆斑会消失，主翅脉会出现黑斑，后翅的灰褐色碎纹疏密程度也不同。

主要出现于春季。寄主不明。

该种为中国特有种。分布于浙江、湖北、重庆。

1. 内斑鹰翅天蛾 *Ambulyx interplacida* 贵州雷公山 / 郑心怡　摄
2. 日本鹰翅天蛾朝鲜亚种 *Ambulyx japonica koreana* 重庆巫溪 / 陆千乐　摄
3. 华南鹰翅天蛾 *Ambulyx kuangtungensis* 重庆巫溪 / 陆千乐　摄
4. 华南鹰翅天蛾 *Ambulyx kuangtungensis* 贵州荔波 / 郑心怡　摄
5. 连斑鹰翅天蛾 *Ambulyx latifascia* 云南虎跳峡 / 甘昊霖　摄
6. 栎鹰翅天蛾 *Ambulyx liturata* 广东象头山 / 陆千乐　摄
7. 杂斑鹰翅天蛾 *Ambulyx maculifera* 西藏墨脱 / 郭世伟　摄
8. 杂斑鹰翅天蛾 *Ambulyx maculifera* 贵州绥阳 / 张巍巍　摄
9. 摩尔鹰翅天蛾 *Ambulyx moorei* 海南五指山 / 张巍巍　摄
10. 摩尔鹰翅天蛾 *Ambulyx moorei* 广西梧州 / 陆千乐　摄
11. 裂斑鹰翅天蛾 *Ambulyx ochracea* 贵州绥阳 / 郑心怡　摄
12. 核桃鹰翅天蛾 *Ambulyx schauffelbergeri* 云南西双版纳 / 张巍巍　摄
13. 核桃鹰翅天蛾 *Ambulyx schauffelbergeri* 广东广州 / 朱江　摄
14. 亚洲鹰翅天蛾 *Ambulyx sericeipennis* 贵州绥阳 / 郑心怡　摄
15. 暹罗鹰翅天蛾 *Ambulyx siamensis* 云南勐腊 / 严莹　摄

8

9

10

11

12

13

14

15

16

17

18

19

20

16. 亚距鹰翅天蛾 *Ambulyx substrigilis* 云南西双版纳 / 张巍巍　摄　17. 拓比鹰翅天蛾 *Ambulyx tobii* 北京怀柔 / 李涛　摄　18. 拓比鹰翅天蛾 *Ambulyx tobii* 贵州雷公山 / 郑心怡　摄　19. 亚洲鹰翅天蛾指名亚种 *Ambulyx sericeipennis sericeipennis* 云南独龙江 / 蒋卓衡　摄　20. 浙江鹰翅天蛾 *Ambulyx zhejiangensis* 重庆巫溪 / 陆千乐　摄

灰带鹰翅天蛾

Ambulyx canescens

♂ 云南盈江 翅展 88 毫米

内斑鹰翅天蛾

Ambulyx interplacida

♂ 广东南岭 翅展 100 毫米

内斑鹰翅天蛾

Ambulyx interplacida

♀ 四川宝兴 翅展 105 毫米

日本鹰翅天蛾台湾亚种
Ambulyx japonica angustifasciata
♂　台湾屏东　翅展 78 毫米

日本鹰翅天蛾台湾亚种
Ambulyx japonica angustifasciata
♀　台湾南投　翅展 102 毫米

日本鹰翅天蛾朝鲜亚种
Ambulyx japonica koreana
♂　河南宝天曼　翅展 82 毫米

日本鹰翅天蛾朝鲜亚种
Ambulyx japonica koreana
♂ 重庆巫溪 翅展 86 毫米

日本鹰翅天蛾朝鲜亚种
Ambulyx japonica koreana
♀ 北京门头沟 翅展 92 毫米

日本鹰翅天蛾朝鲜亚种
Ambulyx japonica koreana
♀ 湖北长阳 翅展 89 毫米

华南鹰翅天蛾
Ambulyx kuangtungensis
♂ 台湾屏东 翅展 66 毫米

华南鹰翅天蛾
Ambulyx kuangtungensis
♂ 贵州荔波 翅展 78 毫米

华南鹰翅天蛾
Ambulyx kuangtungensis
♀ 重庆巫溪 翅展 84 毫米

连斑鹰翅天蛾
Ambulyx latifascia
♂ 云南虎跳峡 翅展 75 毫米

连斑鹰翅天蛾
Ambulyx latifascia
♂ 四川攀枝花 翅展 78 毫米

连斑鹰翅天蛾
Ambulyx latifascia
♀ 云南虎跳峡 翅展 86 毫米

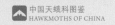

栎鹰翅天蛾

Ambulyx liturata

♂ 云南勐腊 翅展 95 毫米

栎鹰翅天蛾

Ambulyx liturata

♂ 海南尖峰岭 翅展 104 毫米

栎鹰翅天蛾

Ambulyx liturata

♀ 福建三明 翅展 108 毫米

杂斑鹰翅天蛾
Ambulyx maculifera
♂ 云南普洱 翅展 86 毫米

杂斑鹰翅天蛾
Ambulyx maculifera
♀ 云南盈江 翅展 95 毫米

摩尔鹰翅天蛾
Ambulyx moorei
♂ 海南尖峰岭 翅展 82 毫米

摩尔鹰翅天蛾
Ambulyx moorei
♂ 云南勐腊 翅展 94 毫米

摩尔鹰翅天蛾
Ambulyx moorei
♀ 云南盈江 翅展 96 毫米

裂斑鹰翅天蛾
Ambulyx ochracea
♂ 贵州荔波 翅展 86 毫米

裂斑鹰翅天蛾

Ambulyx ochracea

♂ 浙江杭州 翅展 94 毫米

裂斑鹰翅天蛾

Ambulyx ochracea

♀ 重庆巫溪 翅展 97 毫米

散斑鹰翅天蛾

Ambulyx placida

♂ 西藏聂拉木 翅展 102 毫米

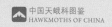

核桃鹰翅天蛾
Ambulyx schauffelbergeri
♂ 江苏南京 翅展 70 毫米

核桃鹰翅天蛾
Ambulyx schauffelbergeri
♂ 云南勐海 翅展 86 毫米

核桃鹰翅天蛾
Ambulyx schauffelbergeri
♀ 陕西镇坪 翅展 88 毫米

圆斑鹰翅天蛾
Ambulyx semiplacida
♂ 台湾屏东 翅展 97 毫米

圆斑鹰翅天蛾
Ambulyx semiplacida
♀ 台湾宜兰 翅展 115 毫米

亚洲鹰翅天蛾指名亚种
Ambulyx sericeipennis sericeipennis
♂ 贵州荔波 翅展 90 毫米

亚洲鹰翅天蛾指名亚种
Ambulyx sericeipennis sericeipennis
♂ 西藏聂拉木 翅展 101 毫米

亚洲鹰翅天蛾指名亚种
Ambulyx sericeipennis sericeipennis
♀ 台湾屏东 翅展 111 毫米

亚洲鹰翅天蛾指名亚种
Ambulyx sericeipennis sericeipennis
♀ 云南贡山 翅展 100 毫米

暹罗鹰翅天蛾
Ambulyx siamensis
♂　云南勐腊　翅展 106 毫米

暹罗鹰翅天蛾
Ambulyx siamensis
♂　云南勐腊　翅展 102 毫米

亚距鹰翅天蛾
Ambulyx substrigilis
♂　海南五指山　翅展 100 毫米

亚距鹰翅天蛾

Ambulyx substrigilis

♂　云南勐腊　翅展 111 毫米

亚距鹰翅天蛾

Ambulyx substrigilis

♀　云南麻栗坡　翅展 113 毫米

拓比鹰翅天蛾

Ambulyx tobii

♂　北京怀柔　翅展 90 毫米

拓比鹰翅天蛾

Ambulyx tobii

♂ 重庆巫溪 翅展 94 毫米

拓比鹰翅天蛾

Ambulyx tobii

♂ 四川青城山 翅展 92 毫米

拓比鹰翅天蛾

Ambulyx tobii

♀ 北京怀柔 翅展 110 毫米

拓比鹰翅天蛾

Ambulyx tobii

♀ 贵州六盘水 翅展 102 毫米

浙江鹰翅天蛾

Ambulyx zhejiangensis

♂ 重庆巫溪 翅展 82 毫米

浙江鹰翅天蛾

Ambulyx zhejiangensis

♀ 大巴山 翅展 108 毫米

博天蛾属 *Barbourion* Clark, 1934

Barbourion Clark, 1934, *Proc. New. Engl. zool. Club*, 14: 13.
Type species: *Callambulyx lemaii* Le Moult, 1933

中型天蛾。喙比较短；触角较为细长，身体灰紫色，前翅棕褐色，顶角强烈向外突出，中室端斑为白点，正面具有紫灰色波浪纹和黑褐色条纹；后翅橘黄色，臀角具2枚深色斑。雄性腹部末端两侧具三角形臀簇，雌性无此结构。

该属世界已知1种，中国已知1种，本书收录1种。

垒博天蛾 *Barbourion lemaii* Le Moult, 1933

Callambulyx lemaii Le Moult, 1933, *Novit. ent.*, 3: 19.
Type locality: Vietnam, Chapa.
Synonym: *Callambulyx lemaii* Le Moult, 1933

中型天蛾。雄性身体被灰紫色绒毛，腹部背面具2列黄褐色斑块，末端两侧各具1枚三角形臀簇；触角棕褐色，较为细长，喙比较短；前翅顶角向外强烈突出且向下弯曲，具1枚棕褐色三角形斑块，前翅正面棕褐色，中线处具紫灰色云纹，亚外缘线直至后缘具波浪形宽斑带，中室端斑为1枚白斑且附近晕染有褐色鳞片，各翅脉于亚外缘处具黄褐色箭纹；反面橘黄色，具紫褐色斑块，亚外缘至外缘具1枚黄灰色月形纹，后翅正面橘黄色，顶区黄灰色，臀角灰色，具2枚黑色椭圆形斑；反面橘黄色，具3条深褐色波浪纹，外缘具紫灰色鳞片。雌性形态类同雄性，翅膀更加宽阔，翅面花纹更加扩展，顶角相对较钝，腹部两侧不具臀簇。

主要出现于夏季。寄主不明。

中国分布于云南、广东、广西。此外见于泰国、越南。

垒博天蛾 *Barbourion lemaii* 广西花坪 / 陆千乐　摄

垒博天蛾
Barbourion lemaii
♂ 云南盈江 翅展 80 毫米

垒博天蛾
Barbourion lemaii
♂ 广西崇左 翅展 84 毫米

垒博天蛾
Barbourion lemaii
♀ 广东南岭 翅展 78 毫米

杧果天蛾属 *Amplypterus* Hübner, 1819

Amplypterus Hübner, 1819, *Verz. Bekannter Schmett.*, (9): 133.
Type species: *Sphinx panopus* Cramer, 1779

大型天蛾。喙相对发达，头部与胸部黑褐色；前翅为黄褐色，具黑褐色条纹和斑块，臀角处具1枚黑褐色眼斑；后翅明黄色，具黑褐色条纹和斑带，有的种类于基部具玫红色斑块。雄性腹部末端两侧具三角形臀簇，雌性无此结构。

该属世界已知2种，中国已知2种，本书收录2种。

曼氏杧果天蛾 *Amplypterus mansoni* (Clark, 1924)

Compsogene mansoni Clark, 1924, *Proc. New Engl. zool. Club*, 9: 17.

曼氏杧果天蛾指名亚种 *Amplypterus mansoni mansoni* (Clark, 1924)

Type locality: India, Darjeeling.
Synonym: *Compsogene mansoni* Clark, 1924
Compsogene mansoni pendleburyi Clark, 1938

大型天蛾。本种雄性近似杧果天蛾*A. panopus*，但整体颜色偏淡，前翅更加狭长，顶角向外突出明显，前翅正面的黑褐色碎纹较稀疏；后翅基部附近的大斑为黑褐色而非玫红色。雌性形态类同雄性，但体型相对庞大，翅膀更加宽阔，翅面颜色相对较淡。

主要出现于春季至秋季。寄主不明。

中国分布于云南。此外见于印度、尼泊尔、不丹、缅甸、泰国、老挝、越南、马来西亚、印度尼西亚。

曼氏杧果天蛾台湾亚种 *Amplypterus mansoni takamukui* (Matsumura, 1930)

Oxyambulyx takamukui Matsumura, 1930, *Trans. Sapporo Nat. Hist. Soc.*, 11: 119.
Type locality: China, Taiwan, Nantou, Puli.
Synonym: *Oxyambulyx mansoni takamukui* Matsumura, 1930
Compsogene mansoni formosana Clark, 1936

大型天蛾。近似指名亚种，但体型相对较小，翅面颜色相对较淡。

主要出现于春季至秋季。寄主不明。

目前仅知分布于中国台湾。

杧果天蛾 *Amplypterus panopus* (Cramer, 1779)

Sphinx panopus Cramer, 1779, *Uitlandsche Kapellen (Papillons exot.)*, 3: 50, pl. 224, figs A, B.

杧果天蛾指名亚种 *Amplypterus panopus panopus* (Cramer, 1779)

Type locality: Indonesia, Java, Semarang.
Synonym: *Sphinx panopus* Cramer, 1779
Calymnia pavonica Moore, 1877
Amplypterus panopus hainanensis Eitschberger, 2006

大型天蛾。雄性整体为褐色，胸部背面、腹部后半段被黑褐色绒毛，腹面被黄色绒毛，触角棕褐色；前翅顶角向外突出，外缘光滑，前翅正面浅褐色，内线和外中线处分别具1条黑褐色直纹，基部和中室附近具黑褐色波浪纹，亚外缘区域为黄褐色，外缘处具1枚三角形黑褐色斑块，臀角处具1枚黑色眼斑，边缘具白色弧线；反面褐色，具众多不规则形黄灰色斑块。后翅黄色，具3条黑褐色弧线，近基部处具1枚玫红色大斑，亚外缘至外缘的区域为灰黑色；反面褐色，具黄灰色斑带和条纹。雌性形态类同雄性，但体型相对庞大，翅膀更加宽阔。

主要出现于春季至秋季。寄主为人面子属、杧果属、盐麸木属等多种漆树科植物。

中国分布于浙江、云南、贵州、湖南、江西、福建、广东、广西、香港、海南。此外见于斯里兰卡、印度、尼泊尔、不丹、缅甸、泰国、老挝、越南、菲律宾、马来西亚、印度尼西亚。

杧果天蛾指名亚种 *Amplypterus panopus panopus* 广西梧州 / 陆千乐　摄

曼氏杧果天蛾指名亚种
Amplypterus mansoni mansoni
♂　云南盈江　翅展 108 毫米

曼氏杧果天蛾台湾亚种
Amplypterus mansoni takamukui
♂　台湾屏东　翅展 97 毫米

曼氏杧果天蛾台湾亚种
Amplypterus mansoni takamukui
♀　台湾南投　翅展 132 毫米

杧果天蛾指名亚种

Amplypterus panopus panopus

♂ 福建三明 翅展 121 毫米

杧果天蛾指名亚种

Amplypterus panopus panopus

♂ 云南麻栗坡 翅展 126 毫米

杧果天蛾指名亚种

Amplypterus panopus panopus

♀ 海南尖峰岭 翅展 136 毫米

天蛾亚科 Sphinginae Latreille, 1802

Sphinginae Latreille, 1802, *Histoire naturelle, générale et particulière des crustacés et des insectes*. "An. X." (1801-1802), 400.
Type genus: *Sphinx* Linnaeus, 1758

绒天蛾属 *Kentrochrysalis* Staudinger, 1887

Kentrochrysalis Staudinger, 1887, *in Romanoff, Mém. Lépid.*, 3: 157.
Type species: *Sphinx streckeri* Staudinger, 1880

中型至大型天蛾。喙不发达；胸部肩区和腹部两侧具黑色条纹；翅面为灰色或者灰褐色，具黑褐色锯齿状条纹和箭形纹，中室端部具1枚白色斑点。

该属世界已知5种，中国已知4种，本书收录4种。

陕绒天蛾 *Kentrochrysalis havelki* Melichar & Řezáč, 2014

Kentrochrysalis havelki Melichar & Řezáč, 2014, *European Entomologist*, 5: 66.
Type locality: China, Shaanxi, Qinling Mts.

中型天蛾。雄性近似白须绒天蛾*K. sieversi*，但整体偏黑色，前翅正面的灰褐色锯齿纹和斑块较为发达。雌性目前未知。

出现于夏季。寄主不明。

该种为中国特有种。分布于陕西、湖北。

太白绒天蛾 *Kentrochrysalis heberti* Haxaire & Melichar, 2010

Kentrochrysalis heberti Haxaire & Melichar, 2010, *European Entomologist*, 3(2): 103.
Type locality: China, Shaanxi, Qinling Mts., Taibai Shan.

中型天蛾。雄性十分近似绒天蛾*K. streckeri*，但翅形相对圆润，整体偏灰色，前翅正面的灰褐色锯齿状条纹较淡。雌性形态类同雄性，但体型相对粗壮，翅膀更加宽阔，触角相对较细。

出现于春季至夏季。寄主不明。

该种为中国特有种。分布于山西、陕西、湖北、江西。

白须绒天蛾 *Kentrochrysalis sieversi* Alphéraky, 1897

Kentrochrysalis sieversi Alphéraky, 1897, *in Romanoff (ed.), Mém. Lépid.*, 9: 164.
Type locality: Korea.
Synonym: *Kentrochrysalis sieversi houlberti* Oberthür,1920

大型天蛾。胸部和腹部具灰色绒毛，胸部肩区和腹部两侧具黑色条纹；触角灰褐色，喙较不发达；前翅顶角尖锐，外缘较为光滑，缘毛为黑白相间，前翅正面灰色，后缘处于基部覆有黑色鳞片，中室具1枚黑色箭形斑，端部具1枚浅黄色近三角形斑，中区具3枚黑色箭形斑和灰黑色锯齿状条纹，前缘处具1枚黑褐色斑块；反面褐色，具灰黑色条纹。后翅正面黑褐色，缘毛黑白相间；反面灰色，中线和外中线为黑褐色，亚外缘至外缘的区域为褐色。雌性形态类同雄性，但体型相对粗壮，翅膀更加宽阔，触角相对较细。

出现于夏季至秋季。寄主为紫丁香及梣属植物。

中国分布于黑龙江、吉林、辽宁、北京、陕西、湖北、重庆、四川、云南、浙江、福建、广东、海南。此外见于韩国、俄罗斯、越南。

绒天蛾 *Kentrochrysalis streckeri* (Staudinger, 1880)

Sphinx streckeri Staudinger, 1880, *Ent. Nachr.*, 6: 252.
Type locality: Russia, Primorskiy Krai, Vladivostok.
Synonym: *Sphinx davidis* Oberthür, 1880
Sphinx streckeri Staudinger, 1880

中型天蛾。雄性近似白须绒天蛾*K. sieversi*，但体型相对偏小，前翅相对较短，正面偏灰色，中区的黑色箭形纹和黑灰色锯齿纹较淡，前翅反面为浅褐色。后翅正面为褐色，反面灰色。雌性形态类同雄性，但体型相对粗壮，翅膀更加宽阔，触角相对较细。

出现于春季至夏季。寄主为梣属和丁香属等多种植物。

中国分布于内蒙古、黑龙江、吉林、辽宁、北京、河北、山西。此外见于蒙古国、俄罗斯，以及朝鲜半岛。

1. 陕绒天蛾 *Kentrochrysalis havelki* 湖北神农架 / 陆千乐　摄
2. 白须绒天蛾 *Kentrochrysalis sieversi* 重庆巫溪 / 陆千乐　摄
3. 绒天蛾 *Kentrochrysalis streckeri* 北京怀柔 / 李涛　摄

2

3

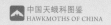

正模标本 HT 陕绒天蛾
Kentrochrysalis havelki
♂ 陕西宝鸡 翅展 61 毫米

陕绒天蛾
Kentrochrysalis havelki
♂ 湖北神农架 翅展 60 毫米

太白绒天蛾
Kentrochrysalis heberti
♂ 陕西周至 翅展 63 毫米

太白绒天蛾

Kentrochrysalis heberti

♂ 陕西太白山 翅展 73 毫米

白须绒天蛾

Kentrochrysalis sieversi

♂ 重庆巫溪 翅展 95 毫米

白须绒天蛾

Kentrochrysalis sieversi

♂ 云南绿春 翅展 90 毫米

白须绒天蛾

Kentrochrysalis sieversi

♀ 北京怀柔 翅展 100 毫米

绒天蛾

Kentrochrysalis streckeri

♂ 北京房山 翅展 65 毫米

绒天蛾

Kentrochrysalis streckeri

♂ 辽宁本溪 翅展 70 毫米

绒天蛾

Kentrochrysalis streckeri

♂ 黑龙江牡丹江 翅展 62 毫米

星天蛾属 *Dolbina* Staudinger, 1877

Dolbina Staudinger, 1877, *in Romanoff, Mém. Lépid.*, 3: 155.
Type species: *Dolbina tancrei* Staudinger, 1887

中型天蛾。喙不发达；胸部背面有似面形斑纹，腹部具间断的黑色背线；翅面为墨绿色、黑色或棕褐色，具黑褐色锯齿状条纹和箭形纹，周围覆有灰色鳞片，中室端部具1枚白色斑点。

该属世界已知14种，中国已知6种，本书收录6种。

小星天蛾 *Dolbina exacta* Staudinger, 1892

Dolbina exacta Staudinger, 1892, *in* Romanoff (ed.), *Mém. Lépid.*, 6: 222.
Type locality: Russia, Khabarovskiy Krai.
Synonym: *Dolbina parva* Matsumura, 1921

中型天蛾。雄性身体灰褐色，胸部背面具有似面形花纹，肩区和腹部背面被绿棕色绒毛，腹部两侧具黑褐色纵纹，具1条间断的黑褐色白线，腹面被有灰白色绒毛，中间具1列非常浅的灰色毛簇；触角褐色，喙较不发达；前翅顶角尖锐，外缘较为光滑，缘毛为黑白相间，前翅正面灰褐色，具黑褐色条纹，中室覆有绿棕色鳞片，端部具1枚白色圆斑，周围覆有黑色鳞片，中区具2枚黑色箭形斑和3条明显的黑色锯齿纹，各花纹之间覆有绿棕色鳞片，亚外缘具灰色锯齿纹，各翅室在外缘处具黑色细斑；反面棕褐色，具1条黑褐色条纹。后翅正面黑褐色，缘毛黑白相间；反面棕褐色，具2条较宽的灰色条纹。雌性形态类同雄性，但体型相对粗壮，翅膀更加宽阔，前翅的黑色锯齿纹更加明显，触角相对较细。该种有的个体整体较为偏绿色。

出现于夏季。寄主为梣属和丁香属等多种植物。

中国分布于黑龙江。此外见于俄罗斯、日本，以及朝鲜半岛。

台湾星天蛾 *Dolbina formosana* Matsumura, 1927

Dolbina formosana Matsumura, 1927, *J. Coll. Agric. Hokkaido Imp. Univ.*, 19(1): 4.
Type locality: China, Taiwan, Nantou, Meiyuan.

中型天蛾。十分近似大星天蛾*D. inexacta*，但整体偏绿色，斑纹较淡。雌性目前未知。

出现于春季至秋季。寄主为流苏树、光蜡树、苦枥木、木樨等多种植物。

中国分布于台湾。此外见于日本。

大星天蛾 *Dolbina inexacta* (Walker, 1856)

Macrosila inexacta Walker, 1856, *List Specimens lepid. Insects Colln Br. Mus.*, 8: 208.
Type locality: North India.
Synonym: *Meganoton khasianum* Rothschild, 1894
Dolbina inexacta sinica Closs, 1914

中型天蛾。雄性斑纹模式近似绒星天蛾*D. tancrei*，但体型较大，身体和翅膀偏棕褐色，腹面的灰白色绒毛中间具有1列明显的黑褐色毛簇，前翅更加狭长，基部和中区覆有明显的灰白色鳞片，亚外缘具灰白色锯齿纹。雌性形态类同雄性，但体型相对粗壮，翅膀更加宽阔，前翅的黑色锯齿纹和灰白色斑纹更加明显，触角相对较细。该种色型差异明显，有的个体偏黑褐色或绿棕色，体型上有时也有较大差距。

出现于春季至秋季。寄主为女贞属、木樨属、梣属等多种植物。

中国分布于陕西、湖北、重庆、浙江、福建、安徽、江西、湖南、广东、广西、四川、贵州、云南、西藏。此外见于日本、巴基斯坦、印度、尼泊尔、不丹、缅甸、老挝、越南、泰国、马来西亚。

拟小星天蛾 *Dolbina paraexacta* Brechlin, 2009

Dolbina paraexacta Brechlin, 2009, *Entomo-Satsphingia*, 2(2): 20.
Type locality: China, Shaanxi, Daba Shan.

中型天蛾。十分近似大星天蛾*D. inexacta*，但体型较小，前翅长度短于大星天蛾，除此之外翅面偏灰白色，外生殖器抱器腹突的形状也有所区别。雌性形态类同雄性，但体型相对粗壮，翅膀更加宽阔，触角较细。

出现于春季至夏季。寄主未知。

该种为中国特有种。分布于重庆、陕西、湖北、北京、四川、云南。

绒星天蛾 *Dolbina tancrei* Staudinger, 1887

Dolbina tancrei Staudinger, 1887, *in* Romanoff (ed.), *Mém. Lépid.*, 3: 155.
Type locality: Russia, Amurskaya, Blagoveshchensk.
Synonym: *Dolbina curvata* Matsumura, 1921
Dolbina lateralis Matsumura, 1921

中型天蛾。雄性十分近似小星天蛾*D. exacta*，但体型偏大，翅膀相对较宽，腹面的灰白色绒毛中间具有1列较为明显的灰褐色毛簇。雌性形态类同雄性，但体型相对粗壮，翅膀更加宽阔，前翅的黑色锯齿纹更加明显，触角相对较细。该种有的个体整体较为偏绿色或者偏灰色。

出现于春季至秋季。寄主为梣属和丁香属等多种植物。

中国分布于黑龙江、吉林、辽宁、北京、河北。此外见于俄罗斯、日本，以及朝鲜半岛。

西藏星天蛾 *Dolbina tibetana* Brechlin, 2016

Dolbina tibetana Brechlin, 2016, *Entomo-Satsphingia.*, 9(2): 44.
Type locality: China, Tibet, Qamdo valley.

中型天蛾。雄性近似拟小星天蛾*D. paraexacta*，但翅面偏棕褐色，翅形相对较为圆润。雌性形态类同雄性，但体型相对粗壮，翅膀更加宽阔，前翅的黑色锯齿纹更加明显，触角相对较细。

出现于夏季。寄主不明。

该种为中国特有种。分布于四川、西藏。

1. 小星天蛾 *Dolbina exacta* 黑龙江伊春 / 张巍巍　摄　2. 大星天蛾 *Dolbina inexacta* 广东象头山 / 陆千乐　摄　3. 拟小星天蛾 *Dolbina paraexacta* 重庆巫溪 / 陆千乐　摄　4. 绒星天蛾 *Dolbina tancrei* 辽宁本溪 / 苏圣博　摄

小星天蛾

Dolbina exacta

♂ 黑龙江黑河 翅展 53 毫米

小星天蛾

Dolbina exacta

♂ 黑龙江伊春 翅展 55 毫米

台湾星天蛾

Dolbina formosana

♂ 台湾屏东 翅展 70 毫米

大星天蛾

Dolbina inexacta

♂ 云南昆明 翅展 80 毫米

大星天蛾

Dolbina inexacta

♂ 云南麻栗坡 翅展 71 毫米

大星天蛾

Dolbina inexacta

♂ 重庆巫溪 翅展 78 毫米

大星天蛾

Dolbina inexacta

♀ 浙江天目山 翅展 80 毫米

大星天蛾

Dolbina inexacta

♀ 西藏聂拉木 翅展 88 毫米

拟小星天蛾

Dolbina paraexacta

♂ 重庆巫溪 翅展 62 毫米

拟小星天蛾
Dolbina paraexacta
♂ 四川攀枝花 翅展 60 毫米

绒星天蛾
Dolbina tancrei
♂ 辽宁本溪 翅展 62 毫米

绒星天蛾
Dolbina tancrei
♂ 黑龙江佳木斯 翅展 60 毫米

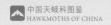

绒星天蛾

Dolbina tancrei

♂ 北京门头沟 翅展 52 毫米

绒星天蛾

Dolbina tancrei

♀ 吉林长白山 翅展 64 毫米

副模标本 PT 西藏星天蛾

Dolbina tibetana

♂ 西藏昌都 翅展 71 毫米

鼠天蛾属 *Sphingulus* Staudinger, 1887

Sphingulus Staudinger, 1887, *in* Romanoff, *Mém. Lépid.*, 3: 156.
Type species: *Sphingulus mus* Staudinger, 1887

中型天蛾。喙较短；整体颜色单一，身体和翅膀以灰褐色为主，翅面具黑褐色锯齿纹，中室端部具1枚白斑。

该属世界已知1种，中国已知1种，本书收录1种。

鼠天蛾 *Sphingulus mus* Staudinger, 1887

Sphingulus mus Staudinger, 1887, *in* Romanoff (ed.), *Mém. Lépid.*, 3: 156.
Type locality: Russia, Primorskiy Krai, Suifen river.
Synonym: *Sphingulus mus taishanis* Mell, 1937

中型天蛾。雄性身体主要被灰褐色绒毛，腹部具1条黑褐色背线；触角灰褐色，喙比较短；前翅顶角较钝，外缘较为光滑，前翅正面灰褐色，中室端部具1枚白色圆斑，外中线为褐色波浪形，亚外缘线为黑褐色锯齿状，缘毛为黑白相间；反面灰褐色无特别花纹。后翅棕褐色无花纹，具黑白相间缘毛；反面为灰褐色。雌性形态类同雄性，但体型相对粗壮，翅膀更加宽阔，触角相对较细。

出现于春季至夏季。寄主为栲属植物。

中国分布于内蒙古、黑龙江、吉林、辽宁、北京、河北、河南、山东、山西、陕西、湖北、重庆、浙江、湖南。此外见于俄罗斯及朝鲜半岛。

鼠天蛾 *Sphingulus mus* 重庆巫溪 / 陆千乐　摄

鼠天蛾

Sphingulus mus

♂ 北京门头沟 翅展 55 毫米

鼠天蛾

Sphingulus mus

♂ 辽宁本溪 翅展 60 毫米

鼠天蛾

Sphingulus mus

♂ 重庆巫溪 翅展 63 毫米

绒毛天蛾属 *Pentateucha* Swinhoe, 1908

Pentateucha Swinhoe, 1908, *Ann. Mag. nat. Hist.*, (8) 1: 61.
Type species: *Pentateucha curiosa* Swinhoe, 1908

中型天蛾。喙较短；触角细长，身体被浓密的绒毛，各腹节具灰色环状绒毛，前翅一般为黄褐色或灰褐色，花纹斑驳，中室端部具白色圆斑，后翅通常为红棕色。该种受惊会抬高身体伸展前足呈威吓状，或假死掉落地面，卷曲腹部并有抽搐行为，似蜂类准备蜇针动作。

该属世界已知4种，中国已知3种，本书收录3种。

绒毛天蛾 *Pentateucha curiosa* Swinhoe, 1908

Pentateucha curiosa Swinhoe, 1908 *Ann. Mag. nat. Hist.*, (8)1: 62.
Type locality: India, Meghalaya, Khasi Hills.

中型天蛾。雄性身体腹面被密集的红棕色绒毛，胸部背面被红褐色绒毛簇，毛簇末端为灰白色，腹部黑褐色，每一腹节具环状灰白色绒毛簇，末端毛簇为红棕色；足黑色，被红棕色绒毛，前足明显粗壮；触角细长，呈棕褐色；前翅棕褐色，具斑驳的黑色花纹，基部具红棕色鳞片，亚外缘线处和顶角处具灰白色锯齿纹，中室端部具1枚灰白色圆斑，缘毛发达，为棕黄相间；反面红棕色，亚外缘线灰白色，可透见顶角花纹。后翅正面红棕色，基部至中区颜色较淡，中区具1条颜色较浅的条纹，臀角具1枚黑斑；反面红棕色，中区具2条灰白色条纹，外缘和基部密布灰色鳞片，缘毛发达，为棕黄相间。雌性形态类同雄性，但翅膀更加宽阔，触角相对较细。该种有的个体整体偏黄色或偏深褐色。

1年1代，主要出现于冬季。寄主为冬青属植物。

中国分布于云南和重庆。此外见于尼泊尔、印度、泰国、越南。

井上绒毛天蛾 *Pentateucha inouei* Owada & Brechlin, 1997

Pentateucha inouei Owada & Brechlin, 1997, *in* Kitching, Owada & Brechlin, *Tinea*, 15: 89.
Type locality: China, Taiwan, Taoyuan, Lala Shan.

中型天蛾。雄性近似绒毛天蛾*P. curiosa*，但身体覆盖的绒毛和前翅偏黄色，亚外缘的锯齿状条纹为黑褐色，外缘线自顶角至臀角具1条明显的灰白色锯齿纹；后翅正面偏玫红色，反面基部和外缘覆有的鳞片为灰白色。雌性形态类同雄性，但翅膀更加宽阔，触角相对较细。

1年1代，主要出现于冬季至早春。寄主为台湾冬青。

该种为中国特有种。目前仅知分布于台湾。

史氏绒毛天蛾 *Pentateucha stueningi* Owada & Kitching, 1997

Pentateucha stueningi Owada & Kitching, 1997, *in* Kitching, Owada & Brechlin, *Tinea*, 15: 88.
Type locality: China, Zhejiang, Tianmu Shan.

中型天蛾。雄性近似绒毛天蛾*P. curiosa*，但身体覆盖的绒毛和前翅颜色偏红棕色，顶角的灰白色斑块较大，前翅正面覆有更多的灰白色鳞片，外缘具1列明显的灰白色斑块；后翅反面可透见正面部分花纹，覆有较多的灰白色鳞片；后翅正面偏玫红色。雌性形态类同雄性，但翅膀更加宽阔，触角相对较细。

1年1代，主要出现于早春。寄主可能为冬青属植物。

该种为中国特有种。分布于安徽、浙江、福建、广东、湖南、江西、四川。

1

2

1. 绒毛天蛾 *Pentateucha curiosa* 重庆四面山 / 周汉平　摄
2. 史氏绒毛天蛾 *Pentateucha stueningi* 福建戴云山 / 黄嘉龙　摄

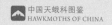

绒毛天蛾

Pentateucha curiosa

♂ 重庆四面山 翅展 80 毫米

绒毛天蛾

Pentateucha curiosa

♂ 云南临沧 翅展 81 毫米

绒毛天蛾

Pentateucha curiosa

♀ 云南景东 翅展 78 毫米

井上绒毛天蛾

Pentateucha inouei

♂ 台湾宜兰 翅展 66 毫米

井上绒毛天蛾

Pentateucha inouei

♀ 台湾宜兰 翅展 76 毫米

井上绒毛天蛾

Pentateucha inouei

♀ 台湾屏东 翅展 67 毫米

史氏绒毛天蛾
Pentateucha stueningi
♂ 四川荥经 翅展 70 毫米

史氏绒毛天蛾
Pentateucha stueningi
♂ 福建宁德 翅展 71 毫米

史氏绒毛天蛾
Pentateucha stueningi
♀ 江西武夷山 翅展 90 毫米

马鞭草天蛾属 *Meganoton* Boisduval, 1875

Meganoton Boisduval, 1875, *Hist. nat. Ins., Spec. gén. Lépid. Hétérocères*, 1: 58.
Type species: *Macrosila nyctiphanes* Walker, 1856

大型天蛾。喙较为发达；翅膀和身体主要为灰褐色，触角细长，前翅具灰色锯齿状条纹和斑块，中室端斑为1枚圆形白斑，后翅中区具1条白色锯齿纹。雄性在腹部末端两侧具臀簇，雌性不具有此特征。

该属世界已知2种，中国已知2种，本书收录2种。

马鞭草天蛾 *Meganoton nyctiphanes* (Walker, 1856)

Macrosila nyctiphanes Walker, 1856, *List Specimens lepid. Insects Colln Br. Mus.*, 8: 209.
Type locality: Bangladesh, Sylhet.
Synonym: *Macrosila nyctiphanes* Walker, 1856
Pseudosphinx cyrtolophia Butler, 1875

大型天蛾。雄性身体灰褐色，肩区和后胸具黑色绒毛，各腹节具黄黑相间的环毛，腹部末端两侧具灰白色臀簇；触角褐色，喙较发达；前翅顶角较钝，外缘具明显弧度，缘毛为黑白相间，前翅正面灰褐色，具墨绿色锯齿纹和斑块，内线和后缘近基部处具白色斑块，中室端部具1枚白色圆斑，中区具2枚黑色箭形斑，中线至外中线具4条深褐色锯纹，各花纹之间覆有绿棕色和浅灰色鳞片，外缘具1列墨绿色斑块；反面棕褐色，后缘为黄灰色且具1条狭长的黑斑，此外中区具1条灰色条纹。后翅正面棕褐色，顶区黄灰色，中区具1条灰色锯齿纹；反面棕褐色，可透见正面斑纹，基部至中区覆有密集的灰色鳞片。雌性形态类同雄性，但体型相对粗壮，翅膀更加宽阔，触角相对较细。该种色型多变，有的个体偏黄色、偏绿色或偏深褐色。

出现于夏季至秋季。寄主为绒苞藤和马鞭草。

中国分布于云南和海南。此外见于斯里兰卡、印度、孟加拉国、缅甸、泰国、老挝、越南、马来西亚、印度尼西亚、菲律宾。

云南马鞭草天蛾 *Meganoton yunnanfuana* Clark, 1925

Meganoton yunnanfuana Clark, 1925, *Proc. New Engl. zool. Club*, 9: 32.
Type locality: China, Yunnan, Kunming.

大型天蛾。雄性十分近似马鞭草天蛾*M. nyctiphanes*，但前翅相对较短，外缘弧度较为强烈，前翅正面前缘、后缘、内线附近的白斑较为大。雌性形态类同雄性，但身体较为粗壮，翅膀更加宽阔，触角相对较细。

主要出现于夏季至秋季。寄主不明。

中国分布于云南。此外见于越南、老挝。

注：该种标本较为稀少。本书编著过程中未能检视或采集到中国境内产的雌性标本，故选取了老挝产的雌性标本以供参考。

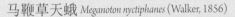

马鞭草天蛾
Meganoton nyctiphanes
♂ 海南尖峰岭 翅展 96 毫米

马鞭草天蛾
Meganoton nyctiphanes
♀ 云南勐腊 翅展 118 毫米

正模标本 HT 云南马鞭草天蛾
Meganoton yunnanfuana
♂ 云南昆明 翅展 101 毫米

云南马鞭草天蛾
Meganoton yunnanfuana
♀ 老挝 翅展 115 毫米

天蛾属 *Sphinx* Linnaeus, 1758

Sphinx Linnaeus, 1758; *Syst. Nat.* *(Edn10)*, 1: 489.
Type species: *Sphinx ligustri* Linnaeus 1758

中型天蛾。喙较短；胸部为黑褐色，腹部两侧具红色或黄色斑块，前翅以灰色或黄褐色为主，具深褐色或黑褐色杂斑或大面积斑块，后翅黄色，具黑色条纹。

该属世界已知22种，中国已知1种，本书收录1种。

红节天蛾 *Sphinx ligustri* Linnaeus, 1758

Sphinx ligustri Linnaeus, 1758, *Syst. Nat.* (Edn 10), 1: 490.
Type locality: not stated (Sweden).
Synonym: *Sphinx chishimensis* Matsumura, 1929
Sphinx spiraeae Esper, 1800
Sphinx ligustri amurensis Oberthür, 1886
Sphinx ligustri albescens Tutt, 1904
Sphinx ligustri brunnea Tutt, 1904
Sphinx ligustri incerta Tutt, 1904
Sphinx ligustri intermedia Tutt, 1904
Sphinx ligustri lutescens Tutt, 1904
Sphinx ligustri obscura Tutt, 1904
Sphinx ligustri pallida Tutt, 1904
Sphinx ligustri subpallida Tutt, 1904
Sphinx ligustri rosacea Rebel, 1910
Sphinx ligustri nisseni Rothschild & Jordan, 1916
Sphinx ligustri grisea (Closs, 1917)
Sphinx ligustri fraxini Dannehl, 1925
Sphinx ligustri perversa Gehlen, 1928
Sphinx ligustri seydeli Debauche, 1934
Sphinx ligustri brunnescens (Lempke, 1959)
Sphinx ligustri postrufescens (Lempke, 1959)
Sphinx ligustri cingulata (Lempke, 1964)
Sphinx ligustri weryi Rungs, 1977
Sphinx ligustri eichleri Eitschberger, Danner & Surholt, 1992
Sphinx ligustri zolotuhini Eitschberger & Lukhtanov, 1996

中型天蛾。雄性腹面被灰色绒毛，胸部被黑褐色绒毛，肩区和腹部背面灰色，各腹节两侧具粉红色斑块和黑色环毛；触角黑褐色，喙不发达；前翅外缘光滑，顶角黑色，翅面为灰色，覆有大面积的黑褐色鳞片，各翅脉于中区具狭长的黑色箭形斑，基部覆有粉色鳞片，亚外缘具黑色波浪纹和白色条纹，缘毛深褐色；反面灰色，基半部覆有粉色和黑色鳞片，亚外缘线为黑色锯齿纹，外侧覆有灰白色鳞片。后翅正面粉色，具2条黑色条纹，近基部尚具1枚较短的黑色弧纹，外缘灰褐色；反面灰色，可透见正面部分条纹，基部覆有密集的粉色鳞片。雌性形态类同雄性，但体型相对粗壮，翅膀更加宽阔，整体颜色偏淡。

出现于春季至秋季。寄主为冬青科、忍冬科、木樨科、蔷薇科等多种植物。

中国分布于新疆、内蒙古、黑龙江、吉林、辽宁、北京、河北、山东、陕西。此外见于蒙古国、俄罗斯、日本，以及朝鲜半岛、中亚、欧洲。

红节天蛾 *Sphinx ligustri* 新疆喀纳斯 / 王宁婧　摄

红节天蛾

Sphinx ligustri

♂ 北京门头沟 翅展 73 毫米

红节天蛾

Sphinx ligustri

♂ 黑龙江牡丹江 翅展 70 毫米

红节天蛾

Sphinx ligustri

♂ 新疆石河子 翅展 75 毫米

松天蛾属 *Hyloicus* Hübner, 1819

Hyloicus Hübner, 1819, *Verz. bek., Schmett,* (9): 138.
Type species: *Sphinx pinastri* Linnaeus, 1758

中型天蛾。喙较短；整体颜色单一，身体以灰色为主，腹部两侧具黑色斑块，前后翅以灰色或棕褐色为主，前翅具简单的黑色条纹，后翅无花纹。

该属世界已知11种，中国已知8种，本书收录8种。

不丹松天蛾 *Hyloicus bhutana* (Brechlin, 2015)

Sphinx bhutana Brechlin, 2015, *Entomo-Satsphingia.,* 8(1): 17.
Type locality: Bhutan, Paro Valley.

中型天蛾。雄性近似奥氏松天蛾*H. oberthueri*。但体型偏大，整体偏灰色，前翅的黑色斑块相对较粗，亚外缘具1列较小的黑色斑列；生殖器的抱器腹突齿状突起的数量和弯曲程度也有所不同。雌性形态类同雄性，但体型相对粗壮，翅膀更加宽阔，触角较细。

出现于夏季。寄主不明。

中国分布于西藏。此外见于不丹。

晦暗松天蛾 *Hyloicus caligineus* Butler, 1877

Hyloicus caligineus Butler, 1877, *Ann. Mag. nat. Hist.,* (4) 20: 393.

晦暗松天蛾中华亚种 *Hyloicus caligineus sinicus* Rothschild & Jordan, 1903

Hyloicus caligineus sinicus Rothschild & Jordan, 1903, *Novit. zool.,* 9 (suppl.): 149.
Type locality: China, Zhejiang, Sheshan.
Synonym: *Sphinx caligineus sinicus* (Rothschild & Jordan, 1903)

中型天蛾。雄性近似奥氏松天蛾*H. oberthueri*，但整体前翅相对较短，中室端部黑斑、前缘处的深褐色斑块和近基部的黑色弧纹通常较为明显。雌性形态类同雄性，但体型相对粗壮，翅膀更加宽阔，颜色相对较深。该种个体差异较大，有的个体翅面各黑色斑纹会相对较小，中室端斑较模糊，偏南方的个体有时会呈棕褐色，且前翅正面中区会出现深褐色斑带，近基部的黑色弧纹也会扩大为深褐色斑块。

出现于春季至夏季。寄主主要为油松和华山松。

中国分布于北京、河北、陕西、江苏、安徽、上海、浙江、四川、湖南。此外见于朝鲜半岛。

西南松天蛾 *Hyloicus centrosinaria* (Kitching & Jin, 1998)

Sphinx centrosinaria Kitching & Jin, 1998, *Tinea,* 15: 275.
Type locality: China, Sichuan, Ya'an.

中型天蛾。雄性斑纹模式近似奥氏松天蛾*H. oberthueri*，但前翅狭长且顶角尖锐，后缘基部具黑色弧纹，中区具3枚较细长的黑色箭形斑，各斑纹之间密布黑褐色鳞片，中室端部具间断的黑斑。后翅臀角相对向外突出。雌性目前未知。

出现于夏季。寄主为松科植物。

该种为中国特有种。分布于四川、云南、西藏。

越中松天蛾 *Hyloicus centrovietnama* (Brechlin, 2015)

Sphinx centrovietnama Brechlin, 2015, *Entomo-Satsphingia.,* 8(1): 16.
Type locality: Vietnam, Kon Tum prov., Plato Tay Nguyen, Mt. Ngoc Linh.

中型天蛾。雄性近似晦暗松天蛾中华亚种*H. caligineus sinicus*，但前翅覆有相对密集的黑褐色鳞片，中室端部的黑色斑块稳定出现，生殖器的抱器腹突长度和弯曲程度也有所不同。雌性形态类同雄性，但体型相对粗壮，翅膀更加宽阔，触角相对较细。

出现于春季至秋季。寄主为马尾松。

中国分布于湖北、湖南、广东、广西、海南。此外见于老挝、泰国、越南。

台湾松天蛾 *Hyloicus formosana* (Riotte, 1970)

Sphinx formosana Riotte, 1970, *Entomologische Zeitschrift,* 80: 14.
Type locality: China, Taiwan, Nantou, Jenai.

中型天蛾。雄性近似西南松天蛾*H. centrosinaria*，但前翅更加狭长，整体覆有明显的灰色鳞片，且翅面各黑斑较粗，颜色更深。后翅臀角相对不向外突出。雌性目前未知。

出现于夏季。寄主不明。

该种为中国特有种。目前仅知分布于台湾。

森尾松天蛾 *Hyloicus morio* Rothschild & Jordan, 1903

Hyloicus morio Rothschild & Jordan, 1903, *Novit. zool.,* 9 : 147.

森尾松天蛾东北亚种 *Hyloicus morio arestus* Jordan, 1931

Hyloicus pinastri arestus Jordan, 1931, *Novit. zool.,* 36: 244.
Type locality: Russia, Khabarovskiy Krai, Nikolayevsk-na-Amure.
Synonym: *Sphinx pinastri arestus* (Jordan, 1931)
Sphinx hakodoensis O. Bang-Haas, 1936
Sphinx laricis Rozkhov, 1972
Hyloicus morio heilongjiangensis Zhao & Zhang, 1992

中型天蛾。雄性近似晦暗松天蛾中华亚种*H. caligineus sinicus*，但前翅相对宽阔，整体偏灰色，中室端部的黑色斑较为细长，生殖器的抱器腹突长度和弯曲程度也有所不同。雌性形态类同雄性，但体型相对粗壮，翅膀更加宽阔，整体颜色偏深，触角相对较细。

出现于夏季至秋季。寄主为云杉属、冷杉属、松属和落叶松属等多种植物。

中国分布于黑龙江、吉林、辽宁。此外见于蒙古国、俄罗斯、日本，以及朝鲜半岛。

奥氏松天蛾 *Hyloicus oberthueri* Rothschild & Jordan, 1903

Hyloicus oberthueri Rothschild & Jordan, 1903, *Novit. zool., 9 (suppl.)*: 119 (key), 149.
Type locality: China, Yunnan, Yanmen.
Synonym: *Sphinx oberthueri* (Rothschild & Jordan, 1903)
Sphinx jordani Mell, 1922
Sphinx thailandica Inoue, 1991

中型天蛾。雄性身体被灰褐色绒毛，颈部和肩区具黑褐色条纹，各腹节两侧具灰黑相间的绒毛簇；触角黑褐色，喙不发达；前翅外缘光滑，顶角黑色，翅面为灰褐色，后缘基部覆有大面积的褐色鳞片，中区具2枚黑色箭形纹，顶角至前缘具3条狭长的黑色细纹，前缘具模糊的褐色斑块；反面灰褐色，中区具深色斑带或条纹，缘毛黑白相间。后翅正面灰褐色，基部具1枚浅灰色斑块，下方至臀角具深褐色条带；反面灰褐色，可透见正面部分斑纹。雌性形态类同雄性，但体型相对粗壮，翅膀更加宽阔。该种个体差异较大，有些前翅正面中区和近基部具有深褐色锯齿状斑带，甚至会加深为黑褐色，中室端部有时也会具有黑斑。

出现于春季至秋季。寄主为马尾松。

中国分布于陕西、四川、云南、西藏。此外见于缅甸、泰国、印度、不丹。

云南松天蛾 *Hyloicus brunnescens* (Mell, 1922)

Sphinx caligineus brunnescens Mell, 1922, *Dt. ent. Z.*, 1922: 113.
Type locality: China, north Yunnan, montane forest.
Synonym: *Sphinx yunnana* Brechlin, 2015

中型天蛾。雄性斑纹模式近似奥氏松天蛾*H. oberthueri*，但前翅正面一般仅见2枚黑色箭形纹，与中室末端的黑色条纹和近基部的黑色弧纹共同构成一个环形斑纹组合，后缘自基部至中段覆有明显的棕褐色鳞片，除此之外前翅无特别花纹，密布灰褐色鳞片；前后翅反面无明显花纹。雌性形态类同雄性，但体型相对粗壮，翅膀更加宽阔。该种有的个体偏棕褐色，翅面中区和近基部处会出现黑褐色。

出现于春季至秋季。寄主可能为松属植物。

该种为中国特有种。分布于四川、云南。

1

2

3

1. 不丹松天蛾 *Hyloicus bhutana* 西藏雅鲁藏布江 / 张巍巍 摄
2. 晦暗松天蛾中华亚种 *Hyloicus caligineus sinicus* 北京怀柔 / 李涛 摄
3. 越中松天蛾 *Hyloicus centrovietnama* 广西十万大山 / 许振邦 摄
4. 奥氏松天蛾 *Hyloicus oberthueri* 云南普洱 / 张巍巍 摄
5. 云南松天蛾 *Hyloicus brunnescens* 云南丽江 / 张巍巍 摄

4

5

不丹松天蛾

Hyloicus bhutana

♂ 西藏林芝 翅展 66 毫米

不丹松天蛾

Hyloicus bhutana

♀ 西藏林芝 翅展 73 毫米

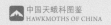

晦暗松天蛾中华亚种

Hyloicus caligineus sinicus

♂ 陕西宁陕 翅展 64 毫米

晦暗松天蛾中华亚种

Hyloicus caligineus sinicus

♂　北京怀柔　翅展 63 毫米

晦暗松天蛾中华亚种

Hyloicus caligineus sinicus

♂　四川泸州　翅展 60 毫米

晦暗松天蛾中华亚种

Hyloicus caligineus sinicus

♀　湖南岳阳　翅展 66 毫米

晦暗松天蛾中华亚种

Hyloicus caligineus sinicus

♀　浙江湖州　翅展 70 毫米

西南松天蛾

Hyloicus centrosinaria

♂　云南德钦　翅展 74 毫米

越中松天蛾

Hyloicus centrovietnama

♂　广东连州　翅展 64 毫米

越中松天蛾

Hyloicus centrovietnama

♂ 广西金秀　翅展 66 毫米

越中松天蛾

Hyloicus centrovietnama

♀ 广西金秀　翅展 68 毫米

越中松天蛾

Hyloicus centrovietnama

♀ 海南陵水　翅展 76 毫米

台湾松天蛾

Hyloicus formosana

♂ 台湾南投 翅展 73 毫米

台湾松天蛾

Hyloicus formosana

♂ 台湾南投 翅展 74 毫米

森尾松天蛾东北亚种

Hyloicus morio arestus

♂ 吉林长白山 翅展 65 毫米

奥氏松天蛾

Hyloicus oberthueri

♂ 云南麻栗坡 翅展 62 毫米

奥氏松天蛾

Hyloicus oberthueri

♂ 云南漾濞 翅展 67 毫米

奥氏松天蛾

Hyloicus oberthueri

♂ 云南昆明 翅展 66 毫米

奥氏松天蛾
Hyloicus oberthueri
♀ 云南昆明 翅展 65 毫米

云南松天蛾
Hyloicus brunnescens
♂ 云南虎跳峡 翅展 67 毫米

云南松天蛾
Hyloicus brunnescens
♂ 四川西昌 翅展 66 毫米

黄线天蛾属 *Apocalypsis* Rothschild & Jordan, 1903

Apocalypsis Rothschild & Jordan, 1903, *Trans. Zoo. Soc. Lond.*, 9: 489.
Type species: *Apocalypsis velox* Butler, 1876

大型天蛾。喙较为发达；身体黑褐色具黄色毛簇和条纹，翅面主要为黑色，前翅具1条较粗的黄色弧纹，各翅脉覆有明显的黄色鳞片，顶角具1条白色折纹，后翅无特别花纹，中室具1枚白点。

该属世界已知1种，中国已知1种，本书收录1种。

黄线天蛾 *Apocalypsis velox* (Butler, 1876)

Apocalypsis velox Butler, 1876, *Trans. zool. Soc. Lond.*, 9: 641.

黄线天蛾指名亚种 *Apocalypsis velox velox* (Butler, 1876)

Type locality: India, West Bengal, Darjeeling.

大型天蛾。雄性身体腹面被黑色和白色绒毛，正面被黑褐色绒毛，腹部背面具黄棕色鳞片，以及灰白色毛簇，胸部背面具“人”形黄棕色绒毛，后胸处具黑色、灰白色和黄色的毛簇；触角细长呈黄褐色，喙较发达；前翅黑褐色，各翅脉具黄棕色鳞片，中室端部具1枚白色圆斑，中区外侧具1条黄棕色折线，内侧还具1条灰白色锯齿纹，顶角具白色条纹，亚外缘至外缘具黄棕色箭头纹；反面棕褐色，具模糊的黑褐色条纹。后翅黑褐色，顶区和基部黄灰色，中区至臀角具2条模糊的黄棕色锯齿纹；反面棕褐色，基部黄灰色，具模糊的黑褐色条纹。雌性形态类同雄性，但体型相对粗壮，翅膀更加宽阔，触角较细。

出现于夏季至秋季。寄主为紫珠属植物。

中国分布于湖南、贵州、重庆、云南、西藏。此外见于不丹、印度、缅甸、越南。

黄线天蛾指名亚种 *Apocalypsis velox velox* 西藏墨脱 / 郭世伟　摄

黄线天蛾指名亚种
Apocalypsis velox velox
♂ 云南保山 翅展 111 毫米

黄线天蛾指名亚种
Apocalypsis velox velox
♂ 西藏墨脱 翅展 108 毫米

黄线天蛾指名亚种
Apocalypsis velox velox
♀ 云南盈江 翅展 114 毫米

拟星天蛾属 *Pseudodolbina* Rothschild, 1894

Pseudodolbina Rothschild, 1894, *Novit. Zool.*, 1 (1): 91.
Type species: *Pseudodolbina veloxina* Rothschild, 1894

中型天蛾。身体和翅膀以绿棕色为主，前翅翅面密布黑色锯齿纹，中室端部具黄色或白色圆斑，腹部两侧具橙黄色斑块。

该属世界已知2种，中国已知1种，本书收录1种。

拟星天蛾 *Pseudodolbina fo* (Walker, 1856)

Zonilia fo Walker, 1856, *List Specimens lepid. Insects Colln. Br. Mus.*, 8: 195.

拟星天蛾指名亚种 *Pseudodolbina fo fo* (Walker, 1856)

Type locality: North India.
Synonym: *Pseudodolbina veloxina* Rothschild, 1894

中型天蛾。雄性身体腹部被橙黄色绒毛，正面被绿棕色绒毛，各腹节具灰白色短毛簇，侧面具橙黄色斑块；触角褐色；前翅顶角较钝，缘毛灰褐相间，翅面为绿棕色，密布黑色锯齿状条纹和斑点，各斑纹边缘覆有灰色鳞片，中室末端具1枚浅黄色圆斑；反面棕褐色无特别花纹，基部覆有黑褐色鳞片，后缘黄棕色。后翅正面棕褐色，顶区和基部黄棕色；反面棕褐色无特别花纹。雌性形态类同雄性，但体型相对粗壮，翅膀更加宽阔，整体偏黄色。

出现于夏季。寄主为马蓝属植物。

中国分布于西藏。此外见于印度、不丹。

注：该种由于在中国为边缘化分布，仅可见于西藏西南部，且密度较低。本书编著过程中我们仅检视到中国境内产的1头雄性标本，但过于老旧残破，故选取了印度产的两性标本以供参考。

拟星天蛾指名亚种
Pseudodolbina fo fo
♂ 印度 翅展 60 毫米

副模标本 PT 拟星天蛾指名亚种
Pseudodolbina fo fo
♀ 印度 翅展 68 毫米

大背天蛾属 *Notonagemia* Zolotuhin & Ryabov, 2012

Notonagemia Zolotuhin & Ryabov, 2012, *The hawkmoths of Vietnam*, 197.
Type species: *Sphinx analis* Felder, C. & Felder R., 1874

大型天蛾。喙较为发达；身体灰色，腹部侧面和背面具黑色条纹，前翅灰色，具黑色和灰白色斑纹，中室至外缘具1条明显的黑色折纹，中室端斑白色，后翅棕褐色。

该属世界已知3种，中国已知2种，本书收录2种。

大背天蛾 *Notonagemia analis* (R. Felder, 1874)

Sphinx analis [Felder, R., 1874], *in* Felder, Felder & Rogenhofer, *Reise öst. Fregatte Novara (Zool.)*, 2 (Abt. 2) : pl. 78, fig. 4.

大背天蛾指名亚种 *Notonagemia analis analis* (R. Felder, 1874)

Type locality: China, Shanghai.
Synonym: *Sphinx analis* Felder, R., 1874
Diludia grandis Butler, 1875
Diludia tranquillaris Butler, 1876
Meganoton analis Rothschild & Jordan, 1903
Meganoton analis subalba Mell, 1922
Meganoton analis gressitti Clark, 1937

大型天蛾。雄性身体腹面具灰白色绒毛，正面被灰色绒毛，肩区具黑色条纹，后胸具黑色和蓝灰色毛簇，各腹节侧面具黑色纵纹，腹部具间断的黑色背线；触角灰褐色，喙较发达；前翅顶角尖锐，外缘较为光滑，缘毛为黑白相间，前翅正面灰色，密布灰褐色鳞片和黑褐色斑点，中区具灰黑色和灰白色锯齿纹，顶角处具1枚灰褐色折纹，中室端斑为1枚白点，中区具2枚灰黑色箭形斑，其中1枚与中室端部的黑斑相连形成折纹，外缘具1枚黑色环纹；反面褐色，具1条黑褐色条纹，后缘灰色。后翅正面棕褐色，臀域灰褐色，臀角灰色，具黑褐色斑块和细纹缘毛黑白相间；反面灰色，具1条棕褐色条纹，外缘棕褐色。雌性形态类同雄性，但体型庞大，翅膀更加宽阔，触角相对较细。该种个体差异明显，有的整体颜色偏深灰色，前翅各斑纹颜色加深或变淡。

出现于夏季至秋季。寄主为檫木属、玉兰属、含笑属等多种植物。

中国分布于安徽、上海、浙江、福建、江西、湖南、湖北、四川、重庆、贵州、云南、西藏、广东、广西、海南、台湾。此外见于印度、尼泊尔、缅甸、老挝、越南、泰国。

东瀛大背天蛾 *Notonagemia scribae* (Austaut, 1911)

Psilogramma scribae Austaut, 1911, *Entomologische Zeitschrift*, 44: 242.
Type locality: Japan.
Synonym: *Meganoton scribae* (Austaut, 1911)
Meganoton analis scribae (Austaut, 1911)
Notonagemia analis scribae (Austaut, 1911)

中型天蛾。雄性十分近似大背天蛾*N. analis*，但体型偏小，整体偏白色，前翅较短，翅面各花纹颜色更深且覆有更多的黑色鳞片，尤其中区的2枚箭形斑近乎为矩形。雌性形态类同雄性，但体型相对粗壮，翅膀更加宽阔。该种有的个体翅面的黑色斑纹会加重或变淡。

出现于春季至秋季。寄主为檫木属和玉兰属植物。

中国分布于辽宁。此外见于俄罗斯、日本，以及朝鲜半岛。

大背天蛾指名亚种 *Notonagemia analis analis* 广东车八岭 / 陆千乐　摄

大背天蛾指名亚种

Notonagemia analis analis

♂　浙江天目山　翅展 97 毫米

大背天蛾指名亚种

Notonagemia analis analis

♂　广西金秀　翅展 105 毫米

大背天蛾指名亚种

Notonagemia analis analis

♂　台湾花莲　翅展 120 毫米

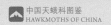

大背天蛾指名亚种
Notonagemia analis analis
♀ 西藏墨脱 翅展 128 毫米

大背天蛾指名亚种
Notonagemia analis analis
♀ 重庆巫溪 翅展 125 毫米

东瀛大背天蛾
Notonagemia scribae
♂ 辽宁本溪 翅展 91 毫米

霜天蛾属 *Psilogramma* Rothschild & Jordan, 1903

Psilogramma Rothschild & Jordan, 1903, *Novit. Zool.*, 9 (Suppl.): 29, 42.
Type species: *Sphinx menephron* Cramer, 1780

中型至大型天蛾。近似大背天蛾属*Notonagemia*，喙发达；前翅通常为灰色或黄褐色，密布黑色或褐色斑点或条纹，中区通常具2枚较细长的箭形纹，中室有时被黑色大斑覆盖；后翅通常为棕褐色。

该属世界已知29种，中国已知2种，本书收录2种。

霜天蛾 *Psilogramma discistriga* (Walker, 1856)

Macrosila discistriga Walker, 1856, *List of the Specimens of Lepidopterous Insects in the Collection of the British Museum. Sphingidae*, 8: 209.

霜天蛾指名亚种 *Psilogramma discistriga discistriga* (Walker, 1856)

Type locality: North India.
Synonym: *Macrosila darius* Ménétriés, 1857
Sphinx emarginata Moore, 1858
Diludia melanomera Butler, 1875
Diludia macromera Butler, 1882
Psilogramma choui Eitschberger, 2001
Psilogramma danneri Eitschberger, 2001
Psilogramma discistriga medicieloi Eitschberger, 2001
Psilogramma discistriga paukstadtorum Eitschberger, 2001
Psilogramma hainanensis Eitschberger, 2001
Psilogramma hauensteini Eitschberger, 2001
Psilogramma stameri Eitschberger, 2001
Psilogramma stameri chuai Eitschberger, 2001
Psilogramma surholti Eitschberger, 2001
Psilogramma discistriga hayati Eitschberger, 2004

大型天蛾。雄性身体腹面具黄灰色绒毛，正面被褐色绒毛，肩区具黑色条纹，后胸具黑色、橙色和蓝灰色毛簇，各腹节侧面具黑色纵纹，腹部具间断的黑色背线；触角棕褐色，喙较发达；前翅顶角尖锐，外缘较为光滑，具一定弧度，缘毛为深褐色与白色相间，前翅正面褐色，密布灰褐色鳞片和黑褐色斑点，中区灰白色锯齿纹，顶角处具1枚黑色折纹，中室至前缘的区域具深褐色斑块，中室端部具黑斑和1枚较为模糊的黄点，中区具2枚灰黑色箭形斑，前缘至亚外缘具灰白色云纹；反面棕褐色，具1条黑褐色条纹，后缘黄灰色。后翅正面黑褐色，臀域黄灰色，臀角具灰色鳞片，缘毛黑白相间；反面棕褐色，具1条黑褐色条纹。雌性形态类同雄性，但体型庞大，翅膀更加宽阔，触角相对较细。该种个体差异明显，有的整体偏灰白色、偏黄色或偏黑色，前翅各斑纹颜色会加深或变淡。

出现于夏季至秋季。寄主为灯笼草、小蜡、灰莉、苦楝、白花泡桐等多种植物。

中国分布于福建、江西、湖南、湖北、四川、贵州、云南、西藏、广东、香港、广西、海南。此外见于印度、尼泊尔、不丹、印度尼西亚、菲律宾，以及中南半岛。

丁香天蛾 *Psilogramma increta* (Walker, 1865)

Anceryx increta [Walker, 1865], *List of the Specimens of Lepidopterous Insects in the Collection of the British Museum*, 31: 36.
Type locality: China, Shanghai.
Synonym: *Sphinx strobi* Boisduval, 1868
Sphinx abietina Boisduval, 1875
Psilogramma increta serrata Austaut, 1912
Psilogramma wannanensis Meng, 1990
Psilogramma andamanica Brechlin, 2001
Psilogramma japonica Eitschberger, 2001
Psilogramma lukhtanovi Eitschberger, 2001
Psilogramma mandarina Eitschberger, 2001
Psilogramma monastyrskii Eitschberger, 2001
Psilogramma reinhardti Eitschberger, 2001
Psilogramma yilingae Eitschberger, 2001

大型天蛾。雄性斑纹模式类似霜天蛾*P. discistriga*，但身体腹面具灰白色绒毛，正面被灰色绒毛，后胸具黑色、浅黄色和蓝灰色毛簇，前翅相对较短，边缘弧度较为平滑，缘毛黑白相间，正面均匀密布灰色鳞片，中区的灰黑色锯齿纹较模糊，喙发达。雌性形态类同雄性，但体型庞大，翅膀更加宽阔，触角相对较细。该种个体差异明显，有的整体偏黄色或偏棕色，前翅各斑纹颜色加深或变淡，一些偏南方分布的个体前翅正面中区的灰白色锯齿纹和中室附近的灰黑色斑块十分明显，外观极其近似霜天蛾*P. discistriga*。

出现于夏季至秋季。寄主广泛，如梓属、梧桐属、梣属、茉莉属、女贞属、楝属、木樨属、丁香属、紫珠属等多种植物。

中国分布于除新疆、宁夏、青海、甘肃、内蒙古以外的大部分地区。此外见于巴基斯坦、印度、尼泊尔、不丹、缅甸、老挝、越南、泰国、日本、俄罗斯，以及朝鲜半岛。

1. 霜天蛾指名亚种 *Psilogramma discistriga discistriga* 广东笔架山 / 陆千乐　摄　2. 丁香天蛾 *Psilogramma increta* 重庆巫溪 / 陆千乐　摄

霜天蛾指名亚种

Psilogramma discistriga discistriga

♂ 海南尖峰岭 翅展 80 毫米

霜天蛾指名亚种

Psilogramma discistriga discistriga

♂ 广西崇左 翅展 102 毫米

霜天蛾指名亚种

Psilogramma discistriga discistriga

♀ 湖南怀化 翅展 122 毫米

霜天蛾指名亚种

Psilogramma discistriga discistriga

♀ 云南盈江 翅展 120 毫米

丁香天蛾

Psilogramma increta

♂ 黑龙江鸡西 翅展 92 毫米

丁香天蛾

Psilogramma increta

♂ 重庆巫溪 翅展 90 毫米

丁香天蛾

Psilogramma increta

♀ 浙江杭州 翅展 100 毫米

丁香天蛾

Psilogramma increta

♀ 四川攀枝花 翅展 120 毫米

丁香天蛾

Psilogramma increta

♀ 广东肇庆 翅展 104 毫米

赭背天蛾属 *Cerberonoton* Zolotuhin & Ryabov, 2012

Cerberonoton Zolotuhin & Ryabov, 2012, *The hawkmoths of Vietnam*, 197.
Type species: *Diludia rubescens* Butler, 1876

大型天蛾。喙较为发达，近似大背天蛾属*Notonagemia*，但身体背面和前翅偏棕褐色或者赭红色，触角较为细长，中室端斑呈三角形且为黄色。

该属世界已知2种，中国已知1种，本书收录1种。

赭背天蛾 *Cerberonoton rubescens* (Butler, 1876)

Diludia rubescens [Butler, 1876], *Proc. zool. Soc., Lond.*, 1875: 623.

赭背天蛾指名亚种 *Cerberonoton rubescens rubescens* (Butler, 1876)

Type locality: North India.
Synonym: *Meganoton rubescens* Rothschild & Jordan, 1903
Meganoton rubescens dracomontis Mell, 1922

大型天蛾。雄性斑纹模式近似大背天蛾*Notonagemia analis*，但身体腹面具黄灰色绒毛，背面被棕褐色绒毛；触角较细长且为棕褐色，喙发达；前翅顶角尖锐，外缘具弧度，缘毛为灰褐相间，前翅正面棕褐色，中区具黑色锯齿纹，中室端斑为1枚浅黄色三角形斑，中区具2枚黑色箭形斑；反面棕褐色，后缘黄灰色。后翅正面黑褐色，臀角具灰色鳞片和黑褐色细斑；反面棕褐色，基部黄灰色。雌性形态类同雄性，但体型庞大，翅膀更加宽阔，触角相对较细。该种有的个体整体偏赭红色或灰褐色。

出现于夏季至秋季。寄主为番荔枝科和紫葳科的部分植物。

中国分布于福建、江西、湖南、云南、广东、广西、海南、西藏。此外见于印度、老挝、越南、泰国。

赭背天蛾指名亚种 *Cerberonoton rubescens rubescens* 广东车八岭 / 陆千乐　摄

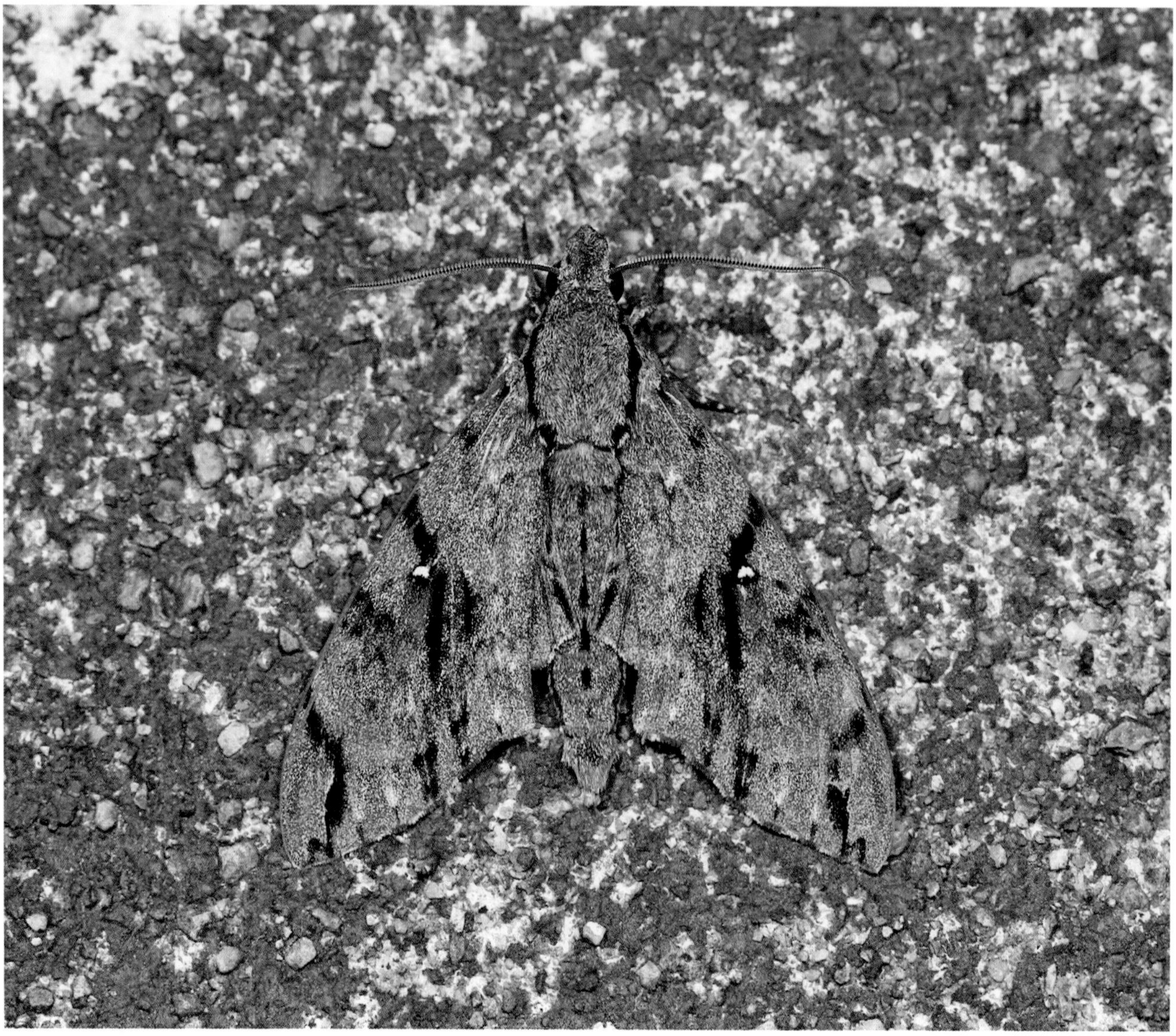

赭背天蛾指名亚种
Cerberonoton rubescens rubescens
♂ 西藏波密 翅展 100 毫米

赭背天蛾指名亚种
Cerberonoton rubescens rubescens
♂ 云南屏边 翅展 104 毫米

赭背天蛾指名亚种
Cerberonoton rubescens rubescens
♀ 福建三明 翅展 135 毫米

猿面天蛾属 *Megacorma* Rothschild & Jordan, 1903

Megacorma Rothschild & Jordan, 1903, *Novit. Zool.*, 9 (Suppl.): 6, 15.
Type species: *Macrosila obliqua* Walker, 1856

大型天蛾。近似大背天蛾属*Notonagemia*，但身体更粗壮，翅膀更加宽阔，触角发达，中室至前缘具1枚明显的棕褐色大斑，翅面具密集的灰白色鳞片。该属成员的口器极其发达，是亚洲地区喙和身体比例最长的天蛾之一，幼虫末龄形态模拟苔藓和树皮，在面形天蛾族Acherontiini中极具辨识特征。

该属世界已知1种，中国已知1种，本书收录1种。

猿面天蛾 *Megacorma obliqua* (Walker, 1856)

Macrosila obliqua Walker, 1856, *List Specimens lepid. Insects Colln Br. Mus.*, 8: 208.

猿面天蛾指名亚种 *Megacorma obliqua obliqua* (Walker, 1856)

Type locality: Sri Lanka.
Synonym: *Sphinx nestor* Boisduval, 1875
Diludia obliqua Butler, 1877

大型天蛾。雄性斑纹模式近似大背天蛾*Notonagemia analis*，身体腹面具灰白色绒毛，正面被灰色绒毛，头部和肩区具黑褐色斑块，腹部中段背面具灰褐色和黄褐色绒毛；触角粗壮，为棕褐色，喙极其发达；前翅顶角尖锐，外缘近臀角处具明显弧度，缘毛为黑白相间，前翅正面灰色，密布白色斑块和弧纹，具1条较粗的黑色横带，中室端部至前缘具1枚棕褐色近梯形大斑；反面棕褐色，后缘黄灰色。后翅正面黑褐色，臀角具灰色鳞片和3条黑色曲纹；反面灰色，外缘棕褐色。雌性形态类同雄性，但体型较大，翅膀更加宽阔，触角相对较细。

出现于夏季至秋季。寄主不明。

中国分布于云南、广西、海南。此外见于斯里兰卡、印度、缅甸、老挝、越南、泰国、马来西亚、印度尼西亚、菲律宾、巴布亚新几内亚，以及所罗门群岛。

猿面天蛾指名亚种 *Megacorma obliqua obliqua* 云南西双版纳 / 张巍巍　摄

猿面天蛾指名亚种

Megacorma obliqua obliqua

♂ 云南墨江 翅展 105 毫米

猿面天蛾指名亚种

Megacorma obliqua obliqua

♂ 海南尖峰岭 翅展 95 毫米

猿面天蛾指名亚种

Megacorma obliqua obliqua

♀ 云南勐海 翅展 114 毫米

白薯天蛾属 *Agrius* Hübner, 1819

Agrius Hübner, 1819, *Verz. bek., Schmett*, (9): 140.
Type species: *Sphinx cingulata* Fabricius, 1775

中型天蛾。喙十分发达；整体为灰色，腹部两侧具黑色和粉色斑块，前翅狭长，翅面具斑驳的黑色和灰色花纹，部分种类中室端斑明显，后翅具黑色条纹，部分种类后翅基部具粉红色斑块。

该属世界已知6种，中国已知1种，本书收录1种。

白薯天蛾 *Agrius convolvuli* (Linnaeus, 1758)

Sphinx convolvuli Linnaeus, 1758, *Syst. Nat.* (Edn 10), 1: 490.
Type locality: not stated (Europe).
Synonym: *Sphinx abadonna* Fabricius, 1798
Sphinx patatas Menetries, 1857
Sphinx roseafasciata Koch, 1865
Sphinx pseudoconvolvuli Schaufuss, 1870
Protoparce distans Butler, 1876
Protoparce orientalis Butler, 1876
Agrius convolvuli fuscosignata Tutt, 1904
Agrius convolvuli grisea Tutt, 1904
Agrius convolvuli ichangensis Tutt, 1904
Agrius convolvuli intermedia Tutt, 1904
Agrius convolvuli javanensis Tutt, 1904
Agrius convolvuli major Tutt, 1904
Agrius convolvuli minor Tutt, 1904
Agrius convolvuli obscura Tutt, 1904
Agrius convolvuli suffusa Tutt, 1904
Agrius convolvuli tahitiensis Tutt, 1904
Agrius convolvuli unicolor Tutt, 1904
Agrius convolvuli variegata Tutt, 1904
Protoparce convolvuli fasciata Pillich, 1909
Protoparce convolvuli indica Skell, 1913
Herse convolvuli peitaihoensis Clark, 1922
Agrius convolvuli aksuensis O. Bang-Haas, 1927
Herse convolvuli extincta Gehlen, 1928
Herse convolvuli posticoconflua Bryk, 1946

中型天蛾。雄性身体被灰色绒毛，头部和肩区具黑褐色斑块，胸部背面具“人”形黑纹，后胸具蓝灰色毛簇，腹部具1条较细的黑色背线，各腹节两侧具黑色和粉红色斑块；触角灰色，喙极其发达；前翅顶角尖锐，外缘较光滑，缘毛为灰白色，前翅正面灰色，密布黑色条纹和斑块，中区具2条较细的狭长黑纹，附近密布褐色鳞片；反面无特别花纹。后翅正面灰色，基部附近具2枚相连的灰褐色斑纹，除此之外还具3条灰褐色波浪纹；反面灰色，可透见正面部分斑纹。雌性形态类同雄性，但体型粗壮，翅膀更加宽阔，触角相对较细。

出现于夏季至秋季。寄主广泛，如大青属、假连翘属、番薯属、小牵牛属、盒果藤属、菜豆属、茄属、鸡屎藤属等多种植物。该种在一些地区为经济作物和农作物的害虫之一。

中国除部分海岛外各地区几乎都有分布。此外见于南亚、东南亚、中亚、欧洲、非洲、大洋洲。该种为天蛾科中分布最广泛的种类之一。

1

2

1. 白薯天蛾 *Agrius convolvuli* 广西梧州 / 陆千乐　摄
2. 白薯天蛾 *Agrius convolvuli* 江苏南京 / 苏圣博　摄

白薯天蛾

Agrius convolvuli

♂ 云南昆明 翅展 65 毫米

白薯天蛾

Agrius convolvuli

♀ 重庆巫溪 翅展 67 毫米

白薯天蛾

Agrius convolvuli

♀ 吉林长春 翅展 66 毫米

鬼脸天蛾属 *Acherontia* Laspeyres, 1809

Acherontia Laspeyres, 1809, *Jenaische allg. Literatur-Zeit.*, 4(240): 100.
Type species: *Sphinx atropos* Linnaeus, 1758

大型天蛾。喙较短，末端角质硬化；身体和足十分粗壮，被黄黑相间的绒毛，胸部背面绒毛花纹呈人面骷髅状，前翅黑褐色具斑驳花纹，前缘处通常具灰色锯齿状条纹，后翅黄色。该属成员有潜入蜂巢窃食蜂蜜的习性，同时还会通过吸气收缩咽部肌肉等机制发出声响。

该属世界已知3种，中国已知2种，本书收录2种。

鬼脸天蛾 *Acherontia lachesis* (Fabricius, 1798)

Sphinx lachesis Fabricius, 1798, *Suppl. Ent. Syst.*, 434.
Type locality: "India orientali".
Synonym: *Acherontia morta* Hübner, 1819
Spectrum charon Billberg, 1820
Acherontia satanas Boisduval, 1836
Acherontia lethe Westwood, 1847
Acherontia circe Moore, 1858
Manduca lachesis atra Huwe, 1895
Acherontia sojejimae Matsumura, 1908
Acherontia lachesis radiata Niepelt, 1931
Acherontia lachesis pallida Dupont, 1941
Acherontia lachesis submarginalis Dupont, 1941
Acherontia lachesis fuscapex Bryk, 1944
Acherontia lachesis diehli Eitschberger, 2003

大型天蛾。雄性腹面被黑黄相间的绒毛，胸部被黑褐色绒毛，背面具 1 枚人面骷髅状花纹，腹部两侧绒毛为黄色，背面具 1 列较宽的蓝灰色绒毛；前翅顶角较钝，外缘光滑，前翅正面黑褐色，具褐色、灰色与浅黄色交错的斑驳花纹，内线附近具 1 条黄色锯齿纹，前缘至臀角具 1 条灰色锯齿状条纹，中室端部具 1 枚灰色圆斑；反面黄色，具 2 条明显的黑褐色条纹，其余区域布有黑褐色斑带或污斑。后翅正面黄色，基部具 2 枚相连的黑斑，中区具一宽一窄 2 条黑色并纹，亚外缘至外缘区域为黑色，外缘具黄斑列，臀角具 1 枚灰蓝色斑块；反面黄色，顶区具 1 枚黑褐色圆斑，其余区域可透见正面斑纹褐色。雌性形态类同雄性，但体型相对粗壮，翅膀更加宽阔。本种因个体差异，胸部的骷髅状花纹有时会具有较多的灰白色绒毛。

主要出现于春季至秋季。寄主非常广泛，取食如豆科、茄科、马鞭草科、木樨科、唇形科、醉鱼草属等多种植物。

中国分布于吉林、北京、河北、山东、陕西、湖北、重庆、河南、江苏、浙江、四川、云南、西藏、贵州、湖南、江西、福建、台湾、广东、广西、香港、海南。此外见于日本、印度尼西亚、巴布亚新几内亚，以及南亚次大陆、中南半岛。

芝麻鬼脸天蛾 *Acherontia styx* Westwood, 1847

Sphinx styx Westwood, 1847, *Cabinet oriental Ent.*, 88, pl. 42, fig. 3.
Type locality: "East Indies".
Synonym: *Acherontia ariel* Boisduval, 1875
Acherontia styx medusa Moore, 1858
Acherontia styx interrupta Closs, 1911
Acherontia styx obsoleta Schmidt, 1914

大型天蛾。雄性近似鬼脸天蛾*A. lachesis*，但体型相对偏小，腹部背面的蓝灰色绒毛带更窄，且胸部的骷髅状花纹整体为黄褐色，其“眼眶”较小，间距较窄，后胸部分几乎不具赭红色绒毛，前翅正面覆有更多的黑色鳞片，整体花纹较淡；后翅正面黄色，中区和亚外缘各具1条黑褐色条纹。雌性形态类同雄性，但体型相对粗壮，翅膀更加宽阔。

主要出现于春季至秋季。寄主非常广泛，取食如豆科、茄科、马鞭草科、木樨科、胡麻科等多种植物。

中国分布于北京、河北、山西、山东、陕西、湖北、河南、安徽、江苏、浙江、上海、四川、云南、西藏、贵州、湖南、江西、福建、台湾、广东、广西、香港、澳门、海南。此外见于日本、俄罗斯，以及朝鲜半岛、南亚次大陆、中南半岛、中亚。

1. 鬼脸天蛾 *Acherontia lachesis* 广东深圳 / 陆千乐　摄
2. 芝麻鬼脸天蛾 *Acherontia styx* 江苏南京 苏圣博　摄

鬼脸天蛾

Acherontia lachesis

♂　浙江天目山　翅展 97 毫米

鬼脸天蛾

Acherontia lachesis

♀　西藏墨脱　翅展 111 毫米

鬼脸天蛾

Acherontia lachesis

♀　海南尖峰岭　翅展 116 毫米

芝麻鬼脸天蛾
Acherontia styx
♂ 广东肇庆 翅展 95 毫米

芝麻鬼脸天蛾
Acherontia styx
♂ 山东烟台 翅展 93 毫米

芝麻鬼脸天蛾
Acherontia styx
♀ 湖北宜昌 翅展 88 毫米

长喙天蛾亚科 Macroglossinae Harris, 1839

Macroglossinae Harris, 1839, *American journal of Science and Arts*, 36: 287.
Type genus: *Macroglossum* Scopoli, 1777

黑边天蛾属 *Hemaris* Dalman, 1816

Hemaris Dalman, 1816, *K. VetenskAcad. Handl*, 1816 (2): 207.
Type species: *Sphinx fuciformis* Linnaeus, 1758

小型至中型天蛾。喙和触角发达；身体粗壮，被黄色、橘红色或绿色绒毛，腹部末端具明显的尾毛，前后翅为黑褐色或红褐色，部分或者全部翅室透明。该属成员皆为日行性活动，喜在晴朗的天气中，停歇于叶面，访花，吸水。该属多数成虫具黄黑相间的绒毛，飞行姿态酷似熊蜂。

该属世界已知22种，中国已知8种，本书收录8种。

黑边天蛾 *Hemaris affinis* (Bremer, 1861)

Macroglossa affinis Bremer, 1861, *Bull. Acad. imp. Sci. St Pétersb.*, 3: 475.
Type locality: Russia, Khabarovskiy Krai.
Synonym: *Macroglossa affinis* Bremer, 1861
Macroglossa sieboldi Boisduval, 1869
Sesia alternata Butler, 1874
Sesia whitelyi Butler, 1874
Macroglossa ganssuensis Grum-Grshimailo, 1891
Macroglossa confinis Staudinger, 1892

小型天蛾。雄性腹面被白色和黑色绒毛，背面被黄绿色绒毛，肩区和腹部两侧被浅黄色绒毛，部分腹节被黑色绒毛，腹部末端具黄绿色与黑色相间的团扇形尾毛；触角粗壮呈黑色；前翅顶角尖锐，外缘光滑，前翅透明且翅脉明显，边缘为黑色，后缘基部至中段密布黄绿色鳞片和短绒毛。后翅正面黄色，透明且翅脉明显，外缘为黑褐色，基部至臀域具黄绿色鳞片和短绒毛，臀角的透明翅室较为狭长。雌性形态类同雄性，但体型相对粗壮，触角较细，尾毛收缩，整体呈箭头形。本种因个体和季节性差异，有的个体前后翅边缘偏褐色，前翅的黑色边缘在各透明翅室会向内形成长度不一的箭纹。

主要出现于春季至秋季。寄主为多种忍冬属植物，如金银忍冬。

中国分布于黑龙江、吉林、辽宁、北京、河北、山东、青海、甘肃、陕西、湖北、四川、重庆、云南、西藏、江苏、浙江、上海、湖南、江西、福建、台湾、广东、香港。此外见于日本、俄罗斯、蒙古国，以及朝鲜半岛。

贝氏黑边天蛾 *Hemaris beresowskii* Alphéraky, 1897

Hemaris beresowskii Alphéraky, 1897, *in* Romanoff (ed.), *Mém. Lépid.*, 9: 120.
Type locality: China, Sichuan, Mao-piu-koü.
Synonym: *Hemaris beresowskii* Kuznetsova, 1906

小型天蛾。雄性近似黄胫黑边天蛾*H. ottonis*，但整体分布海拔较高，身体正面绒毛偏黄绿色，腹部中段呈黑色的腹节背面具1列蓝灰色毛簇；前后翅边缘较宽且为赭褐色，向内不具箭纹，前翅基部和后缘、后翅基部至臀域为赭褐色，被黄绿色短绒毛。雌性形态类同雄性，但体型相对粗壮，触角较细，尾毛收缩呈箭头形。

主要出现于春季。寄主不明。

该种为中国特有种。分布于四川、云南、西藏。

后红黑边天蛾 *Hemaris ducalis* Staudinger, 1887

Hemaris ducalis Staudinger, 1887, *Stettiner Entomologische Zeitung*, 48: 66.

后红黑边天蛾指名亚种 *Hemaris ducalis ducalis* (Staudinger, 1887)

Type locality: Uzbekistan, Namangan.
Synonym: *Macroglossa temiri* Grum-Grshimailo, 1887
Hemaris ducalis efenestralis (Derzhavets, 1984)
Hemaris ducalis dantchenkoi Eitschberger & Lukhtanov, 1996
Hemaris ducalis lukhtanovi Danner, Eitschberger & Surholt, 1998

小型天蛾。雄性身体腹面被白色和红褐色绒毛，正面被草绿色绒毛，腹部两侧具白色毛簇，中段腹节白色绒毛，尾毛为绿黑相间；前翅正面为红褐色，中室端斑为赭红色，各翅室仅中区呈透明状，基部和后缘草绿色且被短绒毛；反面同正面，但偏赭红色，基部为黄灰色。后翅正面为赭红色，各翅室仅中区呈透明状；反面同正面，基部为黄灰色。雌性形态类同雄性，但体型相对粗壮，触角较细，尾毛收缩呈箭头形。

主要出现于夏季至秋季。寄主主要为忍冬属植物。

中国分布于新疆。此外见于蒙古国、哈萨克斯坦、塔吉克斯坦、吉尔吉斯斯坦、巴基斯坦、阿富汗。

注：该种由于在中国为边缘化分布，仅可见于新疆西南部。本书编著过程中我们没有采集或检视到中国境内的标本，故选取了乌兹别克斯坦产的雄性标本以供参考。

褐缘黑边天蛾 *Hemaris fuciformis* (Linnaeus, 1758)

Sphinx fuciformis Linnaeus, 1758, *Syst. Nat.* (Edn 10), 1: 493.
Type locality: Europe.
Synonym: *Haemorrhagia fuciformis jordani* Clark, 1927
Sphinx variegata Allioni, 1766
Macroglossa milesiformis Treitschke, 1834
Macroglossa caprifolii Zeller, 1869

Macroglossa lonicerae Zeller, 1869
Macroglossa robusta Alphéraky, 1882
Hemaris simillima Moore, 1888
Macroglossa bombyliformis heynei Bartel, 1898
Hemaris fuciformis musculus Wagner, 1919
Hemaris fuciformis rebeli Anger, 1919
Hemaris fuciformis minor Lambillion, 1920
Hemaris fuciformis obsoleta Lambillion, 1920
Haemorrhagia fuciformis circularis Stephan, 1924
Hemaris fuciformis jakutana (Derzhavets, 1984)

小型天蛾。雄性形态近似黑边天蛾*H. affinis*，但身体背面被草绿色绒毛，腹部两侧具白色毛簇，中段腹节被红褐色绒毛，前后翅边缘较宽且为红褐色，前翅基部和后缘、后翅基部至臀域被草绿色鳞片和短绒毛，臀角不具透明翅室。雌性形态类同雄性，但体型相对粗壮，触角较细，尾毛收缩呈箭头形。该种因个体差异，前翅的红褐色边缘在各透明翅室会向内形成较短的箭纹。

主要出现于夏季。寄主为部分忍冬科忍冬属植物。

中国分布于新疆。此外见于印度，以及中亚、欧洲。

黄胫黑边天蛾 *Hemaris ottonis* (Rothschild & Jordan, 1903)

Haemorrhagia staudingeri ottonis Rothschild & Jordan, 1903, *Novit. zool.*, 9 : 457.
Type locality: Russia, Amur.
Synonym: *Hemaris stueningi* Eitschberger, Danner & Surholt, 1998

小型天蛾。雄性近似黑边天蛾*H. affinis*，但前翅中室内翅脉不明显，胸部背面肩区绒毛偏白，腹部中段的黑色十分明显，后足径节的绒毛为浅黄色或黄灰色。雌性形态类同雄性，但体型相对粗壮，触角较细，尾毛收缩呈箭头形。本种因个体差异，有的个体前后翅外缘偏红褐色。该种因个体差异，前翅的黑色边缘在各透明翅室会向内形成箭纹，但长度较短或较为模糊。

主要出现于夏季。寄主主要为早锦带花和修枝荚蒾，以及部分忍冬属植物。

中国分布于吉林、辽宁、北京、河北、山西、江苏。此外见于俄罗斯及朝鲜半岛。

后黄黑边天蛾 *Hemaris radians* (Walker, 1856)

Sesia radians Walker, 1856, *List Specimens lepid. Insects Colln Br. Mus.*, 8: 84.
Type locality: China, Shanghai.
Synonym: *Hemaris mandarina* Butler, 1875
Macroglossa fuciformis brunneobasalis Staudinger, 1892

小型天蛾。雄性近似黑边天蛾*H. affinis*，但体型偏小，腹部背面主要为黑色，具2列黄色毛簇，前后翅边缘为浅褐色且宽度明显较窄，前翅中室翅脉较不明显，前翅基部和后缘为浅褐色，被黄色短绒毛；后翅基部至臀域为橙黄色且被黄色短绒毛。雌性形态类同雄性，但体型相对粗壮，触角较细，尾毛收缩呈箭头形。本种因个体差异，有的个体前翅的浅褐色边缘在各透明翅室会向内形成箭纹。

主要出现于春季至秋季。寄主为败酱等忍冬科植物。

中国分布于内蒙古、黑龙江、吉林、辽宁、北京、河北、甘肃、陕西、湖北、重庆、上海、浙江。此外见于蒙古国、俄罗斯、日本，以及朝鲜半岛。

锈胸黑边天蛾 *Hemaris staudingeri* Leech, 1890

Hemaris staudingeri Leech, 1890, *Entomologist*, 23: 81.
Type locality: China, Hubei, Changyang.
Synonym: *Haemorrhagia staudingeri kuangtungensis* Mell, 1922
Hemaris staudingeri nigra Clark, 1922

中型天蛾。雄性近似贝氏黑边天蛾*H. beresowskii*，但体型偏大，腹部主要被黑色和橘红色绒毛，尾毛形状相对较松散，通常前翅的黑色边缘在各透明翅室会向内形成箭纹，前翅基部和后缘、后翅基部为黑色，被黄色短绒毛。雌性形态类同雄性，但体型相对粗壮，触角较细，身体绒毛偏红色，尾毛收缩呈箭头形，后翅臀角的透明翅室较大且翅脉明显。

主要出现于夏季至秋季。寄主为忍冬属植物。

该种为中国特有种。分布于陕西、湖北、重庆、四川、云南、贵州、湖南、江西、安徽、浙江、福建。

提图黑边天蛾 *Hemaris tityus* (Linnaeus, 1758)

Sphinx tityus Linnaeus, 1758, *Syst. Nat.* (Edn 10), 1: 493.
Type locality: "in calidis regionibus".
Synonym: *Sphinx bombyliformis* Linnaeus, 1758
Sphinx musca Retzius, 1783
Macroglossa knautiae Zeller, 1869
Macroglossa scabiosae Zeller, 1869
Hemaris tityus reducta Closs, 1917
Haemorrhagia tityus ferrugineus Stephan, 1924
Hemaris tityus karaugomica Wojtusiak & Niesiolowski, 1946
Hemaris tityus flavescens Cockayne, 1953
Mandarina saldaitisi Eitschberger, Danner & Surholt, 1998

小型天蛾。雄性近似黄胫黑边天蛾*H. ottonis*，但体型较小，触角相对细长，身体正面被黄绿色和橙黄色绒毛，前后翅黑褐色边缘明显较窄，向内不具箭纹，前翅外缘具弧度，基部和后缘为黑褐色，被黄绿色短绒毛；后翅基部至臀域为黄绿色且被短绒毛。雌性形态类同雄性，但体型相对粗壮，翅形较为圆润，触角较细，尾毛收缩呈箭头形。

主要出现于春季至秋季。寄主为蓝盆花属植物。

中国分布于新疆、黑龙江、青海、西藏。此外见于蒙古国、俄罗斯，以及中亚、欧洲。

1. 黑边天蛾 *Hemaris affinis* 江苏南京 / 苏圣博　摄
2. 黑边天蛾 *Hemaris affinis* 辽宁沈阳 / 苏圣博　摄
3. 贝氏黑边天蛾 *Hemaris beresowskii* 云南德钦 / 蒋卓衡　摄
4. 后黄黑边天蛾 *Hemaris radians* 北京房山 / 许振邦　摄
5. 锈胸黑边天蛾 *Hemaris staudingeri* 浙江天目山 / 唐昭阳　摄
6. 锈胸黑边天蛾 *Hemaris staudingeri* 浙江台州 / 苏圣博　摄

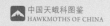

黑边天蛾

Hemaris affinis

♂ 黑龙江牡丹江 翅展 38 毫米

黑边天蛾

Hemaris affinis

♂ 湖南岳阳 翅展 44 毫米

黑边天蛾

Hemaris affinis

♂ 江苏南京 翅展 43 毫米

黑边天蛾
Hemaris affinis
♂ 吉林长春 翅展 40 毫米

黑边天蛾
Hemaris affinis
♀ 重庆巫溪 翅展 45 毫米

黑边天蛾
Hemaris affinis
♀ 吉林长春 翅展 42 毫米

贝氏黑边天蛾

Hemaris beresowskii

♂　四川巴塘　翅展 47 毫米

贝氏黑边天蛾

Hemaris beresowskii

♂　云南丽江　翅展 46 毫米

贝氏黑边天蛾

Hemaris beresowskii

♀　云南德钦　翅展 45 毫米

褐缘黑边天蛾

Hemaris fuciformis

♂　新疆塔城　翅展 42 毫米

褐缘黑边天蛾

Hemaris fuciformis

♀　新疆塔城　翅展 40 毫米

黄胫黑边天蛾

Hemaris ottonis

♂　北京门头沟　翅展 43 毫米

黄胫黑边天蛾

Hemaris ottonis

♂　吉林蛟河　翅展 42 毫米

黄胫黑边天蛾

Hemaris ottonis

♀　北京门头沟　翅展 45 毫米

后黄黑边天蛾

Hemaris radians

♂　上海奉贤　翅展 35 毫米

后黄黑边天蛾
Hemaris radians
♂ 北京门头沟 翅展 38 毫米

后黄黑边天蛾
Hemaris radians
♂ 吉林蛟河 翅展 37 毫米

后黄黑边天蛾
Hemaris radians
♀ 陕西延安 翅展 41 毫米

锈胸黑边天蛾
Hemaris staudingeri
♂ 浙江天目山 翅展 56 毫米

锈胸黑边天蛾
Hemaris staudingeri
♂ 重庆巫溪 翅展 51 毫米

锈胸黑边天蛾
Hemaris staudingeri
♀ 贵州荔波 翅展 58 毫米

锈胸黑边天蛾

Hemaris staudingeri

♀ 湖北神农架 翅展 57 毫米

提图黑边天蛾

Hemaris tityus

♂ 新疆阿克苏 翅展 38 毫米

后红黑边天蛾指名亚种

Hemaris ducalis ducalis

♂ 乌兹别克斯坦 翅展 36 毫米

透翅天蛾属 *Cephonodes* Hübner, 1819

Cephonodes Hübner, 1819, *Verz. bek., Schmett,* (9): 131.
Type species: *Sphinx hylas* Linnaeus, 1771

中型天蛾。喙和触角发达；身体粗壮，被黄色或绿色绒毛，腹部有时具红色或橙色环纹，前后翅透明且翅脉明显，顶角和外缘具黑色或褐色窄边。该属成员皆为日行性活动，喜在晴朗的天气中访花，或在池塘、溪流巡飞吸水。部分种类刚羽化时翅面具有黄色鳞片，但很快会通过快速振翅而悉数抖落。

该属世界已知22种，中国已知1种，本书收录1种。

咖啡透翅天蛾 *Cephonodes hylas* Linnaeus, 1771

Sphinx hylas Linnaeus, 1771, *Mant. Plant. Alt.,* 539.
Type locality: China.

中型天蛾。雄性腹面被白色、黑色和红褐色绒毛，背面被黄绿色绒毛，中段腹节具赭红色环毛，腹部末端具黄绿色与黑色相间的团扇形尾毛；触角粗壮呈黑色；前翅透明且翅脉明显，顶角尖锐，外缘光滑，前翅透明且翅脉明显，主翅脉、顶角和外缘为黑色，基部和后缘黄绿色且具短绒毛。后翅透明且翅脉明显，基部至臀域黄绿色鳞片且具短绒毛，臀角的透明翅室较为狭长，翅脉明显。雌性形态类同雄性，但体型相对粗壮，触角较细，尾毛收缩，整体呈箭头形。

主要出现于春季至秋季。寄主较为广泛，如栀子、咖啡树、山石榴、金鸡纳树、狗骨柴、笔管榕、玉叶金花、水锦树等多种植物。

中国主要分布于除西北和东北之外的各地区。此外见于日本、俄罗斯、韩国、印度尼西亚、菲律宾，以及南亚次大陆、中南半岛。

1–2. 咖啡透翅天蛾 *Cephonodes hylas* 江苏南京 / 苏圣博　摄

1

2

咖啡透翅天蛾

Cephonodes hylas

♂ 广东深圳 翅展 45 毫米

咖啡透翅天蛾

Cephonodes hylas

♂ 云南昆明 翅展 56 毫米

咖啡透翅天蛾

Cephonodes hylas

♀ 上海徐汇 翅展 62 毫米

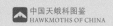

咖啡透翅天蛾

Cephonodes hylas

♀　台湾台北　翅展 65 毫米

咖啡透翅天蛾

Cephonodes hylas

♀　浙江杭州　翅展 62 毫米

昼天蛾属 *Sphecodina* Blanchard, 1840

Sphecodina Blanchard, 1840, *Hist. nat. Ins.*, 3: 478.
Type species: *Thyreus abbottii* Swainson, 1821

中型天蛾。喙发达；身体粗壮，被褐色和棕色绒毛，腹部具发达的毛簇和尾毛，前翅狭长具黑色花纹，后翅为黄色。该属成员多为日行性，有聚集吸水或吸食树液、腐烂水果的习性，夜间亦有趋光性。

该属世界已知3种，中国已知1种，本书收录1种。

葡萄昼天蛾 *Sphecodina caudata* (Bremer & Grey, 1852)

Macroglossa caudata Bremer & Grey, 1853, *in* Motschulsky (ed.), *Etudes ent.*, 1: 62.
Type locality: China, Beijing.
Synonym: *Sphecodina caudata angulifascia* (Mell, 1922)
Sphecodina caudata meridionalis Mell, 1922
Sphecodina caudata angulilimbata Clark, 1923

中型天蛾。雄性腹面被红棕色绒毛，背面被褐色和黑色绒毛，头部和胸部具黑褐色条纹和斑块，腹部部分腹节具黑褐色环毛和蓝灰色短绒毛，两侧和腹部末端具发达的赭红色毛簇，尾毛橙色；触角细长呈黄褐色；前翅狭长，外缘具一定弧度，前翅正面深褐色，具黑褐色条纹、波浪纹和斑块；反面黄棕色，亚外缘至外缘深褐色。后翅正面明黄色且翅脉明显，外缘、臀角和臀域黑褐色，臀角具2条黑褐色波浪纹；反面类同正面，但顶区为棕褐色。雌性形态类同雄性，但体态相对肥大，触角较细，尾毛全为黑褐色。本种有时后翅反面的明黄色斑块面积大小有差异。该种末龄幼虫形态奇特，通体绿色且具斑驳的褐色条纹，胸部背面具1枚突出的橘红色肉瘤，与周围斑纹呈假眼状。

主要出现于春季至夏季。寄主为地锦、五叶地锦，以及蛇葡萄属等多种植物。

中国分布于北京、山东、河南、陕西、重庆、湖北、四川、云南、贵州、安徽、浙江、福建、江西、湖南、广东。此外见于俄罗斯及朝鲜半岛。

葡萄昼天蛾 *Sphecodina caudata* 贵州贵阳 / 郑心怡　摄

葡萄昼天蛾

Sphecodina caudata

♂ 福建戴云山 翅展 65 毫米

葡萄昼天蛾

Sphecodina caudata

♂ 云南维西 翅展 63 毫米

葡萄昼天蛾

Sphecodina caudata

♂ 江西武夷山 翅展 68 毫米

葡萄昼天蛾

Sphecodina caudata

♀ 贵州贵阳 翅展 71 毫米

葡萄昼天蛾

Sphecodina caudata

♀ 重庆巫溪 翅展 66 毫米

波翅天蛾属 *Proserpinus* Hübner, 1819

Proserpinus Hübner, 1819, *Verz. bek., Schmett*, (9): 132.
Type species: *Sphinx oenotherae* Denis & Schiffermüller, 1775

小型天蛾。喙发达；触角细长，身体粗壮且被绿色、黄色或黑色绒毛，翅膀通常为绿色，正面具深绿色或黄色的波纹状宽斑带，后翅黄色或橙色。

该属世界已知8种，中国已知1种，本书收录1种。

青波翅天蛾 *Proserpinus proserpina* (Pallas, 1772)

Sphynx proserpina Pallas, 1772, *Spic. Zool.*, (1) 9: 26 .
Type locality: Germany, Frankfurt am Main.
Synonym: *Sphinx oenotherae* Denis & Schiffermüller, 1775
Sphinx schiffermilleri Fuessly, 1779
Sphinx francofurtana Fabricius, 1781
Proserpinus aenotheroides Butler, 1876
Pterogon proserpina maxima Grum-Grshimailo, 1887
Pterogon proserpina var. japetus Grum-Grshimailo, 1890
Proserpinus proserpina brunnea Geest, 1903
Proserpinus proserpina attenuata Schultz, 1904.
Proserpinus proserpina grisea Rebel, 1910.
Proserpinus proserpina infumata (Closs, 1911)
Proserpinus proserpina schmidti Schmidt, 1914
Proserpinus proserpina gigas Oberthür, 1922

小型天蛾。雄性身体被浅绿色绒毛，头部与胸部背面绒毛为草绿色；触角黑褐色，末端为灰白色；前翅顶角尖锐，具1枚黄色斑块，周围布草绿色鳞片，外缘具参差不齐的齿状突起，前翅正面浅绿色，中区具1条较宽的波纹形墨绿色斑带，边缘密布灰绿色鳞片，中室端斑椭圆形且为黑色，缘毛绿棕色；反面基部至中区为黄绿色，前缘具灰色斑块和条纹。后翅正面黄色，亚外缘黑色，外缘墨绿色，臀角具1条灰色斑纹，缘毛为灰色；反面草绿色，基部至中区为黄绿色，中区具灰绿色斑带与条纹。雌性形态类同雄性，但身体更加粗壮，翅膀更加宽阔，触角较细。

主要出现于夏季。寄主为柳叶菜属、千屈菜属、月见草属等多种植物。

中国分布于新疆。此外见于俄罗斯，以及中亚、欧洲、非洲。

青波翅天蛾
Proserpinus proserpina
♀ 新疆伊犁 翅展 46 毫米

锤天蛾属 *Neogurelca* Hogenes & Treadaway, 1993

Proserpinus Hübner, 1819, *Nachr. entomol. Ver. Apollo, N.F.,* 13: 550.
Type species: *Lophura hyas* Walker, 1856

小型天蛾。喙发达；身体粗壮，被褐色或棕色绒毛，腹部具明显的毛簇和尾毛，前翅狭长，具斑驳的黑色花纹，后翅为黄色与黑色，顶区基部和端部具明显突起。该属成员多为日行性，常访花或停歇于叶片，夜间亦有趋光性；幼虫通常做叶巢于其中化蛹。

该属世界已知7种，中国已知3种，本书收录3种。

喜马锤天蛾 *Neogurelca himachala* (Butler, 1876)

Lophura himachala Butler, 1876, *Proc. zool. Soc. Lond.,* 1875: 621.
Type locality: "Northeast Himalayas".
Synonym: *Lophura erebina* Butler 1876
Lophura sangaica Butler, 1876
Neogurelca himachala sangaica (Butler, 1876)
Gurelca himachala purpureosignata Closs, 1917

小型天蛾。雄性身体被褐色绒毛，腹部腹面具较小的白色毛簇列，两侧具褐色毛簇，尾毛为扇形；头部至胸部背面具深褐色背线，肩区具深褐色斑块，边缘具灰色绒毛；触角细长呈褐色；前翅狭长，外缘具参差的齿状突起，前翅褐色，翅面具斑驳的深褐色条纹，中室端部附近具2枚近三角形深褐色斑块，外缘具齿状深褐色斑块；反面棕褐色，基部黄色，可透见正面部分斑纹。后翅正面明黄色，近顶区具1枚黑点，外缘自顶区至臀角为黑褐色；反面红棕色饰有黑色细斑，臀域黄色，亚外缘线具1条黑色齿纹，亚外缘至外缘棕褐色。雌性形态类同雄性，但体态相对粗壮，触角较细，尾毛为窄长的毛刷状。该种因个体差异，有的整体偏灰色或偏黑色。

主要出现于春季至秋季。寄主为鸡屎藤属植物。

中国分布于北京、河北、陕西、河南、湖北、四川、贵州、云南、西藏、安徽、江苏、上海、浙江、福建、台湾、江西、湖南、广东、香港、广西。此外见于印度、尼泊尔、泰国、日本，以及朝鲜半岛。

团角锤天蛾 *Neogurelca hyas* (Walker, 1856)

Lophura hyas Walker, 1856, *List Specimens lepid. Insects Colln Br. Mus.,* 8: 107.
Type locality: Indonesia, Java.
Synonym: *Macroglossum geometricum* Moore, 1858
Perigonia macroglossoides Walker, 1866
Gurelca hyas conspicua Mell, 1922

小型天蛾。雄性近似喜马锤天蛾*N. himachala*，但整体偏灰褐色，腹面的2条深褐色背线相对明显，前翅较短且更加宽阔，外缘向外突出明显，后缘和前缘具明显的深褐色斑块，中室端斑为三角形；后翅正面偏橙黄色，中室附近的黑点较大，顶区具明显的黑色条纹。雌性形态类同雄性，但体态相对粗壮，触角较细，尾毛为窄长的毛刷状。

主要出现于春季至秋季。寄主为鸡屎藤、印度羊角藤、六月雪、海滨木巴戟。

中国分布于江苏、浙江、福建、台湾、湖南、广东、香港、广西、云南、海南。此外见于日本、印度、尼泊尔、不丹、缅甸、泰国、老挝、越南、马来西亚、印度尼西亚、菲律宾。

山锤天蛾 *Neogurelca montana* (Rothschild & Jordan, 1915)

Gurelca montana Rothschild & Jordan, 1915, *Novit. zool.,* 22: 289.

山锤天蛾指名亚种 *Neogurelca montana montana* (Rothschild & Jordan, 1915)

Type locality: China, Tibet (probably western Yunnan/Sichuan).
Synonym: *Gurelca saturata* Mell, 1922

小型天蛾。雄性近似喜马锤天蛾*N. himachala*，但身体被灰色绒毛，腹部两侧具发达的毛簇，部分腹节被灰白色环毛；前翅十分狭长，整体为灰色，中区具1枚明显的棕褐色斑块，外缘具参差的黑色齿状斑纹，中室端部具1枚狭长的三角形斑纹；反面棕褐色，缀有少量淡黄色碎纹。后翅正面淡黄色，外缘自顶区至臀角为棕褐色，且边界密布黑褐色碎纹；反面斑纹模式类同正面，但主要为黄灰色和灰褐色，缀有黑褐色细纹和斑点。雌性形态类同雄性，但体态相对粗壮，触角较细，尾毛为窄长的毛刷状，腹部两侧毛簇更加发达。

主要出现于夏季至秋季。寄主为鸡屎藤。

分布于中国四川、云南、西藏。

山锤天蛾太行亚种 *Neogurelca montana taihangensis* Xu & He, 2023

Neogurelca montana taihangensis Xu & He, 2023, Insects. 14(10): 818.
Type locality: China, Beijing, Fangshan District, Huangshandian village.

小型天蛾。近似指名亚种，但身体绒毛和前翅正面颜色更浅，偏灰色；后翅正面黄斑更加狭长且边缘与后翅黑色部分边界分明。

主要出现于夏季至秋季。寄主为薄皮木。

目前仅知分布于中国北京和河北。

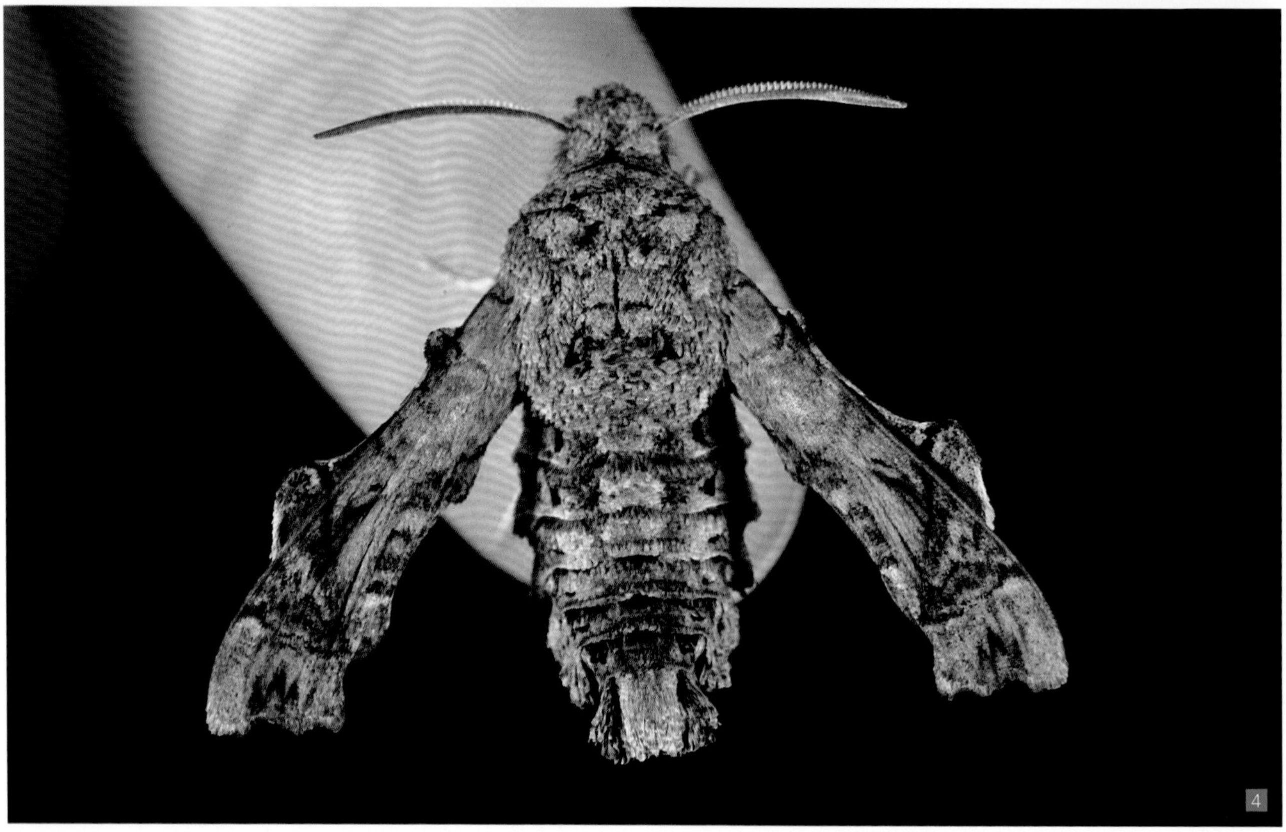

1–2. 喜马锤天蛾 *Neogurelca himachala* 江苏南京 / 苏圣博　摄　3. 山锤天蛾指名亚种 *Neogurelca montana montana* 云南香格里拉 / 刘长秋　摄　4. 山锤天蛾太行亚种 *Neogurelca montana taihangensis*　北京怀柔 / 李涛　摄

喜马锤天蛾

Neogurelca himachala

♂ 江苏南京 翅展 35 毫米

喜马锤天蛾

Neogurelca himachala

♂ 陕西安康 翅展 34 毫米

喜马锤天蛾

Neogurelca himachala

♀ 湖南岳阳 翅展 41 毫米

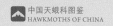

喜马锤天蛾
Neogurelca himachala
♀ 浙江杭州 翅展 36 毫米

喜马锤天蛾
Neogurelca himachala
♀ 台湾台北 翅展 38 毫米

团角锤天蛾
Neogurelca hyas
♂ 广东广州 翅展 32 毫米

团角锤天蛾

Neogurelca hyas

♂ 台湾南投 翅展 35 毫米

团角锤天蛾

Neogurelca hyas

♀ 海南儋州 翅展 33 毫米

山锤天蛾指名亚种

Neogurelca montana montana

♂ 云南香格里拉 翅展 41 毫米

山锤天蛾指名亚种

Neogurelca montana montana

♀ 西藏林芝 翅展 44 毫米

正模标本 HT 山锤天蛾太行亚种

Neogurelca montana taihangensis

♂ 北京房山 翅展 40 毫米

副模标本 PT 山锤天蛾太行亚种

Neogurelca montana taihangensis

♀ 北京门头沟 翅展 42 毫米

缘斑天蛾属 *Sphingonaepiopsis* Wallengren, 1858

Sphingonaepiopsis Wallengren, 1858, *Öfvers. Vet. Akad. Förh.*, 15: 138.
Type species: *Sphingonaepiopsis gracilipes* Wallengren, 1858

小型天蛾。近似锤天蛾属*Neogurelca*，但整体翅膀较短，体型较小，触角粗壮，身体和翅面主要为灰色或黄灰色，有的种类腹部背面具明显的白色毛簇；前翅通常具明显的黑色斑块和条纹，后翅大部分面积为橙黄色。

该属世界已知9种，中国已知2种，本书收录2种。

伊宁缘斑天蛾 *Sphingonaepiopsis kuldjaensis* (Graeser, 1892)

Pterogon kuldjaensis Graeser, 1892, *Berl. ent. Z.*, 37: 299.
Type locality: China, Xinjiang, Yining.

小型天蛾。雄性身体被灰绒毛，腹部背面具2列白色毛簇，尾毛为扇形；肩区具深灰色斑块，边缘具灰白色绒毛；触角细长灰褐色；前翅狭长，外缘具明显突起，前翅灰色，翅面具黑褐色碎纹，中室端斑三角形且为黑褐色，前缘附近具1枚较大的三角形黑褐色斑块，后缘于中区尚具1枚黑褐色长斑，顶角和臀角处各具1枚灰白色斑块，缘毛为灰褐色；反面黄灰色，具淡灰色碎斑。后翅正面橙黄色，中区具2条褐色条纹，外缘自顶区至臀角为黑褐色，边界密布黑褐色碎纹；反面黄灰色，可透见正面各斑纹。雌性形态类同雄性，但体态相对粗壮，触角较细，尾毛收缩为箭形。

主要出现于春季至夏季。寄主为拉拉藤属植物。

中国分布于新疆。此外见于哈萨克斯坦、塔吉克斯坦、吉尔吉斯斯坦、阿富汗。

注：该种由于在中国为边缘化分布，仅可见于新疆北部和西北部，且密度较低。本书编著过程中我们仅检视到中国境内产的1头雄性标本，故选取了吉尔吉斯斯坦产的雌性标本以供参考。

缘斑天蛾 *Sphingonaepiopsis pumilio* (Boisduval, 1875)

Lophura pumilio Boisduval, 1875, *in* Boisduval & Guenée, *Hist. nat. Insectes (Spec. gén. Lépid. Hétérocères)*, 1: 311.
Type locality: Bangladesh, Sylhet.
Synonym: *Oenosanda chinensis* Schaufuss, 1870
Lophura pusilla Butler, 1875
Lophura minima Butler, 1876

小型天蛾。雄性身体被灰褐色绒毛，腹部两侧各具 1 条灰白色侧线，尾毛扇形，为红棕色与褐色相间；肩区具褐色斑块，触角褐色；前翅较为粗短，外缘具明显突起，前翅灰褐色，具深褐色碎斑和条纹，中室端斑三角形且为黑色，前缘和臀角各具 1 枚深褐色三角形斑块且互相连接，后缘具 1 枚深褐色斑块，臀角附近尚具 1 枚黑点，周围密布灰色鳞片，缘毛为灰褐色与深褐色相间；反面自基部向外由黄棕色过渡为红棕色，外缘具灰色齿状斑纹。后翅正面棕褐色，基部、中区为明黄色；反面红棕色，密布褐色碎纹，臀域黄灰色。雌性形态类同雄性，但体态相对粗壮，尾毛收缩为箭形。

主要出现于夏季至秋季。寄主为四叶葎、六月雪。

中国分布于安徽、浙江、四川、湖南、江西、福建、广东、香港、海南。此外见于印度、尼泊尔、孟加拉国、缅甸、越南、泰国、马来西亚。

注：该种在中国分布密度较低。本书编著过程中我们仅检视到中国境内产的 1 头雄性标本，但过于残破，故选取了泰国产的两性标本以供参考。

缘斑天蛾 *Sphingonaepiopsis pumilio* 香港粉岭 /Roger C. Kendrick 摄

伊宁缘斑天蛾

Sphingonaepiopsis kuldjaensis

♂　新疆伊犁　翅展 34 毫米

伊宁缘斑天蛾

Sphingonaepiopsis kuldjaensis

♀　吉尔吉斯斯坦　翅展 35 毫米

缘斑天蛾

Sphingonaepiopsis pumilio

♂　泰国　翅展 29 毫米

缘斑天蛾

Sphingonaepiopsis pumilio

♀ 泰国 翅展 31 毫米

银纹天蛾属 *Nephele* Hübner, 1819

Nephele Hübner, 1819, *Verz.*, *bek. Schmett*, 9: 133.
Type species: *Sphinx didyma* Fabricius, 1775

中型天蛾。喙较为发达；身体和翅膀多为草绿色、黄绿色或墨绿色，腹部两侧具黑色斑列，前翅外缘通常具新月形花纹，翅面具褐色条纹或斜带，部分种类中室端斑为白点，后翅通常为褐色或红棕色。雄性尾毛为毛刷状，雌性尾毛收缩呈箭形。该属绝大部分种类分布于非洲。

该属世界已知23种，中国已知1种，本书收录1种。

银纹天蛾 *Nephele hespera* (Fabricius, 1775)

Sphinx hespera Fabricius, 1775, *Syst. Ent.*, 546.
Type locality: "India orientali".
Synonym: *Sphinx didyma* Fabricius, 1775
Sphinx chiron Cramer, 1777
Sphinx morpheus Cramer, 1777
Sphinx quaterna Esper, 1794
Perigonia obliterans Walker, 1865

中型天蛾。雄性身体被暗绿色绒毛，腹部两侧各具1列黑色斑块，尾毛呈毛刷形；肩区具褐色斑块，触角棕褐色，末端灰白色；前翅顶角较钝，外缘具弧度，前翅暗绿色，内线、内中线、中线和外中线具褐色锯齿状条纹，亚外缘线黑褐色，外缘具1处近新月形区域，密布灰色鳞片，中室端部具2枚白斑；反面黄绿色，可透见正面部分斑纹，后缘黄灰色。后翅正面褐色，外缘深褐色；反面灰绿色，具2条深褐色条纹，外缘绿棕色。雌性形态类同雄性，但体态相对粗壮，尾毛收缩为箭形。本种个体差异较大，有的整体偏棕褐色、黄棕色或者黄绿色，前翅各条纹之间会具墨绿色暗纹，中室端部各白点缩小甚至消失。

主要出现于夏季至秋季。寄主为刺黄果。

中国分布于湖北、四川、云南、西藏、香港。此外见于阿富汗、印度尼西亚、巴布亚新几内亚、澳大利亚，以及南亚次大陆、中南半岛。

银纹天蛾 *Nephele hespera* 云南景东 / 熊紫春　摄

银纹天蛾

Nephele hespera

♂ 云南漾濞 翅展 70 毫米

银纹天蛾

Nephele hespera

♂ 西藏聂拉木 翅展 58 毫米

银纹天蛾

Nephele hespera

♀ 云南丽江 翅展 68 毫米

银纹天蛾

Nephele hespera

♀　云南麻栗坡　翅展 62 毫米

绒绿天蛾属 *Angonyx* Boisduval, 1875

Angonyx Boisduval, 1875, *Hist. nat. Ins., Spec. gén. Lépid. Hétérocères,* 1: 317.
Type species: *Angonyx emilia* Boisduval, 1875

中型天蛾。体型较粗壮，身体和翅膀多为黄绿色或草绿色，前翅外缘通常具紫褐色斑块和灰色斑带，后翅通常为棕褐色或红棕色，具橙黄色条纹。雄性尾毛为毛刷状，雌性尾毛收缩呈箭形。

该属世界已知9种，中国已知1种，本书收录1种。

绒绿天蛾 *Angonyx testacea* (Walker, 1856)

Perigonia testacea Walker, 1856, *List Specimens lepid. Insects Colln Br. Mus.,* 8: 102.
Type locality: not stated.
Synonym: *Angonyx emilia* Boisduval, 1875
Panacra ella Butler, 1875
Tylognathus emus Boisduval, 1875
Angonyx menghaiensis Meng, 1991

中型天蛾。雄性身体腹面具白色绒毛，正面被草绿色绒毛，胸部具“人”形褐色绒毛，尾毛呈毛刷状；触角棕褐色；前翅顶角尖锐，外缘具弧度，翅面主要为草绿色，中区至外缘为浅绿色，前缘具1枚墨绿色大斑，中区具1条紫灰色斑带，外缘具墨绿色齿状斑纹，缘毛为棕褐色；反面黄棕色具黑褐色锯齿状条纹，可透见正面部分斑纹。后翅正面棕褐色，中区具1条橙色斑纹，臀角具1枚紫灰色斑块，缘毛为黄灰色与褐色相间；反面黄棕色，具1枚黑点和2条黑褐色刻点状条纹。雌性形态类同雄性，但体态相对粗壮，尾毛收缩为箭形，整体颜色较深。本种有的个体会呈黄绿色。

主要出现于春季至秋季。寄主为马钱子。

中国分布于云南、贵州、湖南、福建、广东、台湾、广西、香港、澳门、海南。此外见于印度、缅甸、泰国、老挝、越南、马来西亚、印度尼西亚、菲律宾。

绒绿天蛾 *Angonyx testacea* 广东深圳 / 陆千乐　摄

绒绿天蛾

Angonyx testacea

♂　海南五指山　翅展 48 毫米

绒绿天蛾

Angonyx testacea

♂　云南勐海　翅展 47 毫米

绒绿天蛾

Angonyx testacea

♀　广东深圳　翅展 53 毫米

绒绿天蛾

Angonyx testacea

♀ 广西崇左 翅展 54 毫米

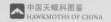

纹绿天蛾属 *Cizara* Walker, 1856

Cizara Walker, 1856, *List Specimens lepid. Insects Colln Br. Mus.*, 8: 78 (key), 119.
Type species: Sphinx ardeniae Lewin, 1805

中型天蛾。体型较粗壮，身体被灰色和深绿色绒毛，前翅主要为深绿色，正面具白色竖条纹，中室端斑为白色；后翅为黄黑相间或深褐色。雄性尾毛为毛刷状，雌性尾毛收缩呈箭形。

该属世界已知2种，中国已知1种，本书收录1种。

纹绿天蛾 *Cizara sculpta* (R. Felder, 1874)

Microlophia sculpta [Felder, R., 1874], *in* Felder, Felder & Rogenhofer, *Reise öst. Fregatte Novara (Zool.)*, 2 (Abt. 2): pl. 75, fig. 9.
Type locality: Thailand.
Synonym: *Cizara schausi* Clark, 1923

中型天蛾。雄性身体腹面深灰色，正面被深绿色绒毛，胸部具灰白色“X”形纹路，每侧肩区和后胸具1条灰色条纹，腹部其中1节为灰白色，其余各节被灰白色环毛，尾毛呈毛刷状，触角黄褐色；前翅顶角尖锐，外缘具突起，翅面主要为深绿色，亚外缘至外缘灰色，外中线为白色锯齿纹，内中线具1条白色竖条纹与中室斑相连，中室端部具1枚白色心形斑；反面灰褐色，可透见正面部分斑纹。后翅正面深绿色，顶区、基部至臀域为黄色，臀角具2条灰色波浪纹；反面灰褐色，具黑褐色条纹和斑点。雌性形态类同雄性，但体态相对粗壮，翅膀相对宽阔，尾毛收缩为箭形。

主要出现于秋季。寄主可能为栀子花和山石榴。

中国分布于云南。此外见于印度、缅甸、泰国、老挝、越南、柬埔寨。

注：该种由于在中国为边缘化分布，文献记录中国仅分布于云南，本书编著过程中我们没有检视或者采集到中国境内产的标本，故选取了越南产的两性标本以供参考。

纹绿天蛾
Cizara sculpta
♂ 越南 翅展 52 毫米

纹绿天蛾
Cizara sculpta
♀ 越南 翅展 68 毫米

银斑天蛾属 *Hayesiana* Fletcher, 1982

Hayesiana Fletcher, 1982, *Bombycoidea, Castnioidea, Cossoidea, Mimallonoidea, Sesioidea, Sphingoidea and Zygaenoidea*, 74.
Type species: *Macroglossa triopus* Westwood, 1847

中型天蛾。喙较发达；本属物种形态独特，身体和后翅主要为黑褐色，胸部具黄色纵纹，腹部具显著的玫红色毛簇，前翅深灰色，具黑色条纹和1枚方形白色大斑，后翅顶区具白色斑块，喙发达。该属成员为日行性，常于晴天访花，成虫常在水塘或溪流附近巡飞，或吊停于植物附近歇息。

该属世界已知1种，中国已知1种，本书收录1种。

银斑天蛾 *Hayesiana triopus* (Westwood, 1847)

Macroglossa triopus Westwood, 1847, *Cabinet oriental Ent.*, [14], pl. 6, fig. 4.
Type locality: India, Assam.

中型天蛾。雄性身体腹面被赭红色绒毛，正面被黑褐色绒毛，胸部的绒毛一定角度下具金属蓝绿色光泽，背面具2条黄色纵纹，每侧肩区还具1条黄灰色条纹，腹部中段具2枚玫红色大斑，侧面与尾毛具橘红色与黑色相间的毛簇；触角黑褐色；前翅顶角尖锐，外缘光滑且具弧度，翅面主要为深灰色，具6条粗细不一的黑色条纹，中室端部具1枚方形的白色大斑，外缘为黑色；反面棕褐色，可透见正面部分斑纹。后翅正面黑褐色，顶区具1枚白色方斑，臀角具玫红色鳞片，臀域为灰白色；反面赭红色，具2条黑色条纹，外缘具黑褐色鳞片。雌性形态类同雄性，但体态相对粗壮，触角较细。

主要出现于春季至秋季。寄主为茜树属的香楠。

中国分布于云南、贵州、广西、广东、福建、海南、浙江。此外见于印度、尼泊尔、不丹、泰国、老挝、越南、马来西亚。

1. 银斑天蛾 *Hayesiana triopus* 广东深圳 / 陆千乐　摄
2. 银斑天蛾 *Hayesiana triopus* 广东深圳 / 陆千乐　摄

1

2

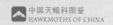

银斑天蛾
Hayesiana triopus
♂ 云南勐腊 翅展 60 毫米

银斑天蛾
Hayesiana triopus
♂ 云南勐腊 翅展 64 毫米

银斑天蛾
Hayesiana triopus
♀ 福建三明 翅展 58 毫米

赭尾天蛾属 *Eurypteryx* R. Felder, 1874

Eurypteryx Felder, 1874, *Reise Fregatte Novara,* Bd 2 (Abth. 2) : pl. 76, fig. 1.
Type species: *Eurypterys molucca* Felder, 1874

中型天蛾。喙较发达；身体和翅膀主要为棕褐色，雄性尾毛发达，通常为菱形或扇形，前翅、后翅通常具黑色斑块与条纹，或仅具白色斑点和部分灰色月形纹，部分种类前翅顶角呈钩状。该属成员会在黄昏时访花或在水塘附近巡飞，夜间亦有趋光性。

该属世界已知9种，中国已知2种，本书收录2种。

赭尾天蛾 *Eurypteryx bhaga* (Moore, 1866)

Darapsa bhaga [Moore, 1866], *Proc. zool. Soc. Lond.,* 1865: 794.
Type locality: India, Northeast Bengal.

中型天蛾。雄性身体被褐色绒毛，胸部具2条灰白色横纹，腹部末端具2枚黑斑，尾毛为褐色，近菱形且基部具黑斑；触角较长且为棕褐色；前翅顶角尖锐且呈钩状，外缘光滑，具一定弧度，后缘于臀角处向内凹陷，翅面为褐色，布灰色鳞片，内线和前缘附近具较细的灰白色条纹，基部具1枚黑点，内线附近具黑褐色斑块，中区具1处黑褐色钩形区域，近臀角处具1枚紫灰色斑块，中室端部具1枚白点；反面褐色，亚外缘至外缘布紫灰色鳞片。后翅正面黑褐色，顶区黄棕色，臀角具1条黄褐色条纹；反面褐色，基半部覆有灰色鳞片，此外中区具2条灰色条纹。雌性形态类同雄性，但体态相对粗壮，翅膀较为宽阔，触角相对较细，腹部末端全为黑色，尾毛收缩为笔状。

主要出现于夏季至秋季。寄主为糖胶树。

中国分布于广西、云南。此外见于尼泊尔、不丹、印度、老挝、越南、泰国、马来西亚、印度尼西亚。

银纹赭尾天蛾 *Eurypteryx dianae* Brechlin, 2006

Eurypteryx dianae Brechlin, 2006. *in Brechlin & Melichar, 2006, Nachr. ent. Ver. Apollo* (N.F.), 27(4): 211.
Type locality: China, Guangxi, Jinxiu, Dayao Shan.

中型天蛾。雄性身体被深褐色绒毛，腹部尾毛呈菱形；触角黄褐色且较为粗壮；前翅顶角尖锐，外缘具弧度，臀角向外突出，翅面为深褐色，顶角下方具1枚灰色月形纹；反面深褐色，中室端部具1枚近方形黄斑，后缘黄棕色，亚外缘具1条颜色较深的条纹。后翅正面深褐色无特别花纹，灰色月形纹相对明显，臀域颜色相对较浅；反面深褐色，亚外缘具1条颜色较深的条纹。雌性形态类同雄性，但颜色较淡，前翅正面可见中室端斑，灰色月形纹面积更大，前后翅反面深色条纹更为明显，尾毛收缩为笔状。

主要出现于春末夏初。寄主不明。

该种为中国特有种。分布于贵州、广西。

赭尾天蛾 *Eurypteryx bhaga* 云南勐腊 / 程文达　摄

赭尾天蛾

Eurypteryx bhaga

♂ 云南勐腊 翅展 62 毫米

赭尾天蛾

Eurypteryx bhaga

♀ 云南普洱 翅展 74 毫米

赭尾天蛾

Eurypteryx bhaga

♀ 广西上思 翅展 80 毫米

银纹赭尾天蛾

Eurypteryx dianae

♂ 贵州荔波 翅展 63 毫米

正模标本 HT 银纹赭尾天蛾

Eurypteryx dianae

♀ 广西金秀 翅展 65 毫米

白腰天蛾属 *Daphnis* Hübner, 1819

Daphnis Hübner, 1819, Verz. bek., Schmett, (9): 134.
Type species: *Sphinx nerii* Linnaeus, 1758

中型至大型天蛾。喙发达；身体和翅膀主要为绿色、灰色和褐色，腹部前端具1条明显的灰白色条纹，胸部肩区两侧及前翅通常具墨绿色或绿棕色大斑，后翅通常为褐色，中区具灰色条纹，喙发达。雄性腹部末端一般具3枚深色斑块，尾毛发达为扇形；雌性腹部末端两侧各具1枚狭长斑纹，尾毛收缩为箭形。

该属世界已知12种，中国已知3种，本书收录3种。

茜草白腰天蛾 *Daphnis hypothous* (Cramer, 1780)

Sphinx hypothous Cramer, 1780, *Die uitlandsche kapellen voorkomende in de drie waereld-deelen Asia, Africa en America*, 165, pl. 285, fig. D.

茜草白腰天蛾中南亚种 *Daphnis hypothous crameri* Eitschberger & Melichar, 2010

Daphnis hypothous crameri Eitschberger & Melichar, 2010, *European Entomologist*, 2: 67.
Type locality: Thailand, Chiang Rai, Wiang Pa Pao.

大型天蛾。雄性身体腹面被赭褐绒毛，正面绿棕色，胸部背面深绿色，具灰白色“人”形花纹，腹部前端具1条较宽的白色绒毛带，腹部末端具2枚深绿色斑，尾毛灰褐色且为毛刷状，基部具深绿色大斑；触角较长且为黄棕色；前翅顶角尖锐，外缘光滑，翅面为深绿色，基部具1枚黑点，内线和内中线为灰白色条纹，前缘、顶角至臀角区域为灰绿色，具灰白色条纹和灰紫色斑块，顶角具1枚白斑和三角形深绿色斑块；反面红褐色，基半部绿棕色，亚外缘具1条灰色条纹。后翅正面深绿色，中区具1条黄灰色弧纹，臀域附近具1枚黄灰色斑块，外缘为棕褐色；反面红褐色，中区具1条灰色条纹，顶区附近具1枚白点。雌性形态类同雄性，但体态相对粗壮，翅膀较为宽阔，触角较细，腹部末端两侧各具1枚狭长斑纹，尾毛收缩为箭形。

主要出现于夏季至秋季。寄主为金鸡纳属、水锦树属、钩藤属、帽蕊木属等多种茜草科植物。

中国分布于四川、云南、贵州、湖南、福建、台湾、广东、香港、澳门、海南。此外见于日本、菲律宾、印度尼西亚，以及南亚次大陆、中南半岛。

粉绿白腰天蛾 *Daphnis nerii* (Linnaeus, 1758)

Sphinx nerii Linnaeus, 1758, *Syst. Nat.* (Edn 10), 1: 490.
Type locality: not stated.
Synonym: *Daphnis nerii infernelutea* Saalmüller, 1884
Daphnis nerii confluens Closs, 1912
Daphnis nerii nigra Schmidt, 1914
Deilephila nerii bipartita Gehlen, 1934

中型天蛾。雄性近似茜草白腰天蛾*D. hypothous*，但身体和前翅正面主要为草绿色，腹面和前后翅反面为黄绿色，胸部背面“人”形花纹为灰绿色；前翅内线和内中线为粉色，中区近臀角处具1枚狭长的紫灰色斑块，边缘具1枚细长的黑斑，顶角具草绿色月形纹和灰白色“人”形花纹。后翅正面自基部向外缘由紫褐色过渡为黄绿色，臀域附近具1枚黑斑，中区具1条灰绿色弧纹，臀角尚具1条黑色细纹。雌性形态类同雄性，但体态相对粗壮，翅膀较为宽阔，触角较细，腹部末端两侧各具1枚狭长斑纹，尾毛收缩为箭形。该种有的个体呈深绿色或黄绿色。

主要出现于夏季至秋季。寄主为金鸡纳属、水锦树属、钩藤属、帽蕊木属等多种茜草科植物。

中国分布于四川、云南、上海、浙江、福建、广东、广西、香港、台湾、海南、湖南、江西、贵州。此外见于日本、菲律宾、印度尼西亚，以及南亚次大陆、中南半岛、中亚、欧洲、非洲。

白腰天蛾 *Daphnis placida* (Walker, 1856)

Darapsa placida Walker, 1856, *List Specimens lepid. Insects Colln Br. Mus.*, 8: 186.

白腰天蛾指名亚种 *Daphnis placida placida* (Walker, 1856)

Type locality: Indonesia, Sumatra.
Synonym: *Daphnis angustans* R. Felder, 1874
Choerocampa hesperus Boisduval, 1875
Daphnis horsfieldii Butler, 1876
Daphnis andamana Druce, 1882
Daphnis torenia rosacea Rothschild, 1894
Deilephila jamdenae Debauche, 1934

中型天蛾。雄性近似茜草白腰天蛾*D. hypothous*，但胸部两侧肩区为墨绿色，胸部背面“人”形花纹为灰绿色；前翅灰褐色，具绿棕色细条纹，正面近基部处具墨绿色大斑，中区具1枚狭长的齿状墨绿色斑带，附近密布绿棕色鳞片。后翅正面自基部至外缘由墨绿色过渡为深褐色，中区条纹为黄褐色，臀域灰绿色；前后翅反面为黄褐色。雌性形态类同雄性，但体态相对粗壮，翅膀较为宽阔，触角较细，腹部末端两侧各具1枚狭长斑纹，尾毛收缩为箭形。

主要出现于夏季至秋季。寄主为鸡骨常山属和狗牙花属等多种植物。

中国分布于海南。此外见于印度、泰国、越南、马来西亚、菲律宾、印度尼西亚、巴布亚新几内亚、澳大利亚。

1. 茜草白腰天蛾中南亚种 *Daphnis hypothous crameri* 云南勐腊 / 陆千乐　摄
2. 粉绿白腰天蛾 *Daphnis nerii* 广东深圳 / 陆千乐　摄
3. 白腰天蛾指名亚种 *Daphnis placida placida* 海南尖峰岭 / 苏圣博　摄

茜草白腰天蛾中南亚种
Daphnis hypothous crameri
♂ 广东深圳 翅展 87 毫米

茜草白腰天蛾中南亚种
Daphnis hypothous crameri
♂ 台湾屏东 翅展 88 毫米

茜草白腰天蛾中南亚种
Daphnis hypothous crameri
♀ 云南蒙自 翅展 96 毫米

粉绿白腰天蛾

Daphnis nerii

♂　云南昆明　翅展 96 毫米

粉绿白腰天蛾

Daphnis nerii

♂　浙江杭州　翅展 82 毫米

粉绿白腰天蛾

Daphnis nerii

♀　云南昆明　翅展 91 毫米

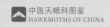

白腰天蛾指名亚种

Daphnis placida placida

♀　海南尖峰岭　翅展 76 毫米

白腰天蛾指名亚种

Daphnis placida placida

♀　海南保亭　翅展 78 毫米

葡萄天蛾属 *Ampelophaga* Bremer & Grey, 1853

Ampelophaga Bremer & Grey, 1853, *VÉtudes Entomologiques*, 61.
Type species: *Ampelophaga rubiginosa* Bremer & Grey, 1853

中型天蛾。喙较发达；身体主要为棕褐色，胸部至腹部具浅色背线，前翅浅褐色或红褐色，密布棕色竖条纹，外缘具银灰色或浅粉色云纹，后翅通常为棕褐色。部分种类如葡萄天蛾*A. rubiginosa*，在一些南方地区因数量密集、发生期长等原因，有时会对葡萄种植产生危害。

该属世界已知4种，中国已知4种，本书收录4种。

喀西葡萄天蛾 *Ampelophaga khasiana* Rothschild, 1895

Ampelophaga khasiana Rothschild, 1895, *Novit. zool.*, 2: 482.
Type locality: India, Assam, Khasia Hills.

中型天蛾。雄性近似葡萄天蛾*A. rubiginosa*，但腹面为橘红色，正面为棕褐色，腹部两侧具橘红色斑块；前翅棕褐色，具粉紫色光泽，各竖条纹之间密布灰色鳞片，外缘自顶角至臀角具浅粉色云纹；前翅反面为橘红色，后翅反面为粉棕色。雌性形态类同雄性，翅面整体偏灰色，布有更为密集的浅粉色鳞片，体态相对粗壮，翅膀较为宽阔。该种有的个体会偏红棕色或暗褐色。

主要出现于夏季至秋季。寄主为葡萄属和水东哥属等多种植物。

中国分布于陕西、四川、云南、广西、西藏。此外见于印度、不丹、缅甸、老挝、越南。

尼克葡萄天蛾 *Ampelophaga nikolae* Haxaire & Melichar, 2007

Ampelophaga nikolae Haxaire & Melichar, 2007, *Lambillionea*, 107: 42.
Type locality: China, Jiangxi-Fujian border, Wuyi Shan.

中型天蛾。雄性近似喀西葡萄天蛾*A. khasiana*，但体积较小，前翅正面的4条竖条纹较平直，相互之间较平行，翅面具粉紫色光泽，外缘的浅粉色云纹外缘不达臀角相对较为模糊；前翅反面为浅棕色，后翅反面为灰褐色。雌性目前未知。

主要出现于夏季至秋季。寄主不明。

该种为中国特有种。分布于福建、江西。

葡萄天蛾 *Ampelophaga rubiginosa* Bremer & Grey, 1853

Ampelophaga rubiginosa Bremer & Grey, 1853, *in* Motschulsky (ed.), *Etudes ent.*, 1: 61.

葡萄天蛾指名亚种 *Ampelophaga rubiginosa rubiginosa* Bremer & Grey, 1853

Ampelophaga rubiginosa Bremer & Grey, 1853, *in* Motschulsky (ed.), *Etudes ent.*, 1: 61.
Type locality: North China, (vicinity of Beijing).
Synonym: *Deilephila romanovi* Staudinger, 1887
Acosmeryx iyenobu Holland, 1889
Ampelophaga rubiginosa alticola Mell, 1922
Ampelophaga rubiginosa hydrangeae Mell, 1922
Ampelophaga rubiginosa submarginalis Matsumura, 1927

中型天蛾。雄性身体腹面浅褐色，正面棕褐色，胸部至腹部具1条灰色背线，肩区具1条灰白色条纹；触角较长且为黄棕色；前翅顶角尖锐，外缘具一定弧度，翅面为浅褐色，布粉色鳞片，内线、内中线与中线为棕褐色条纹，外中线为棕色锯齿纹，中室端部具1枚棕色长斑，顶角具1枚三角形棕色大斑，外缘具1枚边缘为锯齿形的灰色云纹；反面黄褐色，基半部黑褐色，可透见正面部分斑纹。后翅正面棕褐色，臀角具黄灰色鳞片；反面黄褐色，中区具2条深褐色条纹。雌性形态类同雄性，但体态相对粗壮，翅膀较为宽阔，触角较细。该种色型较多，有的个体整体偏深褐色或是红褐色，前翅的棕褐色条纹宽窄和明显程度也有变化。

主要出现于春季至秋季。寄主广泛，主要为乌蔹莓属、地锦属、葡萄属等多种葡萄科植物。

中国除新疆、甘肃、青海、内蒙古、宁夏，以及部分海岛外几乎各地区都有分布。此外见于日本、俄罗斯、印度、尼泊尔、不丹、巴基斯坦、阿富汗、印度尼西亚，以及朝鲜半岛、中南半岛。

葡萄天蛾台湾亚种 *Ampelophaga rubiginosa myosotis* Kitching & Cadiou, 2000

Ampelophaga rubiginosa myosotis Kitching & Cadiou, 2000, *Hawkmoths of the world*, 38, 205.
Type locality: China, Taiwan, Taipei, Wulai.

中型天蛾。近似指名亚种，但整体偏灰色，前翅相对狭长，翅面的棕褐色条纹和斑块较淡。

主要出现于夏季至秋季。寄主为地锦和水东哥，以及蛇葡萄属等多种植物。

目前仅知分布于中国台湾。

托氏葡萄天蛾 *Ampelophaga thomasi* Cadiou & Kitching, 1998

Ampelophaga thomasi Cadiou & Kitching, 1998, *Lambillionea*, 98: 353.
Type locality: India, West Bengal, Darjeeling.

中型天蛾。雄性近似喀西葡萄天蛾*A. khasiana*，但体型偏小，前翅正面灰色鳞片较少，各竖条纹相对较细，外缘的浅粉色云纹不达臀角且较为模糊；前后翅反面偏红棕色。雌性形态类同雄性，但体态相对粗壮，翅膀较为宽阔，触角较细。

主要出现于夏季。寄主不明。

中国分布于西藏。此外见于印度、尼泊尔。

1

2

1. 喀西葡萄天蛾 *Ampelophaga khasiana* 云南盈江 / 张巍巍 摄
2. 喀西葡萄天蛾 *Ampelophaga khasiana* 广西花坪 / 陆千乐 摄
3. 葡萄天蛾指名亚种 *Ampelophaga rubiginosa rubiginosa* 湖北神农架 / 陆千乐 摄

3

喀西葡萄天蛾

Ampelophaga khasiana

♂ 云南麻栗坡 翅展 82 毫米

喀西葡萄天蛾

Ampelophaga khasiana

♂ 广西花坪 翅展 81 毫米

喀西葡萄天蛾

Ampelophaga khasiana

♀ 西藏墨脱 翅展 92 毫米

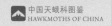

尼克葡萄天蛾

Ampelophaga nikolae

♂ 江西罗霄山 翅展 75 毫米

葡萄天蛾指名亚种

Ampelophaga rubiginosa rubiginosa

♂ 北京门头沟 翅展 65 毫米

葡萄天蛾指名亚种

Ampelophaga rubiginosa rubiginosa

♂ 福建三明 翅展 76 毫米

葡萄天蛾指名亚种
Ampelophaga rubiginosa rubiginosa
♂ 重庆巫溪 翅展 90 毫米

葡萄天蛾指名亚种
Ampelophaga rubiginosa rubiginosa
♀ 吉林蛟河 翅展 73 毫米

葡萄天蛾指名亚种
Ampelophaga rubiginosa rubiginosa
♀ 陕西镇坪 翅展 94 毫米

葡萄天蛾台湾亚种

Ampelophaga rubiginosa myosotis

♂ 台湾屏东 翅展 74 毫米

副模标本 PT 葡萄天蛾台湾亚种

Ampelophaga rubiginosa myosotis

♀ 台湾花莲 翅展 83 毫米

托氏葡萄天蛾

Ampelophaga thomasi

♂ 西藏吉隆 翅展 76 毫米

鸟嘴天蛾属 *Eupanacra* Cadiou & Holloway, 1989

Eupanacra Cadiou & Holloway, 1989, *Lambillionea*, 89 : 139.
Type species: *Panacra dohertyi* Rothschild, 1894

小型至中型天蛾。喙发达；身体和翅膀主要为绿色、褐色或黄色，前翅顶角至外缘常具1处明显的向内凹陷，形似鸟喙；翅面具深色斑块和条纹，通常自基部至顶角发出具数条深色线纹，后翅多为棕褐色，具黄色或橙色条纹。

该属世界已知29种，中国已知8种，本书收录8种。

绿鸟嘴天蛾 *Eupanacra busiris* (Walker, 1856)

Panacra busiris Walker, 1856, *List Specimens lepid. Insects Colln Br. Mus.*, 8: 158.

绿鸟嘴天蛾指名亚种 *Eupanacra busiris busiris* (Walker, 1856)

Type locality: Bangladesh, Sylhet.

中型天蛾。雄性身体腹面黄灰色，头和胸部正面为草绿色，颈部和肩区具白色与褐色线条交错的斑纹，腹部正面黄褐色，具明显的纵向毛列，尾毛毛刷状；前翅狭长，顶角至外缘具1处明显的向内凹陷，翅面草绿色，基部具褐色与黑色条纹交错的复杂斑块，以及1处白色毛簇，中室端斑为1枚黑点，中区至外缘黄灰色，布棕色细点与黄绿色鳞片，自后缘至前缘发出5条褐色弧纹，顶角具灰白色闪电形条纹；反面花纹类同正面，但浅色较浅，后缘为黄灰色。后翅正面深褐色，基部具1枚黄灰色长斑，臀域具白色毛簇，臀角具1枚黑斑，外缘过渡为黄绿色；反面浅绿色，向外缘过渡为黄绿色，臀角密布黑褐色碎纹。雌性形态类同雄性，翅膀较为宽阔，触角较细，尾毛呈笔状。

主要出现于春季至秋季。寄主为刺芋属和石柑属等多种天南星科植物。

分布于中国四川、云南、广西、广东、香港、海南。

马来鸟嘴天蛾 *Eupanacra malayana* (Rothschild & Jordan, 1903)

Panacra malayana Rothschild & Jordan, 1903, *Novit. zool.*, 9 (suppl.): 535 (key); 537.
Type locality: Indonesia, Java.
Synonym: *Panacra moseri* Gehlen, 1930
Panacra albicans Dupont, 1941
Panacra malayana unilunata (Dupont, 1941)

小型天蛾。雄性形态近似斜带鸟嘴天蛾*E. mydon*，但身体和前翅主要为褐色，前翅顶角具1处明显的向内凹陷，外缘为波浪形，缘毛黑褐相间，中区后缘黄灰色，至前缘发出5条深褐色线纹，其中靠内的线纹较粗，靠外的线纹直达顶角，各线纹于各翅脉上具1枚深褐色斑点，顶角具1枚灰白色闪电形条纹，前缘具2枚黑斑，中室端斑为1枚黑点，臀角具1枚黑斑，外缘具灰色波浪纹；反面黄褐色，覆有橘红色鳞片，可透见正面部分花纹，基半部深褐色；后翅正面棕褐色，具1条模糊的黄褐色斑纹，臀角黄褐色，臀域灰褐色；反面黄褐色，外缘灰褐色，中区具1条深灰色条纹和1列黑色刻点。雌性形态类同雄性，但翅膀较为宽阔且翅面颜色较深，各条纹或斑块更加明显，前后翅反面偏红色，触角较细，尾毛为笔状。

主要出现于夏季。寄主为仙茅属植物。

中国分布于贵州、云南、海南。此外见于泰国、老挝、越南、马来西亚、印度尼西亚、菲律宾。

闪角鸟嘴天蛾 *Eupanacra metallica* (Butler, 1875)

Panacra metallica Butler, 1875, *Proc. zool. Soc. Lond.*, 1875: 6.
Type locality: Bangladesh, Sylhet.
Synonym: *Panacra metallica anfracta* Gehlen, 1930
Panacra sinuata birmanica Bryk, 1944

中型天蛾。雄性近似直纹鸟嘴天蛾*E. sinuata*，但整体偏黄绿色，前翅顶外缘向外突出，弧度更加强烈，翅面的黄色鳞片较多，中区自后缘至前缘发出的4条线纹在中段向外弯曲并逐渐模糊，顶角的银灰色闪电形条纹更加明显；后翅正面的斑纹附近覆有更多的黄褐色鳞片；前后翅正反面覆有更多的橘红色鳞片，且黄褐色斑块面积更大。雌性形态类同雄性，但体态相对粗壮，翅膀较为宽阔，触角较细，尾毛为笔状。

主要出现于夏季。寄主为曲序南星。

中国分布于云南、西藏。此外见于印度、尼泊尔、不丹、孟加拉国、缅甸。

斜带鸟嘴天蛾 *Eupanacra mydon* (Walker, 1856)

Panacra mydon Walker, 1856, *List Specimens lepid. Insects Colln Br. Mus.*, 8: 155.
Type locality: Bangladesh, Sylhet.
Synonym: *Panacra scapularis* Walker, 1856
Chaerocampa jasion Herrich-Schäffer, 1858
Choerocampa scapularis arachtus (Boisduval, 1875)
Panacra frena Swinhoe, 1892
Panacra mydon pallidior Mell, 1922
Panacra mydon septentrionalis Mell, 1922
Panacra argenteus Clark, 1928

中型天蛾。雄性身体腹面黄灰色，正面棕褐色，胸部至腹部具 1 条较宽的黄灰色背线，腹部两侧具橘红色斑块和银色斑列，尾毛为毛刷状；触角黄棕色；前翅顶角尖锐，外缘具一定弧度，翅面为黄褐色，具褐色鳞片和少许浅紫色光泽，中区自后缘至前缘发出 1 条黑色条纹和 2 条褐色锯齿纹，顶角具黑色三角形斑块，中室端部和前缘具黑色与深褐色斑块，缘毛为黑褐相间；反面赭褐色，基半部棕褐色，其余可透见正面斑纹。后翅正面棕褐色，顶区和臀域黄灰色，中区具 1 条黄褐色弧纹；反面黄褐色，基部和外缘灰褐色，中区具 2

条褐色条纹，缘毛为黑褐相间。雌性形态类同雄性，但体态相对粗壮，翅膀较为宽阔，触角较细，尾毛为笔状。该种有的个体整体偏红色或偏黄色，前翅黑褐色条纹的明显程度也有变化。

主要出现于春季至秋季。寄主广泛，主要为海芋属、芋属、五彩芋属、天南星属、魔芋属等多种天南星科植物。

中国分布于四川、重庆、云南、贵州、浙江、福建、江西、湖南、广东、香港、广西、海南。此外见于印度、尼泊尔、不丹、孟加拉国、缅甸、泰国、老挝、越南、马来西亚。

背线鸟嘴天蛾 *Eupanacra perfecta* (Butler, 1875)

Panacra perfecta Butler, 1875, *Proc. zool. Soc. Lond.*, 1875: 391.

背线鸟嘴天蛾指名亚种 *Eupanacra perfecta perfecta* (Butler, 1875)

Type locality: India, West Bengal, Darjeeling.

中型天蛾。雄性近似直纹鸟嘴天蛾*E. sinuata*，但体型偏小，整体偏黄绿色，前翅顶角附近不具凹陷且外缘相对光滑，翅面的黄色鳞片较多，中区自后缘至前缘发出的4条线纹在近前缘处逐渐模糊；后翅正面偏灰棕色，外缘棕褐色，臀角向外突出明显。前后翅反面覆有更多的橘红色鳞片，且黄褐色斑块更加明显。雌性形态类同雄性，翅膀较为宽阔，触角较细，尾毛为笔状。

主要出现于夏季。寄主不明。

中国分布于西藏西南部。此外见于印度、不丹、缅甸、泰国、越南。

背线鸟嘴天蛾燕门亚种 *Eupanacra perfecta tsekoui* (Clark, 1926)

Panacra perfecta tsekoui Clark, 1926, *Proc. New Engl. zool. Club*, 9: 51.
Type locality: China, Yunnan, Yanmen.

中型天蛾。近似指名亚种，但整体为绿棕色，前翅臀角附近的黄色斑块发白，中区自后缘至前缘发出的各线纹整体较细，后翅正面为棕褐色且中区的黄褐色斑纹较淡。前后翅反面的黄色斑块与条纹发白，覆有较多的黑灰色鳞片。雌性目前未知。

主要出现于夏季。寄主不明。

目前仅知分布于中国云南西北部、西南部和东南部。

直纹鸟嘴天蛾 *Eupanacra sinuata* (Rothschild & Jordan, 1903)

Panacra sinuata Rothschild & Jordan, 1903, *Novit. zool.*, 9 : 539.
Type locality: India, Sikkim.

中型天蛾。雄性身体腹面黄灰色，正面绿棕色，胸部和腹部前半段背面具灰绿色绒毛和黑褐色条纹，腹部两侧具橘红色斑块和银色斑列，肩区具灰白色细纹；触角绿棕色；前翅顶角尖锐，顶角至外缘具1处向内凹陷，翅面为绿棕色，基部具深褐色弧纹和斑块，中区自后缘至前缘发出1条较粗的黑色条纹和3条深褐色细纹，顶角具银灰色闪电形条纹，中室端部具1枚黑点，臀角上方具黄灰色斑块；反面黑褐色，部分斑纹和颜色类同正面。后翅正面黑褐色，顶区和臀域黄灰色，中区具1条黄褐色斑纹，臀角黄褐色；反面黄褐色，部分颜色和斑纹类同正面，中区具黑色锯齿纹和斑列。雌性形态类同雄性，但体态相对粗壮，翅膀较为宽阔，触角较细，尾毛为笔状。

主要出现于夏季至秋季。寄主不明。

中国分布于云南、西藏。此外见于印度、尼泊尔、泰国、越南。

黄鸟嘴天蛾 *Eupanacra variolosa* (Walker, 1856)

Panacra variolosa Walker, 1856, *List Specimens lepid. Insects Colln Br. Mus.*, 8: 156.
Type locality: Bangladesh, Sylhet.
Synonym: *Panacra vagans* Butler, 1881
Panacra hamiltoni Rothschild, 1894

中型天蛾。斑纹模式近似绿鸟嘴天蛾*E. busiris*，但体型偏小，整体为黄棕色，胸部和腹部具黄灰色和棕褐色纵纹，腹部背面覆有明显的黑色鳞片；前翅较为狭长且外缘较光滑，具绿棕色暗纹、斑点，基部至中室具黑色条纹和斑块组成的复杂花纹，中室端斑具1枚黑点，中区自后缘至前缘发出的5条线纹为黑褐色，且各条纹相对平行，外缘具黄灰色大斑且密布褐色细点。反面类同正面，基半部为灰黑色。后翅正面具模糊的黄褐色条纹，反面深灰色与黄灰色交错，中区具3条黑色线纹。雌性形态类同雄性，翅膀较为宽阔，触角较细，尾毛为笔状。

主要出现于夏季。寄主为藤芋属和崖角藤属等多种天南星科植物。

中国分布于广西、贵州、云南、西藏。此外见于印度、不丹、孟加拉国、泰国、老挝、越南、马来西亚、印度尼西亚。

瓦鸟嘴天蛾 *Eupanacra waloensis* Brechlin, 2000

Eupanacra waloensis Brechlin, 2000, *Nachr. entomol. Ver. Apollo* (N.F.), 21: 72.
Type locality: China, Yunnan, Fugong, Lishadi.

小型天蛾。雄性形态十分近似马来鸟嘴天蛾*E. malayana*，但整体颜色偏淡，腹部两侧斑块为黄褐色而非橘红色，前翅顶角凹陷相对强烈，翅面条纹颜色偏黑色。雌性目前未知。

主要出现于春季至夏季。寄主不明。

中国分布于云南、贵州。此外见于印度、孟加拉国、越南、马来西亚。

1. 绿鸟嘴天蛾指名亚种 *Eupanacra busiris busiris* 云南西双版纳 / 张巍巍　摄
2. 马来鸟嘴天蛾 *Eupanacra malayana* 贵州安顺 / 郑心怡　摄
3. 闪角鸟嘴天蛾 *Eupanacra metallica* 雅鲁藏布江 / 张巍巍　摄
4. 斜带鸟嘴天蛾 *Eupanacra mydon* 云南西双版纳 / 张巍巍　摄
5. 背线鸟嘴天蛾燕门亚种 *Eupanacra perfecta tsekoui* 云南丽江 / 张巍巍　摄
6. 直纹鸟嘴天蛾 *Eupanacra sinuata* 云南临沧 / 陆千乐　摄
7. 黄鸟嘴天蛾 *Eupanacra variolosa* 贵州荔波 / 郑心怡　摄

绿鸟嘴天蛾指名亚种
Eupanacra busiris busiris
♂　广东深圳　翅展 58 毫米

绿鸟嘴天蛾指名亚种
Eupanacra busiris busiris
♀　云南盈江　翅展 70 毫米

马来鸟嘴天蛾
Eupanacra malayana
♂　贵州安顺　翅展 43 毫米

马来鸟嘴天蛾
Eupanacra malayana
♀ 云南勐腊 翅展 45 毫米

闪角鸟嘴天蛾
Eupanacra metallica
♂ 西藏聂拉木 翅展 52 毫米

闪角鸟嘴天蛾
Eupanacra metallica
♀ 西藏日喀则 翅展 60 毫米

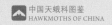

闪角鸟嘴天蛾
Eupanacra metallica
♀ 西藏墨脱 翅展 62 毫米

斜带鸟嘴天蛾
Eupanacra mydon
♂ 浙江天目山 翅展 43 毫米

斜带鸟嘴天蛾
Eupanacra mydon
♀ 云南昆明 翅展 50 毫米

斜带鸟嘴天蛾
Eupanacra mydon
♀　广东广州　翅展 50 毫米

背线鸟嘴天蛾指名亚种
Eupanacra perfecta perfecta
♀　西藏错那　翅展 41 毫米

背线鸟嘴天蛾燕门亚种
Eupanacra perfecta tsekoui
♂　云南德钦　翅展 54 毫米

背线鸟嘴天蛾燕门亚种
Eupanacra perfecta tsekoui
♂ 云南景东 翅展 58 毫米

直纹鸟嘴天蛾
Eupanacra sinuata
♂ 西藏日喀则 翅展 58 毫米

直纹鸟嘴天蛾
Eupanacra sinuata
♂ 云南麻栗坡 翅展 61 毫米

直纹鸟嘴天蛾

Eupanacra sinuata

♀ 云南麻栗坡 翅展 57 毫米

黄鸟嘴天蛾

Eupanacra variolosa

♂ 云南勐腊 翅展 51 毫米

黄鸟嘴天蛾

Eupanacra variolosa

♂ 贵州荔波 翅展 55 毫米

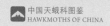

黄鸟嘴天蛾

Eupanacra variolosa

♂ 西藏墨脱 翅展 53 毫米

瓦鸟嘴天蛾

Eupanacra waloensis

♂ 云南景洪 翅展 47 毫米

后黄天蛾属 *Gnathothlibus* Wallengren, 1858

Gnathothlibus Wallengren, 1858, *Öfvers. Vet. Akad. Förh*, 15: 137.
Type species: *Sphinx erotus* Cramer, 1777

大型天蛾。喙发达；身体和前翅主要为棕褐色，具深色斑块或条纹，后翅为黄色，边缘为褐色。

该属世界已知17种，中国已知1种，本书收录1种。

白眉后黄天蛾 *Gnathothlibus erotus* (Cramer, 1777)

Sphinx erotus Cramer, 1777, *Uitl. Kapellen*, 2 (9-16): 12, pl. 104, fig. B.
Type locality: not stated.
Synonym: *Chaerocampa erotus* var. *andamanensis* Kirby, 1877

大型天蛾。雄性身体赭色，胸部腹面和足具白色绒毛，眼部上方至肩区具白色条纹，喙发达；触角细长，正面为白色，反面为黄棕色；前翅顶角尖锐，外缘光滑，翅面为棕褐色，具深褐色条纹和斑块，亚外缘至外缘密布粉紫色鳞片，中室端部具1枚白点，边缘为黑褐色；反面黄褐色，基半部黑褐色，可透见正面部分斑纹。反面赭色密布黑色细纹，顶角至中区具1条黑褐色直纹，亚外缘至外缘为赭褐色。后翅正面橘黄色，外缘黑褐色，臀角明黄色；反面赭色密布黑色细纹，臀域黄灰色。雌性形态类同雄性，但体态相对粗壮，翅膀较为宽阔，触角较细，翅面的斑块和条纹颜色更深。

主要出现于夏季至秋季。寄主为菲律宾火筒树。

中国分布于台湾兰屿。此外见于印度、泰国、越南、马来西亚、印度尼西亚、菲律宾、巴布亚新几内亚、澳大利亚、斐济。

注：该种在中国境内目前仅台湾兰屿有明确分布，包括幼虫记录，推测可能是菲律宾的种群扩散至此。本书编著过程中未能检视到产自中国台湾兰屿的该种标本，故选取了菲律宾产的雄性标本以供参考。

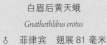

白眉后黄天蛾
Gnathothlibus erotus
♂ 菲律宾 翅展 81 毫米

突角天蛾属 *Enpinanga* Rothschild & Jordan, 1903

Enpinanga Rothschild & Jordan, 1903, *Novit. Zool.*, 9 (Suppl.): 501 (key), 545.
Type species: *Angonyx vigens* Butler, 1879

中型天蛾。雌雄异型；喙发达，雄性身体主要为灰色，胸部和头部具墨绿色或黑褐色斑块，前翅主要为灰色，中室和前缘具黑色斑块，外缘具银灰色斑纹；后翅棕褐色，外缘颜色较浅；雌性整体为褐色，翅面具颜色较深的齿纹和斑带。

该属世界已知4种，中国已知1种，本书收录1种。

双斑突角天蛾 *Enpinanga assamensis* (Walker, 1856)

Panacra assamensis Walker, 1856, *List Specimens lepid. Insects Colln. Br. Mus.*, 8: 160.
Type locality: Bangladesh, Sylhet.
Synonym: *Enpinanga labuana oceanica* Rothschild & Jordan, 1916

中型天蛾。雄性身体主要为灰色，腹面为赭色，头部两侧至肩区贯穿1条墨绿色斑带，胸部背面具银灰色绒毛，触角黄褐色；前翅顶角尖锐，外缘具明显的齿状突起，翅面为灰色，具浅褐色条纹，基部具1枚黑点，中室端部至前缘具2枚墨绿色斑块，中区具1条较模糊的褐色锯齿纹，后缘、臀角和顶角具灰褐色斑块，外缘密布银灰色鳞片，靠内边缘为齿状；反面赭色，亚外缘覆有黄棕色鳞片，可透见正面部分斑纹。后翅正面棕褐色，中区具1枚赭色斑纹，外缘灰褐色；反面浅赭色，外缘灰色，中区具2条锯齿状条纹。雌性形态近似雄性，翅膀较为宽阔，整体颜色较深，翅面各斑块和条纹更加明显，前翅中区贯穿1条墨绿色竖条纹，有的个体会扩展成为斑带。

主要出现于夏季至秋季。寄主为锡叶藤。

中国分布于广东、香港、广西、海南、云南。此外见于斯里兰卡、尼泊尔、不丹、孟加拉国、印度、泰国、老挝、越南。

双斑突角天蛾 *Enpinanga assamensis* 广东象头山 / 陆千乐　摄

双斑突角天蛾
Enpinanga assamensis
♂ 云南勐腊 翅展 47 毫米

双斑突角天蛾
Enpinanga assamensis
♂ 广东深圳 翅展 46 毫米

双斑突角天蛾
Enpinanga assamensis
♀ 香港大埔 翅展 48 毫米

中线天蛾属 *Elibia* Walker, 1856

Elibia Walker, 1856, *List Specimens lepid. Insects Colln Br. Mus.*, 8: 77 (key), 148.
Type species: Angonyx vigens Butler, 1879

中型至大型天蛾。喙发达；身体主要为灰褐色或棕褐色，具1条白色背线，触角和喙发达；前翅褐色，具密集条纹，后翅黑褐色，有的种类具大面积蓝灰色鳞片。

该属世界已知3种，中国已知2种，本书收录2种。

带纹中线天蛾 *Elibia dolichoides* (Felder R., 1874)

Philampelus dolichoides [Felder, R., 1874], *in* Felder, Felder & Rogenhofer, *Reise öst. Fregatte Novara (Zool.)*, 2 (Abt. 2): pl. 76, fig. 8.
Type locality: India, West Bengal, Darjeeling.
Synonym: *Ampelophaga dolichoides* (Felder, R., 1874)

中型天蛾。雄性身体腹面灰白色，正面灰褐色，头部至腹部末端具1条白色背线，触角较长，正面为白色，反面为棕褐色；前翅顶角尖锐，外缘光滑，翅面为灰褐色，具4条覆深褐色竖条纹，各条纹内侧覆有灰色鳞片，中区具1条褐色锯齿状条纹，亚外缘具1列褐色刻点，外缘具1处密布浅粉色和灰色的新月形区域，外缘线深褐色；反面黄褐色，基半部黑褐色，可透见正面部分斑纹。后翅正面黑褐色，顶区黄灰色，臀域灰色；反面黄褐色，中区具1条黑褐色条纹与1列黑色刻点。雌性形态类同雄性，但翅膀较为宽阔，触角较细，翅面各条纹和斑块的颜色加深。

主要出现于春季至秋季。寄主为地锦属植物。

中国分布于西藏、云南、贵州、广西。此外见于印度、尼泊尔、不丹、泰国、老挝、越南、马来西亚。

中线天蛾 *Elibia dolichus* (Westwood, 1847)

Sphinx dolichus Westwood, 1847, *Cabinet oriental Ent.*, [61], pl. 30, fig. 1.
Type locality: Bangladesh, Sylhet.

大型天蛾。雄性身体腹面灰白色，正面棕褐色，头部至腹部末端具1条白色背线，触角较长，正面为白色，反面为棕褐色；前翅顶角尖锐，外缘平直具轻微波浪形突起，翅面为灰褐色，自后缘至顶角发出2条黄灰色宽斑带，各斑带外侧具1条深褐色条纹，中区具3条褐色线纹，后缘密布深褐色鳞片，外缘尚具2条褐色线纹，中室端斑为1枚黑斑，内具白色瞳点；反面赭色，基半部黑褐色，亚外缘线深褐色为齿状，外缘密布灰色鳞片。后翅正面黑褐色，基部至中区蓝灰色，可见金属光泽，外缘具波浪形突起；反面浅赭色，中区具2列深褐色刻点。雌性形态类同雄性，但翅膀较为宽阔，触角更细，翅面各条纹较粗，颜色较深。该种末龄幼虫形态奇特，胸部两侧加宽如同眼镜蛇，背面具1枚颜色鲜艳的肉瘤，和周围花纹结合形似假眼。

主要出现于春季至秋季。寄主为水东哥属、火筒树属、乌蔹莓属、崖爬藤属等多种植物。

中国分布于云南、广东、海南。此外见于印度、尼泊尔、不丹、孟加拉国、泰国、老挝、越南、马来西亚、印度尼西亚、菲律宾。

1

2

1. 带纹中线天蛾 *Elibia dolichoides* 云南西双版纳 / 张巍巍　摄
2. 中线天蛾 *Elibia dolichus* 云南西双版纳 / 张巍巍　摄

带纹中线天蛾
Elibia dolichoides
♂ 云南麻栗坡 翅展 87 毫米

带纹中线天蛾
Elibia dolichoides
♂ 云南盈江 翅展 85 毫米

带纹中线天蛾
Elibia dolichoides
♀ 贵州荔波 翅展 74 毫米

中线天蛾

Elibia dolichus

♂　海南五指山　翅展 112 毫米

中线天蛾

Elibia dolichus

♀　云南勐腊　翅展 114 毫米

拟缺角天蛾属 *Acosmerycoides* Mell, 1922

Acosmerycoides Mell, 1922, *Deutsche Entomologische Zeitschrift, Berlin*, 1922: 117.
Type species: *Acosmerycoides insignata* Mell, 1922

中型天蛾。喙较发达；身体主要为褐色，胸部具深褐色斑块，前翅灰褐色，覆有灰白色鳞片，具深褐色锯齿纹和斑块，后翅黑褐色。

该属世界已知1种，中国已知1种，本书收录1种。

锯线拟缺角天蛾 *Acosmerycoides harterti* (Rothschild, 1895)

Ampelophaga harterti Rothschild, 1895, *Dt. ent. Z., Iris*, 7: 299.
Type locality: India, Upper Assam, Lakhimpur, Margherita.
Synonym: *Rhagastis leucocraspis* Hampson, 1910
Acosmerycoides insignata Mell, 1922
Acosmerycoides horishana Matsumura, 1927
Ampelophaga takamukui Matsumura, 1927
Clanis obscura Mell, 1958

中型天蛾。雄性身体腹面浅褐赭色，正面棕褐色，胸部背面至腹部基部具灰色绒毛，肩区具1条灰白色条纹；触角较长且为黄棕色；前翅顶角尖锐，外缘具一定弧度，翅面为灰褐色，内线、中线为棕褐色条纹，前缘附近具深褐色斑块，外中线为棕色锯齿纹，顶角具1枚褐色三角形大斑，外缘、前缘和后缘覆有灰白色鳞片；反面赭色，基半部黑褐色，可透见正面部分斑纹。后翅正面黑褐色，臀角具灰色鳞片；反面浅赭色，中区具2条褐色锯齿纹。雌性形态类同雄性，但体态相对粗壮，翅膀较为宽阔，触角较细。该种有的个体翅面各条纹和斑块较为模糊或颜色加深。

主要出现于春季至夏季。寄主为葡萄属、地锦属、蛇葡萄属、玉叶金花属等多种植物。

中国分布于安徽、浙江、福建、江西、湖南、湖北、四川、重庆、贵州、云南、西藏、广东、广西、海南、台湾。此外见于印度、尼泊尔、不丹、缅甸、老挝、越南、泰国。

锯线拟缺角天蛾 *Acosmerycoides harterti* 广东车八岭 / 陆千乐　摄

锯线拟缺角天蛾
Acosmerycoides harterti
♂ 贵州荔波　翅展 80 毫米

锯线拟缺角天蛾
Acosmerycoides harterti
♂ 四川雅安　翅展 84 毫米

锯线拟缺角天蛾
Acosmerycoides harterti
♀ 广东广州　翅展 90 毫米

缺角天蛾属 *Acosmeryx* Boisduval, 1875

Acosmerycoides Mell, 1922, *Hist. nat. Ins., Spec. gén. Lépid. Hétérocères*, 1: 214.
Type species: *Sphinx anceus* Stoll, 1781

中型至大型天蛾。喙较发达；身体主要为棕褐色、灰褐色或红棕色，腹部通常具2列深色纵纹，前翅灰褐色或黄褐色，顶角1枚深色三角形斑块，有的种类顶角末端具1个缺刻点，外缘通常具向外突出的弧度，翅面具复杂的波浪纹和锯齿纹，通常自前缘至臀角具1条较粗的黑色或褐色弧纹，中室端斑为黄点或黑点，具深褐色锯齿纹和斑块，后翅通常为棕褐色或黑褐色。前后翅反面具赭色斑块。

该属世界已知21种，中国已知11种，本书收录11种。

姬缺角天蛾 *Acosmeryx anceus* (Stoll, 1781)

Sphinx anceus Stoll, 1781, *in* Cramer, P., *Die uitlandsche kapellen voorkomende in de drie waereld-deelen Asia, Africa en America*, 124, pl. 355, fig. A.

姬缺角天蛾大陆亚种 *Acosmeryx anceus subdentata* Rothschild & Jordan, 1903

Acosmeryx anceus subdentata Rothschild & Jordan, 1903, *Novit. zool.*, 9 (suppl.): 528.
Type locality: India; Bhutan; Indonesia.

中型天蛾。较为近似缺角天蛾*A. castanea*，但整体偏红褐色且翅面具淡紫色金属光泽，前翅前缘的灰色三角形斑块中缀有的褐色波浪纹较少，中区外侧的黑褐色条纹较为平直，外缘中段向外明显突出；前后翅反面主要为均匀的红棕色，前翅基半部为灰褐色，外缘覆有粉紫色鳞片，后翅外缘为浅棕色。雌性形态类同雄性，但翅膀较为宽阔，触角较细，身体较为粗壮。

主要出现于春季至秋季。寄主为火筒树属、乌蔹莓属、白粉藤属、葡萄属等多种植物。

中国分布于浙江、福建、江西、湖南、贵州、云南、西藏、广东、香港、广西、海南、台湾。此外见于印度、尼泊尔、不丹、老挝、越南、泰国、马来西亚、印度尼西亚、菲律宾。

缺角天蛾 *Acosmeryx castanea* Rothschild & Jordan, 1903

Acosmeryx castanea Rothschild & Jordan, 1903, *Novit. zool.*, 9 : 531.
Type locality: Japan, Honshu, Kanagawa, Yokohama.
Synonym: *Acosmeryx castanea kuangtungensis* Mell, 1922
Acosmeryx castanea conspicua Mell, 1922
Acosmeryx castanea distincta Clark, 1928

中型天蛾。雄性身体腹面被赭红色绒毛，正面灰褐色，头部与胸部具棕褐色条纹，后胸具“人”形灰色绒毛，腹部覆有灰色鳞片，具2列棕褐色纵纹，触角棕褐色；前翅顶角尖锐具1个明显缺刻，外缘具轻微齿状突起，翅面为灰褐色，自基部至中区具3条深褐色波浪形弧纹，自前缘至臀角发出1条较宽的黑褐色弧纹，于中段向亚外缘延伸，前缘至顶角具1枚灰色三角形斑块，密布褐色波浪纹，顶角由褐色过渡为黑色且具1枚三角形褐色斑块，外缘前半段具1枚新月形褐色纹，内侧密布灰色鳞片，臀角上方密布褐色波浪纹，中室端斑为1枚黄点；反面灰褐色，后缘黄灰色，可透见正面部分斑纹，中区外侧、顶角具赭红色斑块。后翅正面褐色，基部至顶区黄灰色，中区具1条深褐色条纹；反面浅赭色，覆有灰白色鳞片，具3条褐色曲纹，外缘灰色。雌性形态类同雄性，但体态相对粗壮，翅膀较为宽阔，触角较细。该种有的个体偏黄色或偏灰色。

主要出现于春季至秋季。寄主主要为乌蔹莓属、蛇葡萄属、地锦属等多种葡萄科植物。

中国分布于陕西、安徽、浙江、上海、福建、江西、湖南、湖北、四川、贵州、云南、西藏、广东、香港、广西、海南、台湾。此外见于日本、韩国、印度。

台湾缺角天蛾 *Acosmeryx formosana* (Matsumura, 1927)

Ampelophaga formosana Matsumura, 1927, *J. Coll. Agric. Hokkaido Imp. Univ.*, 19: 4.
Type locality: China, Taiwan, Nantou, Puli.

中型天蛾。雄性身体灰褐色，腹面被部分浅赭色绒毛，正面头部至腹部前端具1条棕褐色条纹，腹部覆少许灰色鳞片，触角褐色；前翅基部具灰色绒毛，顶角尖锐且具1枚褐色斑块，末端尚具1枚较小的褐色三角形斑，外缘光滑，翅面为灰褐色，具模糊的褐色弧纹和波浪纹，自前缘至臀角发出1条较宽的棕褐色弧纹，该弧纹外侧至顶角的区域密布浅灰色鳞片，亚外缘具1列棕褐色刻点；反面灰褐色，中区外侧、顶角具浅赭色斑块，外缘灰色。后翅正面褐色无特别花纹；反面浅赭色，外缘灰色。雌性形态类同雄性，但体态相对粗壮，翅膀较为宽阔，翅面颜色较深。

主要出现于春季至夏季。寄主不明。

该种为中国特有种。目前仅知分布于台湾。

葡萄缺角天蛾 *Acosmeryx naga* Moore, 1858

Philampelus naga Moore, 1858, *in* Horsfield & Moore, *Cat. lepid. Insects Mus. Hon. East-India Company*, 1: 271.

葡萄缺角天蛾东部亚种 *Acosmeryx naga metanaga* Butler, 1879

Acosmeryx metanaga Butler, 1879, *Annals and Magazine of Natural History*, (5)4: 350.
Type locality: Japan, Yokohama.

Synonym: *Acosmeryx naga naganana* Zolotuhin & Yevdoshenko, 2019

大型天蛾。较为近似缺角天蛾*A. castanea*，但整体偏灰色，前翅顶角向外突出，外缘轮廓相对平直，翅面前缘的三角形斑块中覆有更多的灰褐色鳞片，且斑块相对狭长，中线处的黑褐色弧纹更长，外缘的新月形斑纹延长至臀角上方收缩，靠内侧轮廓具明显弧度，覆有较宽的灰色鳞片带。雌性形态类同雄性，但翅膀较为宽阔，触角较细，翅面的灰色鳞片更加明显。

主要出现于春季至秋季。寄主广泛，主要为葡萄属、乌蔹莓属、蛇葡萄属、猕猴桃属等多种植物，如广东蛇葡萄、软枣猕猴桃等。

中国除新疆、甘肃、青海、内蒙古、宁夏及部分海岛外几乎各地区都有分布。此外见于日本、俄罗斯。

黄褐缺角天蛾 *Acosmeryx omissa* Rothschild & Jordan, 1903

Acosmeryx omissa Rothschild & Jordan, 1903, *Novit. zool.*, 9 (suppl.): 527 (key), 530.
Type locality: Bhutan, Buxa.

大型天蛾。近似缺角天蛾*A. castanea*，但整体偏黄褐色，翅面颜色相对均匀，前翅顶角更加向外突出且不具灰色鳞片，外缘锯齿状突起较明显，翅面亚外缘的锯齿状条纹明显，前缘发出的弧纹于中段不向亚外缘延伸，中区外侧的条纹淡化为间断的波浪纹；前后翅反面覆有少量的灰色鳞片。雌性形态类同雄性，但翅膀较为宽阔，触角较细，身体较为粗壮，整体颜色较深。

主要出现于夏季。寄主不明。

中国分布于云南、西藏。此外见于印度、尼泊尔、不丹、缅甸、老挝、越南、泰国。

伪黄褐缺角天蛾 *Acosmeryx pseudomissa* Mell, 1922

Acosmeryx pseudomissa Mell, 1922, *Beitr. Fauna Sinica 2 (Biol. Syst. sudchin. Sphingiden)*, 230.
Type locality: China, Guangdong, Shixing.

中型天蛾。近似黄褐缺角天蛾*A. omissa*，但身体和翅面花纹颜色偏淡，前翅较为狭长，顶角缺刻相对较不明显，外缘几乎不具锯齿状突起，正面外缘和前缘的三角形斑块覆有更明显的灰色鳞片，前缘发出的弧纹于中段稍向亚外缘延伸；前后翅反面偏黄棕色。雌性形态类同雄性，但翅膀较为宽阔，触角较细，翅面花纹颜色较深。

主要出现于夏季至秋季。寄主为猕猴桃属植物。

中国分布于云南、湖南、江西、广东、海南。此外见于老挝、越南、泰国、马来西亚。

伪葡萄缺角天蛾 *Acosmeryx pseudonaga* Butler, 1881

Acosmeryx pseudonaga Butler, 1881, *Illustrations of typical specimens of Lepidoptera Heterocera in the collection of the British Museum*, 5: 2.
Type locality: Bhutan.

大型天蛾。近似伪黄褐缺角天蛾*A. pseudomissa*，但整体偏灰褐色，翅面具浅紫色光泽，翅膀相对较宽大，外缘具明显弧度，翅面前缘发出的弧纹于中段不向亚外缘延伸，中区外侧的条纹为连续的波浪纹；前后翅反面覆有较多的灰色鳞片。雌性形态类同雄性，但翅膀较为宽阔，触角较细，身体较为粗壮。

主要出现于春季至秋季。寄主主要为火筒树属、乌蔹莓属、白粉藤属等多种植物。

中国分布于西藏、云南、贵州、广西、广东、香港、海南。此外见于印度、尼泊尔、不丹、缅甸、泰国、老挝、越南、马来西亚、印度尼西亚、菲律宾。

净面缺角天蛾 *Acosmeryx purus* Kudo, Nakao & Kitching, 2014

Acosmeryx purus Kudo, Nakao & Kitching, 2014, *Tinea*, 23(1): 35.
Type locality: China, Yunnan, Changning, Songzishanding.

大型天蛾。十分近似葡萄缺角天蛾*A. naga*，但整体发白，顶角与翅面前缘的三角形斑块为灰白色，外缘的月形斑纹内侧具较宽的灰白色鳞片带延长直至臀角处收缩，靠内侧轮廓较为平直，密布灰白色鳞片，中线下半部与中区外侧的条纹相连形成1条较长的黑褐色弧纹。雌性形态类同雄性，但整体翅形更加狭长，翅面斑纹相对模糊，触角较细，体型更加粗壮。

主要出现于春季至秋季。寄主广泛，主要为葡萄属、乌蔹莓属、蛇葡萄属、猕猴桃属等多种植物，如广东蛇葡萄、软枣猕猴桃等。

中国分布于浙江、福建、江西、湖南、重庆、湖北、四川、贵州、云南、广东、台湾、广西。此外见于越南。

赭绒缺角天蛾 *Acosmeryx sericeus* (Walker, 1856)

Philampelus sericeus Walker, 1856, *List Specimens lepid. Insects Colln. Br. Mus.*, 8: 181.
Type locality: Bangladesh, Sylhet.
Synonym: *Acosmeryx anceoides* Boisduval, 1875
Acosmeryx sericeus rufescens Mell, 1922

中型天蛾。近似黄褐缺角天蛾*A. omissa*，但整体偏红棕色，翅面具紫色光泽，前翅较为狭长，顶角向外突出稍不明显，外缘具明显的锯齿状突起，翅面覆有较多的浅粉色与灰色鳞片，中区外侧具连贯的黑褐色条纹，翅面各条纹颜色显著偏黑；前后翅反面偏红棕色，具面积较大的赭红色斑块。

雌性形态类同雄性，但翅膀较为宽阔，触角较细，翅面花纹颜色较深。

主要出现于夏季。寄主为猕猴桃属植物。

中国分布于云南、湖南、江西、福建、广东、广西、海南。此外见于老挝、越南、泰国、马来西亚。

斜带缺角天蛾 *Acosmeryx shervillii* Boisduval, 1875

Acosmeryx shervillii [Boisduval, 1875], *in* Boisduval & Guenée, *Hist. nat. Insectes (Spec. gén. Lépid. Hétérocères)*, 1: 217.
Type locality: India, West Bengal, Darjeeling.
Synonym: *Acosmeryx cinerea* Butler, 1875
Acosmeryx miskini brooksi Clark, 1922
Acosmeryx socrates obliqua Dupont, 1941

中型天蛾。十分近似伪葡萄缺角天蛾*A. pseudonaga*，但前翅外缘于顶角下方向内凹陷，翅面亚外缘的锯齿状条纹相对明显，前缘发出的弧纹直达臀角，中段不呈折线状，中室端斑为1枚黑点，而不是黄点。雌性形态类同雄性，但翅膀较为宽阔，且花纹颜色较深，触角较细，身体较为粗壮。

主要出现于春季至秋季。寄主为火筒树属、乌蔹莓属、地锦属、崖爬藤属、葡萄属、猕猴桃属、五桠果属等多种植物。

中国分布于西藏、云南、贵州、广西、海南。此外见于印度、尼泊尔、不丹、孟加拉国、印度尼西亚、菲律宾，以及中南半岛。

辛氏缺角天蛾 *Acosmeryx sinjaevi* Brechlin & Kitching, 1998

Acosmeryx sinjaevi Brechlin & Kitching, 1996, *in* Kitching & Brechlin, 1996, *Nachr. Ent. Ver. Apollo* (N.F.), 17: 62.
Type locality: Vietnam, Thanh Hoa, Ben En National Park.

中型天蛾。十分近似台湾缺角天蛾*A. formosana*，但整体颜色较浅，前翅亚外缘的深褐色刻点列更加明显。雌性形态类同雄性，但翅膀较为宽阔，触角较细，翅面颜色较深。

主要出现于春季至夏季。寄主未知。

中国分布于福建、江西、湖南、广东、广西、贵州、海南。此外见于越南、印度。

1

2

3

4

1. 姬缺角天蛾大陆亚种 *Acosmeryx anceus subdentata* 广东丹霞山 / 陆千乐　摄
2. 缺角天蛾 *Acosmeryx castanea* 浙江天目山 / 苏圣博　摄
3. 葡萄缺角天蛾东部亚种 *Acosmeryx naga metanaga* 云南临沧 / 陆千乐　摄
4. 黄褐缺角天蛾 *Acosmeryx omissa* 西藏林芝 / 刘庆明　摄

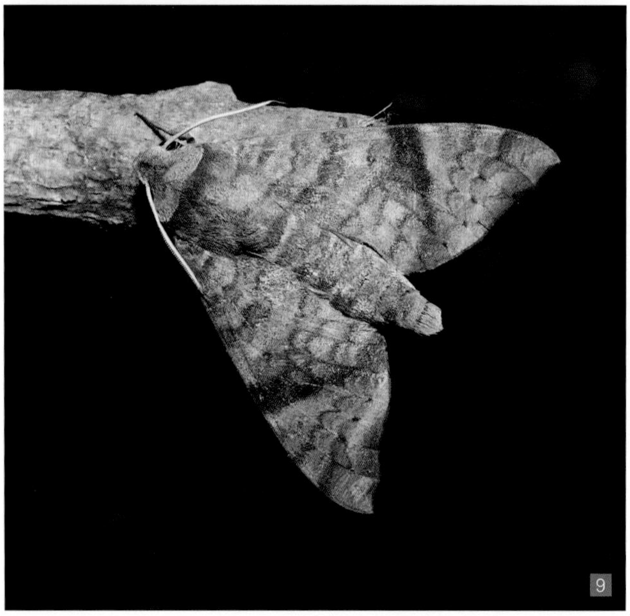

5. 伪黄褐缺角天蛾 *Acosmeryx pseudomissa* 广西梧州 / 陆千乐　摄
6. 伪葡萄缺角天蛾 *Acosmeryx pseudonaga* 云南西双版纳 / 张巍巍　摄
7. 净面缺角天蛾 *Acosmeryx purus* 贵州铜仁 / 郑心怡　摄
8. 赭绒缺角天蛾 *Acosmeryx sericeus* 云南西双版纳 / 张巍巍　摄
9. 斜带缺角天蛾 *Acosmeryx shervillii* 云南西双版纳 / 张巍巍　摄
10. 辛氏缺角天蛾 *Acosmeryx sinjaevi* 贵州雷公山 / 郑心怡　摄

姬缺角天蛾大陆亚种

Acosmeryx anceus subdentata

♂　海南尖峰岭　翅展 60 毫米

姬缺角天蛾大陆亚种

Acosmeryx anceus subdentata

♂　云南勐腊　翅展 64 毫米

姬缺角天蛾大陆亚种

Acosmeryx anceus subdentata

♀　广东深圳　翅展 62 毫米

缺角天蛾

Acosmeryx castanea

♂ 云南麻栗坡 翅展 60 毫米

缺角天蛾

Acosmeryx castanea

♂ 陕西安康 翅展 76 毫米

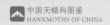

缺角天蛾

Acosmeryx castanea

♀ 上海嘉定 翅展 65 毫米

台湾缺角天蛾

Acosmeryx formosana

♂ 台湾宜兰 翅展 80 毫米

台湾缺角天蛾

Acosmeryx formosana

♀ 台湾南投 翅展 78 毫米

葡萄缺角天蛾东部亚种

Acosmeryx naga metanaga

♂ 四川攀枝花 翅展 88 毫米

葡萄缺角天蛾东部亚种

Acosmeryx naga metanaga

♂ 云南贡山 翅展 90 毫米

葡萄缺角天蛾东部亚种

Acosmeryx naga metanaga

♀ 西藏聂拉木 翅展 95 毫米

葡萄缺角天蛾东部亚种

Acosmeryx naga metanaga

♀ 重庆巫溪 翅展 98 毫米

黄褐缺角天蛾

Acosmeryx omissa

♂ 云南屏边 翅展 86 毫米

黄褐缺角天蛾

Acosmeryx omissa

♂ 西藏林芝 翅展 90 毫米

黄褐缺角天蛾

Acosmeryx omissa

♂ 云南盈江 翅展 83 毫米

伪黄褐缺角天蛾
Acosmeryx pseudomissa
♂ 广东信宜 翅展 80 毫米

伪黄褐缺角天蛾
Acosmeryx pseudomissa
♂ 湖南都庞岭 翅展 72 毫米

伪黄褐缺角天蛾
Acosmeryx pseudomissa
♂ 海南五指山 翅展 78 毫米

伪葡萄缺角天蛾

Acosmeryx pseudonaga

♂ 海南尖峰岭 翅展 84 毫米

伪葡萄缺角天蛾

Acosmeryx pseudonaga

♀ 云南麻栗坡 翅展 90 毫米

净面缺角天蛾

Acosmeryx purus

♂ 浙江衢州 翅展 88 毫米

净面缺角天蛾

Acosmeryx purus

♂ 广西金秀 翅展 86 毫米

净面缺角天蛾

Acosmeryx purus

♀ 江西井冈山 翅展 94 毫米

赭绒缺角天蛾

Acosmeryx sericeus

♂ 福建三明 翅展 74 毫米

赭绒缺角天蛾
Acosmeryx sericeus
♂ 广西崇左 翅展 78 毫米

赭绒缺角天蛾
Acosmeryx sericeus
♀ 云南麻栗坡 翅展 88 毫米

斜带缺角天蛾
Acosmeryx shervillii
♂ 云南勐腊 翅展 80 毫米

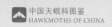

斜带缺角天蛾
Acosmeryx shervillii
♂ 广西金秀 翅展 81 毫米

辛氏缺角天蛾
Acosmeryx sinjaevi
♂ 贵州六盘水 翅展 76 毫米

辛氏缺角天蛾
Acosmeryx sinjaevi
♂ 福建武夷山 翅展 72 毫米

辛氏缺角天蛾

Acosmeryx sinjaevi

♂ 海南尖峰岭 翅展 73 毫米

斜带天蛾属 *Dahira* Moore, 1888

Acosmerycoides Mell, 1922, *Proc. zool. Soc. Lond.*, 1888: 390.
Type species: *Dahira rubiginosa* Moore, (1888)

小型至中型天蛾。属内成员形态多样性较丰富；喙发达，触角细长；身体通常被棕褐色或灰褐色绒毛，多数种类前翅斑纹近似缺角天蛾属*Acosmeryx*，前缘至外缘常具1条明显的深色宽斜带，后翅棕褐色或橙色，部分种类具1枚较大的黄斑；反面多为赭红色或黄褐色，外缘斑纹轮廓呈锯齿状。本属成员多为1年1代，常于春季发生，多栖息于中高海拔生境良好的森林地区。

该属世界已知28种，中国已知17种，本书收录17种。

潮州斜带天蛾 *Dahira chaochauensis* (Clark, 1922)

Gurelca chaochauensis Clark, 1922, *Proc. New Engl. zool. Club*, 8: 13.
Type locality: China, Guangdong, Chaozhou.
Synonym: *Micracosmeryx chaochauensis* (Clark, 1922)
Micracosmeryx macroglossoides Mell, 1922

小型天蛾。雄性身体腹面浅赭色，正面被灰褐色绒毛，胸部具“人”形灰色绒毛，腹部尾毛为毛刷状，触角黄棕色；前翅灰褐色，斑纹模式近似缺角天蛾*A. castanea*，但翅形较为狭长，翅面各条纹和斑块主要为黑褐色或深褐色；反面具大面积黄棕色斑块，覆有较多的赭色鳞片，外缘为灰色。后翅正面明黄色，亚外缘至外缘为黑褐色，于臀角处收缩；反面类同正面，但覆有较多的赭色鳞片，顶区和外缘为灰色。雌性形态类同雄性，但翅膀较为宽阔，触角较细，尾毛收缩为箭形。

主要出现于春季。寄主不明。

中国分布于陕西、四川、浙江、湖南、广东。此外见于越南。

粉斜带天蛾 *Dahira farintaenia* (Zhu & Wang, 1997)

Rhodosoma farintaenia Zhu & Wang, 1997, *Fauna Sinica (Insecta)*, 11: 318.
Type locality: China, Jiangxi, Ciping.
Synonym: *Hayesiana farintaenia* (Zhu & Wang, 1997)

中型天蛾。雄性身体腹面浅赭色，正面被草绿色绒毛，触角黄褐色；前翅顶角具1枚黄斑，外缘光滑，自前缘附近发出1条灰白色斑带至臀角，该斑带具蓝灰色光泽，翅面为深绿色，基部具少许灰色短绒毛；反面赭色，基半部灰褐色，亚外缘具红褐色条纹，外缘覆有灰色鳞片。后翅正面黑褐色；反面浅赭色，中区具1条红褐色条纹，外缘覆有灰色鳞片。雌性形态类同雄性，但翅膀较为宽阔，触角较细，前翅的灰白色斑带更宽，顶角黄斑更加明显。

主要出现于春季至夏初。寄主不明。

该种为中国特有种。分布于陕西、安徽、福建、江西、湖南、贵州、重庆、四川、广东、广西。

窗斑斜带天蛾 *Dahira hoenei* (Mell, 1937)

Philodila hoenei Mell, 1937, *Dt. ent. Z., Berl.*, 1937: 6.
Type locality: China, Shaanxi, Taibai Shan.
Synonym: *Acosmeryx cacthschild* Chu & Wang, 1980

中型天蛾。雄性十分近似云南斜带天蛾*D. yunnanfuana*，但身体正面主要被墨绿色绒毛，前翅相对较短，外缘向外突出更加明显，且略微具有齿状突起，翅前缘的灰色大斑具1枚明显的白色方斑，翅面基部的斑块、中线与外中线为墨绿色，且明显更宽，中线中段出现较为明显的断裂，臀角上方具黄褐色碎斑；前后翅反面偏棕色，可透见正面部分斑纹。雌性形态类同雄性，但整体颜色为棕褐色，翅膀较为宽阔，触角较细，翅面各斑纹颜色较深，前翅窗斑较不明显，外缘弧度强烈。

主要出现于春季。寄主不明。

该种为中国特有种。分布于陕西、四川、湖北、重庆。

突缘斜带天蛾 *Dahira jitkae* Haxaire & Melichar, 2007

Dahira jitkae Haxaire & Melichar, 2007, *European Entomologist*, 1(1): 20.
Type locality: China, Sichuan, Miansi.

小型天蛾。雄性近似凯氏斜带天蛾*D. kitchingi*，但体型较小，身体和翅膀偏灰色，前翅明显较短，顶角较钝且缺刻不明显，外缘和臀角向外突出更明显，翅面的黑褐色条纹较为稀疏，基部斑块、中线和外中线较宽，翅面具淡紫色光泽；反面棕褐色，中区的赭红色斑块较为稀疏；后翅正面棕色，向外缘过渡为棕褐色；反面浅赭色，外缘棕褐色。雌性目前未知。

主要出现于夏季。寄主不明。

该种为中国特有种。分布于四川、湖南。

凯氏斜带天蛾 *Dahira kitchingi* (Brechlin, 2000)

Lepchina kitchingi Brechlin, 2000, *Nachr. ent. Ver. Apollo* (N.F.), 21: 145.
Type locality: China, Shaanxi, Taibai Shan.
Synonym: *Lepchina plutenkoi* Brechlin, 2002

中型天蛾。雄性斑纹模式类似云南斜带天蛾*D. yunnanfuana*，但身体和翅膀主要为棕褐色，自前缘发出1条黑褐色斜带至外缘中段与臀角，内线与中线和翅面其余褐色弧纹宽度基本一致，顶角至前缘的其余区域密布灰色鳞片，外缘略微具齿状突起，中室端斑为1枚黄点；反面主要为赭色，中区具大面积赭红色斑块，外缘深灰色，覆有灰色鳞片。后翅正面棕褐色，向外缘过渡为黑褐色；反面浅赭色，具4条褐色条纹，各条纹间覆有灰色鳞片，外缘为深灰色。雌性形态类同雄性，但翅膀较为宽阔，触角较细，身体粗壮，翅面颜色与斑纹相对较淡。

主要出现于春季至夏季。寄主不明。

该种为中国特有种。分布于陕西、四川、重庆。

鄂陕斜带天蛾 *Dahira klaudiae* Brechlin, Melichar & Haxaire, 2006

Dahira klaudiae Brechlin, Melichar & Haxaire, 2006. *in* Brechlin & Melichar, 2006, *Nachr. ent. Ver. Apollo* (N.F.), 27(4): 210.
Type locality: China, Hubei, Daba Shan, Songluohe.

中型天蛾。雄性十分近似云南斜带天蛾*D. yunnanfuana*，但身体和前翅偏棕褐色，顶角更加向外突，外缘具明显的齿状突起，前翅前缘的灰色大斑相对狭长，顶角具1枚明显的黄褐色斑块；反面中区具黄褐色碎斑。后翅正面为红棕色，外缘棕褐色；反面顶区的黑褐色斑块较宽，颜色更深。雌性目前未知。

主要出现于春末至夏初。寄主不明。

该种为中国特有种。分布于陕西、四川、湖北。

黄斑斜带天蛾 *Dahira nili* Brechlin, 2006

Dahira nili Brechlin, 2006. *in* Brechlin & Melichar, 2006, *Nachr. ent. Ver. Apollo* (N.F.), 27(4): 208.
Type locality: China, Guangxi, Jinxiu, Dayao Shan.

中型天蛾。雄性斑纹模式近似潮州斜带天蛾*D. chaochauensis*，但翅面偏黄褐色，前翅顶角更加向外突出，外缘具明显的齿状突起，前翅后缘上方具黄灰色斑块，中室端斑为1枚黑点；反面棕褐色，中区至亚外缘、顶角具颜色均匀的黄色斑块。后翅正面为灰黑色，中区具1枚黄色大斑，臀域灰褐色；反面黄棕色，具褐色碎纹与银灰色鳞片，外缘棕褐色。雌性目前未知。

主要出现于春季。寄主不明。

该种为中国特有种。目前仅知分布于广西。

藏斜带天蛾 *Dahira niphaphylla* (Joicey & Kaye, 1917)

Thibetia niphaphylla Joicey & Kaye, 1917, *Ann. Mag. nat. Hist.*, (8) 20: 231.
Type locality: China, "Thibet" (probably western Sichuan).

小型天蛾。雄性十分近似突缘斜带天蛾*D. jitkae*，但身体和翅膀偏黄褐色，前翅相对狭长，顶角至外缘处的向内凹陷更为强烈，翅面各条纹较窄；反面外缘线颜色更深，为黑褐色；后翅正面黄褐色，向外缘过渡为棕褐色。此外雄性外生殖器的阳茎端和抱器也有明显区别。雌性目前未知。

发生期与寄主目前不明。

该种为中国特有种。目前仅有的分布信息记录为"Thibet"，从发表年代的地理划分来参考，该种可能分布于今四川西部靠近西藏东部一带。

斜带天蛾 *Dahira obliquifascia* (Hampson, 1910)

Ampelophaga obliquifascia Hampson, 1910, *J. Bom. Nat.His. Soc.*, 20: 87.

斜带天蛾黄山亚种 *Dahira obliquifascia huangshana* (Meng, 1982)

Acosmeryx huangshana Meng, 1982, *Entomotaxonomia*, 4: 55.
Type locality: China, Anhui, Huang Shan.
Synonym: *Ampelophaga fujiana* Zhu & Wang, 1997

中型天蛾。雄性身体腹面被赭红色绒毛，正面棕褐色，肩区与腹部两侧为灰色，触角黄棕色；前翅顶角尖锐，具1枚黄斑，翅面为灰褐色，基部至中区内侧具2条深褐色波浪形斑纹，前缘至外缘中段和臀角发出1条较宽的黑褐色弧纹，该弧纹外侧至顶角的区域密布灰色鳞片，臀角上方密布褐色波浪纹和2枚黄褐色斑块，中室端斑为1枚黑点；反面赭红色可透见正面部分斑纹，基半部黑褐色，外缘灰褐色。后翅正面黑褐色，臀域灰色；反面赭色，外缘灰褐色。雌性形态类同雄性，但翅膀较为宽阔，触角较细。

主要出现于春季至夏季。寄主不明。

分布于中国陕西、安徽、浙江、福建、江西、湖南、贵州、云南、西藏、广东、广西。

斜带天蛾台湾亚种 *Dahira obliquifascia baibarana* (Matsumura, 1927)

Ampelophaga baibarana Matsumura, 1927, *J. Coll. Agric. Hokkaido Imp. Univ.*, 19: 3.
Type locality: China, Taiwan, Nantou, Meiyuan.

中型天蛾。雄性近似黄山亚种*ssp. huangshana*，但翅面各条纹颜色较深，顶角至外缘覆有明显的银灰色鳞片。

主要出现于春季至夏季。寄主不明。

目前仅知分布于中国台湾。

斜带天蛾中南亚种 *Dahira obliquifascia siamensis* Melichar & Haxaire, 2021

Dahira obliquifascia siamensis Melichar & Haxaire, 2021, *The European Entomologist*, 13: 112.
Type locality: Laos, Attaperu province, Annam Highlands mountains.

中型天蛾。雄性近似黄山亚种*ssp. huangshana*，但体型相对较大，前翅较长，整体偏灰色。

主要出现于春季至夏季。寄主不明。

中国分布于云南。此外见于老挝、越南、泰国、马来西亚。

赭红斜带天蛾 *Dahira rubiginosa* Moore, 1888

Dahira rubiginosa Moore, 1888, *Proc. New Engl. zool. Club*, 1888: 391.

赭红斜带天蛾福建亚种 *Dahira rubiginosa fukienensis* (Meng, 1986)

Theretra fukienensis Meng, 1986, *Entomotaxon*, 8: 268.
Type locality: China, Fujian, Shaowu.

中型天蛾。雄性身体腹面被黄棕色绒毛，正面赭褐色，胸部与各腹节两侧被少量灰色绒毛，触角黄棕色；前翅顶角尖锐具灰色斑纹，外缘光滑，翅面为赭褐色无特别花纹，中室端斑为1枚灰褐色斑点；反面赭色，外缘覆有灰色鳞片。后翅正面橙色，基部至臀角覆有黑褐色鳞片，臀域黄灰色，外缘黑褐色；反面浅赭色，中区具3条浅褐色条纹。雌性形态类同雄性，但翅膀较为宽阔，触角较细。

主要出现于春季至夏季。寄主为铁冬青。

中国分布于安徽、浙江、福建、台湾、江西、湖南、贵州、云南、广东、香港、广西。此外见于越南。

四川斜带天蛾 *Dahira sichuanica* Jiang & Wang, 2020

Dahira sichuanica Jiang & Wang, 2020, *Zootaxa*, 4767 (3): 486.
Type locality: China, Sichuan, Leshan, Mabian.

中型天蛾。雄性近似凯氏斜带天蛾*D. kitchingi*，但身体和翅膀偏红棕色，前翅顶角不具缺刻，外缘较为平直无显著突起，翅面各条纹和斑块较淡，自中室末端至前缘向臀角上方发出1条黑褐色宽斜带，前缘具1条明显的深灰色条纹，顶角至外缘密布深灰色鳞片；后翅正面红棕色，向外缘过渡为棕褐色。雌性目前未知。

主要出现于夏季。寄主不明。

该种为中国特有种。分布于四川、重庆。

尖翅斜带天蛾 *Dahira svetsinjaevae* Brechlin, 2006

Dahira svetsinjaevae Brechlin, 2006., *in* Brechlin & Melichar, 2006, *Nachr. ent. Ver. Apollo* (N.F.), 27(4): 207.
Type locality: China, Guangxi, Jinxiu, Dayao Shan.

中型天蛾。雄性身体腹面被赭褐绒毛，正面灰褐色，触角黄棕色；前翅十分狭长，顶角尖锐且外缘光滑，臀角较为突出，翅面主要为棕褐色，基部至中区、前缘和顶角密布灰褐色鳞片；反面赭红色，基半部黑褐色，外缘覆有灰色鳞片。后翅顶角较尖锐，臀角向外突出明显，正面棕褐色，顶区黄褐色，臀域灰褐色；反面赭红色无特别花纹。雌性目前未知。

主要出现于春季。寄主不明。

中国分布于广东、广西。此外见于印度。

台湾斜带天蛾 *Dahira taiwana* (Brechlin, 1998)

Gehlenia taiwana Brechlin, 1998, *Nachr. ent. Ver. Apollo* (N.F.), 19: 36.
Type locality: China, Taiwan, Taoyuan.

中型天蛾。雄性近似雌性黄斑斜带天蛾*D. uljanae*，但整体为红棕色，前翅基部和内线具灰色条纹，前缘至外缘的斜带为灰色，顶角具黄褐色鳞片；反面赭色，外缘具灰褐色斑带且相对较窄。后翅正面为赭色，臀域和外缘棕褐色；反面浅赭色，中区具褐色条纹，外缘灰色。雌性形态类同雄性，但前翅主要为黄褐色，内线、中线、外中线与亚外缘线为深褐色弧纹，前缘至外缘的斜带为红棕色，顶角的黄褐色鳞片不明显。

主要出现于春季。寄主不明。

该种为中国特有种。目前仅知分布于台湾。

乌氏斜带天蛾 *Dahira uljanae* Brechlin & Melichar, 2006

Dahira uljanae Brechlin & Melichar, 2006, *Nachr. ent. Ver. Apollo* (N.F.), 27(4): 209.
Type locality: China, Shaanxi, Taibai Shan.

中型天蛾。雄性近似黄斑斜带天蛾*D. nili*，但整体为深灰色，前翅基部至中区具黑色竖条纹，外缘深灰色，中室端部具1枚较大的白色斑块；反面灰褐色，外缘中段向内延伸形成长斑。后翅正面为灰黑色，自顶区至中区具1枚黄色大斑，臀域灰褐色；反面灰褐色，斑纹类同正面，具赭色碎纹。雌性花纹类似雄性，但前翅更加狭长，翅面为灰色，基部后缘覆有灰黑色鳞片，各竖条纹较模糊，顶角至外缘具较宽的灰色鳞片带；反面几乎全为赭色，外缘灰褐色。后翅正面橙色，外缘棕褐色；反面赭色，中区具褐色条纹，外缘灰色。

主要出现于春季。寄主不明。

该种为中国特有种。目前仅知分布于陕西。

辛氏斜带天蛾 *Dahira viksinjaevi* Brechlin, 2006

Dahira viksinjaevi Brechlin, 2006. *in* Brechlin & Melichar, 2006, *Nachr. ent. Ver. Apollo* (N.F.), 27(4): 209.
Type locality: China, Guangxi, Jinxiu, Dayao Shan.

小型天蛾。雄性近似潮州斜带天蛾*D. chaochauensis*，但身体正面和前翅主要为棕褐色，前翅顶角和外缘中段向外突出明显，正面各条纹为黑褐色，前缘至外缘具1条银灰色云纹；反面棕褐色，基半部黑褐色，中区的斑块为红棕色，外缘灰黑色。后翅正面为棕褐色，向外缘过渡为黑褐色，臀域灰褐色；反面棕色，中区具深褐色条纹，外缘棕褐色。雌性目前未知。

主要出现于春季。寄主不明。

该种为中国特有种。目前仅知分布于广西。

云龙斜带天蛾 *Dahira yunlongensis* (Brechlin, 2000)

Lepchina yunlongensis Brechlin, 2000, *Nachr. ent. Ver. Apollo* (N.F.), 21: 144.
Type locality: China, Yunnan, Dali, Yunlong.

中型天蛾。雄性近似凯氏斜带天蛾*D. kitchingi*，但身体和翅膀主要为红棕色，前翅相对狭长，顶角和外缘向外突出更加明显，前缘至顶角区域的灰色鳞片不明显，翅面具淡紫色光泽，前缘发出的斜带相对较窄；后翅正面红棕色，向外缘过渡为棕褐色。雌性形态类同雄性，但翅膀较为宽阔，触角较细，身体粗壮，翅面覆有明显的灰色与浅粉色鳞片。

主要出现于夏季。寄主不明。

该种为中国特有种。目前仅知分布于云南。

云南斜带天蛾 *Dahira yunnanfuana* (Clark, 1925)

Acosmeryx yunnanfuana Clark, 1925, *Proc. New Engl. zool. Club*, 9: 34.

云南斜带天蛾指名亚种 *Dahira yunnanfuana yunnanfuana* (Clark, 1925)

Acosmeryx yunnanfuana Clark, 1925, *Proc. New Engl. zool. Club*, 9: 34.
Type locality: China, Yunnan, Kunming.

中型天蛾。雄性身体腹面浅赭色，正面被灰褐色绒毛，胸部具“人”形灰色绒毛，头部与胸部具棕褐色斑块，触角棕褐色；前翅灰色，斑纹模式近似缺角天蛾*A. castanea*，但翅形较为狭长，顶角和外缘中段向外突出明显，前缘的灰色大斑为梯形，翅面深条纹和斑块为深褐色，其中中线与外中线明显较宽，中室端斑为1枚黑点；反面主要为深灰色，中区至顶角具大面积黄棕色斑块，前缘和外缘覆有银灰色鳞片。后翅正面棕色，外缘深褐色；反面浅赭色，中区和顶区密布银灰色鳞片，顶区具1枚黑褐色斑块，中线和外中线为褐色，外缘为灰色。雌性形态类同雄性，但翅膀较为宽阔，触角较细，翅面各斑纹颜色较深。

主要出现于春季至夏季。寄主不明。

分布于中国陕西、四川、重庆、云南。

云南斜带天蛾高山亚种 *Dahira yunnanfuana montivaga* (Kernbach, 1966)

Acosmeryx montivaga Kernbach, 1966, *Ergebnisse des Forschungsunternehmens Nepal Himalaya. Khumbu Himal*, 1: 174.
Type locality: Nepal, Prov. Nr 3 East, Jubing.
Synonym: *Acosmeryx tibetana* Chu & Wang, 1980

中型天蛾。外观形态上几乎与指名亚种无异，但雄性外生殖器的阳茎端和抱器形状有区别。

主要出现于夏季。寄主不明。

中国分布于西藏。此外见于尼泊尔、不丹。

1
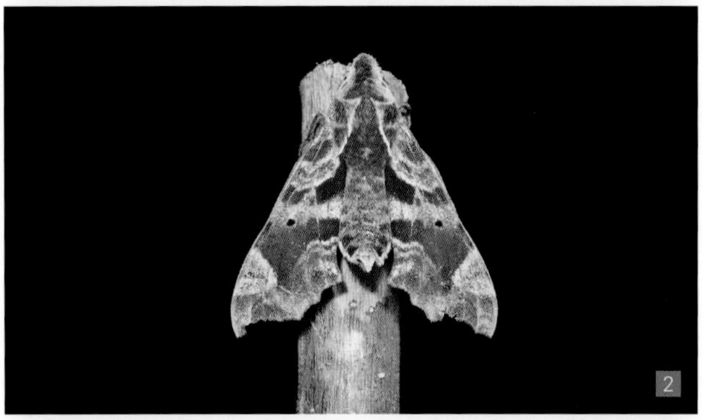
2

3

4

1. 粉斜带天蛾 *Dahira farintaenia* 陕西汉中 / 李宇飞　摄
2–3. 窗斑斜带天蛾 *Dahira hoenei* 重庆巫溪 / 陆千乐　摄
4. 凯氏斜带天蛾 *Dahira kitchingi* 重庆巫溪 / 陆千乐　摄

5. 斜带天蛾黄山亚种 *Dahira obliquifascia huangshana* 云南景东 / 熊紫春　摄
6. 斜带天蛾中南亚种 *Dahira obliquifascia siamensis* 云南勐腊 / 程文达　摄
7. 赭红斜带天蛾福建亚种 *Dahira rubiginosa fukienensis* 福建戴云山 / 黄嘉龙　摄
8. 四川斜带天蛾 *Dahira sichuanica* 重庆巫溪 / 陆千乐　摄
9. 云龙斜带天蛾 *Dahira yunlongensis* 云南景东 / 熊紫春　摄
10. 云南斜带天蛾指名亚种 *Dahira yunnanfuana yunnanfuana* 云南景东 / 熊紫春　摄

潮州斜带天蛾

Dahira chaochauensis

♂ 四川芦山 翅展 35 毫米

潮州斜带天蛾

Dahira chaochauensis

♀ 陕西镇安 翅展 37 毫米

粉斜带天蛾

Dahira farintaenia

♂ 陕西汉中 翅展 52 毫米

粉斜带天蛾

Dahira farintaenia

♀ 陕西汉中 翅展 62 毫米

粉斜带天蛾

Dahira farintaenia

♀ 四川荥经 翅展 64 毫米

窗斑斜带天蛾

Dahira hoenei

♂ 陕西周至 翅展 54 毫米

窗斑斜带天蛾

Dahira hoenei

♂ 重庆巫溪 翅展 51 毫米

窗斑斜带天蛾

Dahira hoenei

♀ 四川荥经 翅展 57 毫米

突缘斜带天蛾

Dahira jitkae

♂ 湖南怀化 翅展 50 毫米

凯氏斜带天蛾

Dahira kitchingi

♂ 重庆巫溪 翅展 56 毫米

凯氏斜带天蛾

Dahira kitchingi

♂ 四川荥经 翅展 60 毫米

凯氏斜带天蛾

Dahira kitchingi

♀ 陕西宝鸡 翅展 72 毫米

鄂陕斜带天蛾

Dahira klaudiae

♂ 陕西秦岭 翅展 56 毫米

正模标本 HT 黄斑斜带天蛾

Dahira nili

♂ 广西金秀 翅展 51 毫米

选模标本 LT 藏斜带天蛾

Dahira niphaphylla

♂ 西藏 翅展 46 毫米

斜带天蛾黄山亚种
Dahira obliquifascia huangshana
♂ 福建三明 翅展 58 毫米

斜带天蛾黄山亚种
Dahira obliquifascia huangshana
♂ 湖南岳阳 翅展 55 毫米

斜带天蛾黄山亚种
Dahira obliquifascia huangshana
♀ 云南景东 翅展 77 毫米

斜带天蛾台湾亚种
Dahira obliquifascia baibarana
♂　台湾屏东　翅展 70 毫米

斜带天蛾中南亚种
Dahira obliquifascia siamensis
♂　云南勐腊　翅展 72 毫米

赭红斜带天蛾福建亚种
Dahira rubiginosa fukienensis
♂　安徽岳西　翅展 71 毫米

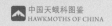

赭红斜带天蛾福建亚种
Dahira rubiginosa fukienensis
♂ 福建南平 翅展 74 毫米

赭红斜带天蛾福建亚种
Dahira rubiginosa fukienensis
♂ 广西金秀 翅展 72 毫米

赭红斜带天蛾福建亚种
Dahira rubiginosa fukienensis
♀ 广东南岭 翅展 75 毫米

正模标本 HT　四川斜带天蛾

Dahira sichuanica

♂　四川马边　翅展 65 毫米

四川斜带天蛾

Dahira sichuanica

♂　重庆巫溪　翅展 57 毫米

正模标本 HT　尖翅斜带天蛾

Dahira svetsinjaevae

♂　广西金秀　翅展 62 毫米

正模标本 HT　台湾斜带天蛾

Dahira taiwana

♂　台湾桃园　翅展 52 毫米

副模标本 PT　台湾斜带天蛾

Dahira taiwana

♀　台湾嘉义　翅展 56 毫米

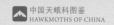

乌氏斜带天蛾

Dahira uljanae

♂　陕西太白山　翅展 56 毫米

正模标本 HT　乌氏斜带天蛾

Dahira uljanae

♀　陕西太白山　翅展 61 毫米

正模标本 HT　辛氏斜带天蛾

Dahira viksinjaevi

♂　广西金秀　翅展 50 毫米

云龙斜带天蛾

Dahira yunlongensis

♂　云南维西　翅展 55 毫米

云龙斜带天蛾

Dahira yunlongensis

♂ 云南景东 翅展 57 毫米

云龙斜带天蛾

Dahira yunlongensis

♀ 云南景东 翅展 62 毫米

云南斜带天蛾指名亚种

Dahira yunnanfuana yunnanfuana

♂ 云南丽江 翅展 60 毫米

云南斜带天蛾指名亚种
Dahira yunnanfuana yunnanfuana
♂ 四川九龙 翅展 57 毫米

云南斜带天蛾指名亚种
Dahira yunnanfuana yunnanfuana
♂ 云南昆明 翅展 60 毫米

云南斜带天蛾指名亚种
Dahira yunnanfuana yunnanfuana
♀ 四川荥经 翅展 65 毫米

长喙天蛾属 *Macroglossum* Scopoli, 1777

Macroglossum Scopoli, 1777, *Introd. Hist. nat.*, 414.
Type species: *Sphinx stellatarum* Linnaeus, 1758

小型至中型天蛾。喙十分发达；身体粗壮，触角细长，身体被黄色、棕色、绿色、黑色绒毛，腹部末端尾毛发达，具多种形态。前翅狭长，正面通常为灰褐色、黑褐色或棕色，具复杂的条纹与斑块，后翅正面多为黄黑相间，部分种类为橙色。该属绝大部分种类为日行性，常于晴天访花或在水塘、溪流边逗留盘旋，部分种类夜间亦具有趋光性。因访花时常伸出喙试探悬停，常和黑边天蛾属、透翅天蛾属等被误认为是蜂鸟。

该属世界已知104种，中国已知25种，本书收录25种。

淡纹长喙天蛾 *Macroglossum belis* (Linnaeus, 1758)

Sphinx belis Linnaeus, 1758, *Syst. Nat.* (Edn 10), 1: 493.
Type locality: "in calidis regionibus".
Synonym: *Macroglossa opis* Boisduval, 1875
Macroglossa pyrrhula Boisduval, 1875

中型天蛾。雄性近似黑长喙天蛾*M. pyrrhosticta*，但身体和前翅赭褐色，前翅正面各条纹和斑块较淡，尾毛黑褐相间；外中线处的宽条纹为棕褐色，顶角下方的深色方斑淡化接近消失；后翅正面为橘黄色，外缘的深色斑带和基部斑块偏褐色；前后翅反面赭色，外缘灰褐色，臀域具橙色大斑。雌性形态类同雄性，但身体较粗壮，触角较细，尾毛为团扇形且不具分岔。

主要出现于夏季至秋季。寄主为牛眼马钱、香花木，以及鸡屎藤等多种植物。

中国分布于四川、重庆、云南、西藏、广东、浙江、台湾、香港。此外见于日本、缅甸、泰国、老挝、越南、马来西亚，以及南亚次大陆。

青背长喙天蛾 *Macroglossum bombylans* Boisduval, 1875

Macroglossum bombylans [Boisduval, 1875], *in* Boisduval & Guenée, *Hist. nat. Insectes (Spec. gén. Lépid. Hétérocères)*, 1: 334.
Type locality: "Asie centrale".
Synonym: *Macroglossa tristis* Schaufuss, 1870
Macroglossum walkeri Butler, 1875
Macroglossum bombylans angustifascia Bryk, 1944
Macroglossum bombylans monotona (Bryk, 1944)

小型天蛾。雄性腹面为灰白色，腹部为黑色，正面主要被草绿色绒毛，腹部两侧具橙色斑块，尾毛呈团扇形且为黑色，触角黑色；前翅正面花纹近似弯带长喙天蛾*M. sitiene*，但前翅较短，翅面偏黑褐色；后翅正面几乎全为黑褐色，仅顶区、中区内侧和臀域为黄色，基部具2枚黑斑；前后翅反面为深棕色，基部具黄灰色绒毛，于臀角处收缩，基部具灰褐色斑块，臀角为橙色；反面赭色，臀角为黄色。雌性形态类同雄性，但身体较粗壮，触角较细，尾毛较为粗短，基部两侧具黑褐色毛簇。

主要出现于春季至秋季。寄主为茜草属、拉拉藤属、鸡屎藤属、野木瓜属等多种植物。

中国除新疆、内蒙古、宁夏、甘肃、青海、黑龙江、吉林外各地区都有分布。此外见于俄罗斯、日本、韩国、印度、不丹、尼泊尔、菲律宾，以及中南半岛。

长喙天蛾 *Macroglossum corythus* Walker, 1856

Macroglossum corythus Walker, 1856, *List of the specimens of lepidopterous insects in the collection of the British Museum*, 8: 92.

长喙天蛾指名亚种 *Macroglossum corythus corythus* Walker, 1856

Type locality: Sri Lanka.
Synonym: *Macroglossum iwasakii* Matsumura, 1921
Macroglossum luteata Butler, 1875
Macroglossum platyxanthum Rothschild & Jordan, 1903

中型天蛾。雄性斑纹模式近似黑长喙天蛾*M. pyrrhosticta*，但身体正面绒毛偏绿棕色，尾毛为棕黑相间，前翅较长且正面各条纹较淡，主要为浅褐色，中区密布绿棕色鳞片，亚外缘线和外缘具灰色鳞片带；前翅反面赭褐色，整体颜色较为均匀，外缘颜色略微加深。后翅正面外缘的深色斑带较宽；反面赭褐色，臀域具橙黄色大斑，中区具3条深褐色条纹。雌性形态类同雄性，但身体较粗壮，触角较细，尾毛为团扇形且不具分岔，基部两侧各具1枚深棕色毛簇。该种有的个体后翅偏橙黄色，身体绒毛偏黄绿色，翅面条纹颜色加深。

主要出现于夏季至秋季。寄主为鸡屎藤、海滨木巴戟，以及海岸桐属等多种植物。

中国分布于北京、河北、陕西、重庆、湖北、四川、云南、贵州、西藏、湖南、江西、浙江、福建、台湾、广东、广西、香港、澳门、海南。此外见于日本、韩国、不丹、印度、孟加拉国、泰国、老挝、越南、马来西亚、印度尼西亚、菲律宾。

九节木长喙天蛾 *Macroglossum divergens* Walker, 1856

Macroglossum divergens Walker, 1856, *List Specimens lepid. Insects Colln Br. Mus.*, 8: 94.

九节木长喙天蛾东部亚种 *Macroglossum divergens heliophila* Boisduval, 1875

Macroglossa heliophila [Boisduval, 1875], *in* Boisduval & Guenée, *Hist. nat.*

Insectes (Spec. gén. Lépid. Hétérocères), 1: 354.
Type locality: Indonesia, Maluku, Halmahera.
Synonym: *Macroglossa fringilla* Boisduval, 1875
Macroglossum kanita Swinhoe, 1892
Macroglossum loochooana Rothschild, 1894

中型天蛾。雄性十分近似黑长喙天蛾*M. pyrrhosticta*，但身体正面绒毛和翅面深色条纹略偏绿棕色，腹部中段具2枚明显的深色三角形斑纹，末端至尾毛基部具黑斑；前翅整体稍短，正面内中线处的宽条纹外侧较平直且略微向内凹陷，该条纹外侧具1条明显的灰色鳞片带，亚外缘线模糊，外中线为黑色，覆有较多的棕褐色鳞片；后翅正面外缘的黑色斑带一直延伸到臀角顶端。前后翅反面条纹和斑块颜色较淡。雌性形态类同雄性，但身体较为粗壮，触角较细，尾毛为团扇形且不具分岔，基部两侧各具1枚灰黑色毛簇。

主要出现于夏季至秋季。寄主为九节属植物，如九节。

中国分布于湖南、福建、台湾、广东、广西、香港、浙江、海南。此外见于日本、韩国、印度、越南、泰国、马来西亚、印度尼西亚、菲律宾、巴布亚新几内亚。

法罗长喙天蛾 *Macroglossum faro* (Cramer, 1779)

Sphinx faro Cramer, 1780, *Uitlandsche Kapellen (Papillons exot.)*, 3: 165, pl. 285, fig. C.

法罗长喙天蛾指名亚种 *Macroglossum faro faro* (Cramer, 1779)

Type locality: India, Andhra Pradesh.

中型天蛾。雄性近似虎皮楠长喙天蛾*M. passalus*，但体型较大，身体和前翅主要为棕褐色，胸部背面为草绿色，前翅整体狭长且顶角尖锐，正面内中线处的宽条纹为黑褐色且外侧向内凹陷，该条纹中部尚具1条褐色条纹，基部至该条纹密布深褐色鳞片，该条纹外侧具1条明显的粉褐色鳞片带，外缘线为深灰色，外缘覆灰色鳞片。雌性形态类同雄性，但身体较粗壮，触角较细，尾毛为团扇形且不具分岔，基部两侧各具1枚棕褐色毛簇。

主要出现于夏季至秋季。寄主不明。

中国分布于云南、贵州、湖南、广东、广西。此外见于日本、印度、老挝、越南、泰国、马来西亚、印度尼西亚、菲律宾。

弗瑞兹长喙天蛾 *Macroglossum fritzei* Rothschild & Jordan, 1903

Macroglossum fritzei Rothschild & Jordan, 1903, *Novit. zool.*, 9 (suppl.): 618 (key), 654.
Type locality: Ryukyu Islands.
Synonym: *Macroglossum hunanensis* Chu & Wang, 1980, *Acta zootaxon. sin.* 5: 420

小型天蛾。雄性近似黑长喙天蛾*M. pyrrhosticta*，但身体和前翅偏灰色，尾毛为三角箭头状，颜色灰黑相间；前翅较狭长，基部密布灰色波浪形条纹或棕褐色鳞片，内中线处的宽条纹为长三角形且顶端向前缘延伸，该条纹内侧具1条灰白色条纹，顶角至前缘、外缘覆较多的灰色鳞片，亚外缘具灰色锯齿纹；反面赭色，亚外缘密布黄色月纹形碎斑；后翅正面基部具较大的黑斑；反面的褐色条纹较模糊，覆有较多赭色鳞片，亚外缘至外缘的灰褐色斑带较宽。雌性形态类同雄性，但身体较粗壮，触角较细，尾毛为团扇形且不具分岔，基部两侧各具1枚黑褐色毛簇。

主要出现于春季至秋季。寄主为巴戟天属和鸡屎藤属等多种植物。

中国分布于湖北、湖南、四川、重庆、云南、贵州、上海、浙江、福建、台湾、江西、广东、香港、广西、澳门、海南。此外见于日本、缅甸、泰国、越南、马来西亚。

黑翼长喙天蛾 *Macroglossum glaucoptera* Butler, 1875

Macroglossum glaucoptera Butler, 1875, *Proc. zool. Soc.* Lond., 1875: 241.
Type locality: Sri Lanka.
Synonym: *Macroglossa lepcha* Butler, 1876
Macroglossum obscuriceps Butler, 1876
Macroglossum fuscata Huwe, 1895

中型天蛾。雄性十分近似长喙天蛾*M. corythus*，但体型偏小，胸部与腹部正面绒毛偏黄绿色，前翅正面具2条较宽的深褐色斑带，斑带之间覆有灰色鳞片，此外前缘至外缘也覆有灰色鳞片，前缘至顶角由褐色过渡为棕褐色；后翅正面几乎全为黑褐色，仅顶区、中区内侧和臀域为黄色。雌性形态类同雄性，但身体较粗壮，触角较细，尾毛为团扇形且不具分岔，基部两侧各具1枚棕褐色毛簇，末端为白色。

主要出现于夏季至秋季。寄主不明。

中国分布于香港、海南。此外见于斯里兰卡、印度、泰国、老挝、越南、马来西亚、印度尼西亚、菲律宾。

斜带长喙天蛾 *Macroglossum hemichroma* Butler, 1875

Macroglossum hemichroma Butler, 1875, *Proceedings of the Zoological Society of London*, 1875: 243.
Type locality: Bangladesh, Sylhet.

中型天蛾。雄性身体腹面被灰白色和绿棕色绒毛，正面被深绿色绒毛，头部和胸部具1条较宽的黑色背线，腹部末端具倒“人”形条纹，尾毛棕色呈扇形，主要为黑色；前翅狭长为深绿色，自中室至后缘具1条黑色斜带，向外由墨绿色过渡为绿棕色，中线处具2条模糊的绿棕色弧纹；反面绿棕色，具褐色条纹，外缘覆有深灰色鳞片。后翅正面为黑褐色，中区至臀角具1条黄色斑带。反面绿棕色，具3条褐色条纹，臀域具黄色大斑。雌性形态类同雄性，但身体较粗壮，触角较细，尾毛为团扇形。

主要出现于春季至秋季。寄主不明。

中国分布于云南。此外见于印度、孟加拉国、泰国、越南、马来西亚、印度尼西亚、菲律宾。

注：该种由于在中国为边缘化分布，文献记录中国分布于云南。本书编著过程中我们未能检视到中国境内产的标本，故选取了印度尼西亚产的雄性标本以供参考。

玉带长喙天蛾 *Macroglossum mediovitta* Rothschild & Jordan, 1903

Macroglossum mediovitta Rothschild & Jordan, 1903, *Novit. zool.*, 9 (suppl.): 620 (key), 626 (key), 647.
Type locality: Ryukyu Islands.

中型天蛾。雄性外观近似九节木长喙天蛾*M. divergens*，前翅正面与中区附近具1条中段较窄的白色长纹，附近密布黑褐色鳞片斑带，顶角下方的黑斑为近三角形而非方形；后翅正面基部的2枚黑斑较大且相连。雌性形态类同雄性，但身体较粗壮，触角较细，尾毛为团扇形且不具分岔，基部两侧各具1枚黑褐色毛簇。

主要出现于夏季至秋季。寄主为蔓九节。

中国分布于广东、台湾、香港。此外见于日本、越南、泰国、马来西亚、印度尼西亚。

背带长喙天蛾 *Macroglossum mitchellii* Boisduval, 1875

Macroglossum mitchellii Boisduval, 1875, *Hist. nat. Insectes (Spec. gén. Lépid. Hétérocères)*, 1: 351.

背带长喙天蛾大陆亚种 *Macroglossum mitchellii imperator* Butler, 1875

Macroglossum imperator Butler, 1875, *Proc. zool. Soc. Lond.*, 1875: 243.
Type locality: Sri Lanka.
Synonym: *Macroglossum mitchellii chinensis* Clark, 1928

中型天蛾。雄性身体腹面被灰白色和赭色绒毛，正面被灰褐色绒毛，肩区黑褐色，头部和胸部具1条较宽的黑褐色背线，腹部两侧具黄黑相间的斑块，背面具2列黑褐色三角形斑块，尾毛棕褐色呈扇形；前翅狭长为黑褐色，基部棕褐色，中区具1条灰色宽条纹，亚外缘至外缘、顶角至前缘的区域为深灰色；反面赭褐色，外缘深褐色。后翅正面黄色，亚外缘至外缘为黑褐色，于臀角处收缩，基部具2枚黑色斑块；反面赭色具褐色条纹，臀域具橙黄色大斑，外缘深褐色。雌性形态类同雄性，但身体较粗壮，触角较细，尾毛为团扇形且基部较窄，两侧各具1枚黑褐色毛簇。

主要出现于春季至秋季。寄主不明。

中国分布于云南、四川、贵州、台湾、广东、香港、广西。此外见于斯里兰卡、印度、尼泊尔、泰国、老挝、越南、马来西亚、印度尼西亚。

小长喙天蛾 *Macroglossum neotroglodytus* Kitching & Cadiou, 2000

Macroglossum neotroglodytus Kitching & Cadiou, 2000, *Hawkmoths of the world*, 206.
Type locality: India, Assam, Meghalaya, Shillong.
Synonym: *Macroglossum troglodytus ferrea* (Mell, 1922)

小型天蛾。雄性近似微齿长喙天蛾*M. troglodytus*，但整体偏棕色，翅面密布灰色鳞片，具浅紫色光泽，前翅内中线处的黑褐色宽条纹上半段向内凹陷程度较弱，顶部略微向外倾斜，斑块内部具灰褐色鳞片带，基部至内线具深褐色条纹，前缘至臀角具1条明显的叉状条纹，亚外缘线明显；前翅反面中区的深褐色条纹较为明显。雌性形态类同雄性，但身体较粗壮，触角较细，尾毛为团扇形且不具分岔，基部两侧各具1枚灰褐色毛簇。

主要出现于夏季至秋季。寄主较广泛，为长节耳草、攀茎耳草、伞房花耳草、墨苜蓿、六月雪、阔叶丰花草、鸡屎藤等多种茜草科植物。

中国分布于四川、重庆、云南、浙江、福建、台湾、广东、香港、湖南。此外见于斯里兰卡、印度、不丹、尼泊尔、泰国、老挝、越南、马来西亚、印度尼西亚、菲律宾。

突缘长喙天蛾 *Macroglossum nycteris* Kollar, 1844

Macroglossum nycteris Kollar, 1844, *in* Kollar & Redtenbacher, *in Hügel, Kaschmir und das Reich der Siek*, 4(2): 458.
Type locality: India, Uttarakhand, Mussoorie.
Synonym: *Macroglossum volucris* Walker, 1856
Rhopalopsyche nycteris (Butler, 1875)

小型天蛾。雄性斑纹近似黑长喙天蛾*M. pyrrhosticta*，但体型明显偏小，身体和前翅偏深灰色；触角细长，末端膨大；前翅正面内中线处的宽条纹为黑色，向下具明显弯曲弧度，且向基部延伸，翅面各条纹之间覆有灰黑色鳞片，外缘向外具明显突起与弧度；后翅正面主要为淡黄色；反面主要为红棕色，臀域具淡黄色大斑。雌性形态类同雄性，但身体较粗壮，触角较细，尾毛为团扇形且端部具2条分岔。

主要出现于夏季至秋季。寄主为茜草。

中国分布于北京、山东、河南、陕西、甘肃、湖北、重庆、四川、云南、贵州、湖南、江西、浙江、上海。此外见于日本、阿富汗、巴基斯坦、尼泊尔、不丹、印度、缅甸、越南。

木纹长喙天蛾 *Macroglossum obscura* Butler, 1875

Macroglossum obscura Butler, 1875, *Proc. Zool. Soc. Lond.*, 1875: 5.
Type locality: Indonesia , Java.

中型天蛾。雄性十分近似长喙天蛾*M. corythus*，但身体腹面绒毛主要为灰色而非赭褐色，前翅正面各条纹相对较模糊，前缘具1条相对明显的灰色鳞片带；前后翅反面偏灰褐色。

后翅反面的黄斑相对更加窄长且距离臀角更远。雌性形态类同雄性，但身体较粗壮，触角较细，尾毛为团扇形且不具分岔，基部两侧各具1枚棕褐色毛簇。

主要出现于夏季至秋季。寄主不明。

中国分布于云南、广东、台湾、香港。此外见于斯里兰卡、印度、泰国、老挝、越南、马来西亚、印度尼西亚、菲律宾。

虎皮楠长喙天蛾 *Macroglossum passalus* (Drury, 1773)

Sphinx passalus Drury, 1773, *Illust. nat. Hist. exot. Insects*, 2: index [91].
Type locality: China.
Synonym: *Sphinx pandora* Fabricius, 1793
Macroglossum rhebus Moore, 1858
Rhamphoschisma rectifascia R. Felder, 1874
Macroglossum sturnus Boisduval, 1875

中型天蛾。雄性近似黑长喙天蛾*M. pyrrhosticta*，但体型明显较大，身体正面头部与胸部绒毛偏灰色，其余偏棕色，腹部中段的三角形斑纹较为模糊，末端至尾毛基部具黑色环毛与黑斑；前翅整体狭长且顶角尖锐，正面内中线处的宽条纹为黑色且外侧较平直，基部至该条纹密布灰黑色鳞片，该条纹外侧具1条明显的粉褐色鳞片带，亚外缘至外缘过渡为黑褐色，外缘具灰色鳞片带，顶角与前缘的灰色斑块整体相连形成一个波状斑块，覆灰色和赭色鳞片；后翅基部的2枚黑斑相连。雌性形态类同雄性，但身体较粗壮，触角较细，尾毛为团扇形且不具分岔，基部两侧各具1枚棕褐色毛簇。

主要出现于春季至秋季。寄主主要为虎皮楠科植物，如虎皮楠、牛耳枫。

中国分布于浙江、四川、贵州、云南、江西、湖南、福建、台湾、广东、广西、香港。此外见于日本、斯里兰卡、印度、老挝、越南、泰国、马来西亚、印度尼西亚、菲律宾。

叉带长喙天蛾 *Macroglossum poecilum* Rothschild & Jordan, 1903

Macroglossum insipida poecilum Rothschild & Jordan, 1903, *Novit. zool.*, 9 (suppl.): 643.
Type locality: Ryukyu Islands.
Synonym: *Macroglossum poecilum ferrea* (Mell, 1922)
Macroglossum poecilum modestum Seitz, 1929

小型天蛾。雄性近似微齿长喙天蛾*M. troglodytus*，但前翅较为狭长，正面内中线处的黑褐色宽条纹上半段具灰色斑块，下半段向内弯曲弧度明显且向基部延伸，前缘至臀角的叉状条纹覆有明显的黑褐色鳞片；后翅正面基部的黑斑相对较大。雌性形态类同雄性，但身体较粗壮，触角较细，尾毛为团扇形且不具分岔，基部两侧各具1枚黑色毛簇。

主要出现于夏季至秋季。寄主为罗浮粗叶木、斜脉粗叶木、鸡屎藤等多种植物。

中国分布于广东、台湾、香港、海南。此外见于日本、越南、马来西亚、菲律宾。

盗火长喙天蛾 *Macroglossum prometheus* Boisduval, 1875

Macroglossum prometheus [Boisduval, 1875], *in* Boisduval & Guenée, *Hist. nat. Insectes (Spec. gén. Lépid. Hétérocères)*, 1: 355.

盗火长喙天蛾指名亚种 *Macroglossum prometheus prometheus* Boisduval, 1875

Type locality: Indonesia, Java.
Synonym: *Macroglossum maculatum* Moore, 1858

中型天蛾。雄性近似波斑长喙天蛾*M. saga*，但体型明显偏小，身体为赭色，尾毛为赭色和黑色相间，前翅明显较短且为红褐色，各条纹和斑块轮廓较淡，正面中线处的宽条纹弧度较平直，呈红棕色；前翅反面为深棕色，基半部棕褐色；后翅正面的黄色斑带较宽。雌性形态类同雄性，但身体较粗壮，触角较细，尾毛为团扇形且不具分岔，基部两侧各具1枚赭褐色毛簇。

主要出现于夏季至秋季。寄主为巴戟天属植物，如海滨木巴戟。

中国分布于云南。此外见于印度、越南、泰国、马来西亚、印度尼西亚、菲律宾。

黑长喙天蛾 *Macroglossum pyrrhosticta* Butler, 1875

Macroglossum pyrrhosticta Butler, 1875, *Proc. zool. Soc. Lond.*, 1875: 242.
Type locality: China, Shanghai.
Synonym: *Macroglossum catapyrrha* Butler, 1875
Macroglossum pyrrhosticta albifascia (Mell, 1922)
Macroglossum pyrrhosticta ferrea (Mell, 1922)
Macroglossum fukienensis Chu & Wang, 1980

中型天蛾。雄性身体腹面被灰白色和赭色绒毛，正面被灰褐色绒毛，肩区和后胸棕褐色，腹部两侧具黄黑相间的斑块，中段具2列灰黑色倒三角形斑块，尾毛灰黑相间，呈扇形且末端可见3条分岔，触角棕褐色；前翅狭长为灰褐色，基部密布灰色鳞片和细纹，内中线为1条较平直的棕褐色宽条纹，外中线和亚外缘线为褐色波浪纹，前缘具1枚灰色斑块，顶角具1枚褐色三角形斑纹，下方具1枚棕褐色方斑；反面棕褐色，中区红棕色斑块，外缘深褐色。后翅正面黄色，亚外缘至外缘为黑褐色，于臀角处收缩，基部具2枚黑色斑块；反面黄色且覆有较多的赭色鳞片，具3条褐色条纹，外缘深褐色。顶区和外缘为灰色。雌性形态类同雄性，但身体较粗壮，触角较细，尾毛为团扇形且不具分岔，基部两侧各具1枚灰黑色毛簇。

主要出现于春季至秋季。寄主较为广泛，如鸡屎藤、九节、六月雪、薄皮木、白背黄花棯等植物。

中国除新疆、内蒙古、宁夏、甘肃、青海、黑龙江、吉林外各地区都有分布。此外见于俄罗斯、日本、斯里兰卡、印度、不丹、尼泊尔、印度尼西亚、菲律宾，以及中南半岛、朝鲜半岛。

波斑长喙天蛾 *Macroglossum saga* Butler, 1878

Macroglossum saga Butler, 1878, *Entomologist's mon. Mag.*, 14: 206.
Type locality: Japan, Honshu, Kanagawa, Yokohama.
Synonym: *Macroglossum kiushiuensis* Rothschild, 1894
Macroglossum glaucoplaga Hampson, 1900

中型天蛾。雄性近似虎皮楠长喙天蛾*M. passalus*，但体型偏大，身体和前翅偏褐色，胸部肩区为棕褐色，腹部背面具2列褐色三角形斑纹，尾毛呈三叉形，前翅正面内中线处的宽条纹为向外突出的弧形，呈棕褐色且宽度平均，基部至该条纹覆有灰褐色鳞片，顶角和前缘灰色斑块组成的波形斑块轮廓更加明显；后翅正面为黑褐色，中区至臀角具1条较宽的黄色斑带。前后翅反面具较为明显黑色条纹。雌性形态类同雄性，但身体较粗壮，触角较细，尾毛为团扇形且不具分岔，基部两侧各具1枚棕褐色毛簇。该种有的个体前翅的棕褐色宽弧纹会与外中线相交。

主要出现于夏季至秋季。寄主为茜树属和虎皮楠属等多种植物。

中国分布于北京、陕西、四川、西藏、云南、贵州、湖南、江西、浙江、上海、福建、台湾、广东、香港、澳门、广西。此外见于俄罗斯、日本、韩国、印度、尼泊尔、不丹、老挝、越南、泰国。

半带长喙天蛾 *Macroglossum semifasciata* Hampson, 1893

Macroglossum semifasciata [Hampson, 1893], *Fauna Brit. India*, 1: 115.

半带长喙天蛾指名亚种 *Macroglossum semifasciata semifasciata* Hampson, 1893

Type locality: Malaysia, Sarawak, Labuan.

中型天蛾。雄性近似长喙天蛾*M. corythus*，但体型偏大，前翅较长，翅面各条纹除外中线之外相对较模糊，内中线处的宽条纹仅下半段为黑褐色，上半段为2条深褐色线纹；前后翅反面偏棕褐色。雌性形态类同雄性，但身体较粗壮，触角较细，尾毛为团扇形且不具分岔，基部两侧各具1枚黑褐色毛簇。

主要出现于夏季。寄主不明。

中国分布于云南。此外见于印度、缅甸、泰国、越南、马来西亚、印度尼西亚。

弯带长喙天蛾 *Macroglossum sitiene* Walker, 1856

Macroglossum sitiene Walker, 1856, *List Specimens lepid. Insects Colln Br. Mus.*, 8: 92.
Type locality: Bangladesh; Burma; India.
Synonym: *Macroglossum nigrifasciata* Butler, 1875
Macroglossum sinica Boisduval, 1875
Macroglossum sitiens Boisduval, 1875
Macroglossum orientalis Butler, 1876
Macroglossum chui Pan & Han, 2018

中型天蛾。雄性近似黑长喙天蛾*M. pyrrhosticta*，但身体正面绒毛和斑块偏绿棕色，前翅较宽短，正面各深色条纹多为墨绿色，外中线和亚外缘线附近密布绿棕色鳞片，内中线处的宽条纹下端为黑色且一直向内延伸至基部，折角近乎为直角；前后翅反面主要为棕褐色。雌性形态类同雄性，但身体较粗壮，触角较细，尾毛为团扇形且不具分岔，基部两侧各具1枚灰黑色毛簇。

主要出现于夏季至秋季。寄主为鸡屎藤、印度羊角藤、海滨木巴戟、六月雪等多种植物。

中国分布于福建、台湾、广东、香港、广西、海南、云南。此外见于日本、斯里兰卡、印度、尼泊尔、不丹、孟加拉国、缅甸、泰国、老挝、越南、马来西亚、印度尼西亚。

小豆长喙天蛾 *Macroglossum stellatarum* (Linnaeus, 1758)

Sphinx stellatarum Linnaeus, 1758, *Syst. Nat.* (Edn. 10), 1: 493.
Type locality: not stated (Europe).
Synonym: *Sphinx flavida* Retzius, 1783
Macroglossum nigra Cosmovici, 1892
Macroglossum stellatarum subnubila Schultz, 1904
Macroglossum stellatarum fasciata Rebel, 1910
Macroglossum stellatarum convergens Constantini, 1916
Macroglossum stellatarum approximata (Lempke, 1959)
Macroglossum stellatarum clausa (Lempke, 1959)
Macroglossum stellatarum candidum Eitschberger, 1971
Macroglossum stellatarum minor (Vilarrubia, 1974)

中型天蛾。雄性身体腹面被灰白色和黑色绒毛，正面为浅褐色，腹部两侧具黄灰色斑块，尾毛为团扇形且为黑褐色，触角较粗为褐色；前翅狭长为浅褐色，中线与外中线为黑色波浪纹，基部和前缘具灰褐色鳞片，中室端斑为1枚黑点；反面赭色，外缘褐色。后翅正面橘红色，外缘深褐色，于臀角处收缩，基部具灰褐色斑块，臀角为橙色；反面赭色，臀角为黄色。雌性形态类同雄性，但身体较粗壮，触角较细，尾毛较为粗短，末端呈轻微二分岔状。

主要出现于春季至秋季。寄主为繁缕，以及茜草属、拉拉藤属等多种植物。

中国除部分海岛外各地区皆有分布。此外见于俄罗斯、日本、蒙古国，以及朝鲜半岛、中亚、欧洲和非洲北部。

微齿长喙天蛾 *Macroglossum troglodytus* Butler, 1875

Macroglossum troglodytus [Butler, 1875], *Proc. zool.* Soc. Lond., 1875: 242.
Type locality: Sri Lanka.
Synonym: *Macroglossum insipida* Butler, 1875
Macroglossum troglodytus Boisduval, 1875
Macroglossum insipida sinensis Mell, 1922

小型天蛾。雄性近似斑腹长喙天蛾*M. variegatum*，但体型偏小且前翅较短，内中线处的宽条纹上半段向内显著突出，顶端向外倾斜，且顶端宽度明显窄于底部，该条纹外侧灰白色鳞片带不明显，前缘至臀角具1块叉状黑褐色斑，该条纹外侧灰色鳞片带较不明显，外缘线附近具灰色鳞片；后翅正面黄色相对较浅。雌性形态类同雄性，但身体较粗壮，触角较细，尾毛为团扇形且不具分岔，基部两侧各具1枚黑褐色毛簇。

主要出现于夏季至秋季。寄主为牛白藤、金草、长节耳草等多种植物。

中国分布于广东、台湾、香港、广西、海南、云南、四川。此外见于日本、印度、尼泊尔、泰国、老挝、越南、马来西亚、印度尼西亚、菲律宾。

小斜带长喙天蛾 *Macroglossum ungues Rothschild & Jordan, 1903*

Macroglossum ungues Rothschild & Jordan, 1903, *Novit. zool.*, 9 (suppl.): 622 (key), 624 (key), 643.

小斜带长喙天蛾兰屿亚种 *Macroglossum ungues cheni* Yen, Kitching & Tzen, 2003

Macroglossum ungues cheni Yen, S.H., Kitching, I.J. & Tzen, C.S., 2003, *Zoological studies*, 42(2): 293.
Type locality: China, Taiwan, Taitung, Lanyu Is., Yeongshing.

小型天蛾。雄性斑纹模式近似黑长喙天蛾*M. pyrrhosticta*，但体型偏小，身体和前翅偏灰色；前翅较短且翅面覆有明显的灰色鳞片，正面各深色条纹主要为绿棕色，顶角处尚具1枚深灰色斑块，内中线处的宽条纹下方具明显弯曲弧度；后翅正面为橙黄色，外缘灰褐色且有部分翅脉附近黑色鳞片明显；反面主要黄色，各条纹较为淡化。雌性形态类同雄性，但身体较粗壮，触角较细，尾毛为团扇形且不具岔，基部两侧各具1枚灰黑色毛簇。

主要出现于夏季至秋季。寄主为鸡屎藤。

目前仅知分布于中国台湾兰屿。

斑腹长喙天蛾 *Macroglossum variegatum* Rothschild & Jordan, 1903

Macroglossum variegatum Rothschild & Jordan, 1903, *Novit. zool.*, 9 (suppl.): 621 (key), 625 (key), 653.
Type locality: India, Assam, Cherrapunji.

中型天蛾。雄性近似黑长喙天蛾*M. pyrrhosticta*，但身体和前翅偏褐色，尾毛灰褐相间，3条分岔较为明显；前翅较短，内中线处的宽条纹上半段向外侧倾斜且逐渐变窄，该条纹外侧具较明显的灰色鳞片带；后翅正面的黄色略深且基部的黑斑较小；后翅反面主要为浅赭色，臀域具1枚明显的黄色大斑，外缘灰褐色且有部分翅脉附近黑色鳞片明显；反面主要黄色，各条纹较为淡化。雌性形态类同雄性，但身体较粗壮，触角较细，尾毛为团扇形且不具分岔，基部两侧各具1枚灰褐色毛簇。

主要出现于夏季至秋季。寄主为耳草属植物。

中国分布于福建、广东、香港、广西、海南、云南。此外见于印度、缅甸、泰国、老挝、越南、马来西亚、印度尼西亚、菲律宾。

维长喙天蛾 *Macroglossum vicinum* Jordan, 1923

Macroglossum vicinum Jordan, 1923, *Novitates Zoologicae*, 30: 189.

维长喙天蛾中南亚种 *Macroglossum vicinum piepersi* Dupont, 1941

Macroglossum vicinum piepersi Dupont, 1941, *Verhandlingen der Koninklijke Nederlandsche Akademie van* Wetenschappen, 40: 53.
Type locality: Indonesia, Java.

小型天蛾。雄性十分近似微齿长喙天蛾*M. troglodytus*，但整体稍偏褐色，前翅内中线处的宽条纹上半段相对平直且宽度较为平均，向内侧倾斜，前缘至臀角的叉状斑块较淡且为浅棕色；前翅反面中区的深褐色条纹较为明显。雌性形态类同雄性，但身体较粗壮，触角较细，尾毛为团扇形且不具分岔，基部两侧各具1枚黑褐色毛簇。

主要出现于夏季至秋季。寄主可能为弯管花属植物。

中国分布于云南。此外见于泰国、越南、马来西亚、印度尼西亚。

1. 青背长喙天蛾 *Macroglossum bombylans* 重庆石柱 / 张巍巍　摄

2

3

4

5

6

7

8

2. 长喙天蛾指名亚种 *Macroglossum corythus corythus* 广东深圳 / 陆千乐 摄
3. 九节木长喙天蛾东部亚种 *Macroglossum divergens heliophila* 广西梧州 / 陆千乐 摄
4. 法罗长喙天蛾指名亚种 *Macroglossum faro faro* 湖南郴州 / 王冠予 摄
5. 弗瑞兹长喙天蛾 *Macroglossum fritzei* 广西梧州 / 陆千乐 摄
6. 玉带长喙天蛾 *Macroglossum mediovitta* 广东深圳 / 朱江 摄
7. 背带长喙天蛾大陆亚种 *Macroglossum mitchellii imperator* 广西桂林 / 陆千乐 摄
8. 小长喙天蛾 *Macroglossum neotroglodytus* 大理苍山 / 王吉申 摄
9. 小长喙天蛾 *Macroglossum neotroglodytus* 安徽黄山 / 苏圣博 摄
10. 突缘长喙天蛾 *Macroglossum nycteris* 大理苍山 / 王吉申 摄
11. 虎皮楠长喙天蛾 *Macroglossum passalus* 云南西双版纳 / 张巍巍 摄
12. 黑长喙天蛾 *Macroglossum pyrrhosticta* 广东深圳 / 陆千乐 摄

9

10

11

12

13. 波斑长喙天蛾 *Macroglossum saga* 云南香格里拉 / 刘长秋　摄
14. 波斑长喙天蛾 *Macroglossum saga* 云南昆明 / 郭世伟　摄
15. 小豆长喙天蛾 *Macroglossum stellatarum* 黑龙江大庆 / 苏圣博　摄
16. 微齿长喙天蛾 *Macroglossum troglodytus* 云南盈江 / 刘长秋　摄
17. 维长喙天蛾中南亚种 *Macroglossum vicinum piepersi* 云南勐腊 / 程文达　摄

淡纹长喙天蛾

Macroglossum belis

♀　云南河口　翅展 45 毫米

淡纹长喙天蛾

Macroglossum belis

♀　云南金平　翅展 46 毫米

淡纹长喙天蛾

Macroglossum belis

♀　西藏错那　翅展 50 毫米

青背长喙天蛾

Macroglossum bombylans

♂ 云南盐津 翅展 40 毫米

青背长喙天蛾

Macroglossum bombylans

♂ 北京门头沟 翅展 42 毫米

青背长喙天蛾

Macroglossum bombylans

♀ 重庆巫溪 翅展 46 毫米

长喙天蛾指名亚种
Macroglossum corythus corythus
♂　云南昆明　翅展 55 毫米

长喙天蛾指名亚种
Macroglossum corythus corythus
♂　西藏林芝　翅展 54 毫米

长喙天蛾指名亚种
Macroglossum corythus corythus
♀　台湾台北　翅展 54 毫米

长喙天蛾指名亚种
Macroglossum corythus corythus
♀ 浙江杭州 翅展 56 毫米

斜带长喙天蛾
Macroglossum hemichroma
♂ 印度尼西亚 翅展 55 毫米

九节木长喙天蛾东部亚种
Macroglossum divergens heliophila
♂ 福建龙岩 翅展 45 毫米

九节木长喙天蛾东部亚种

Macroglossum divergens heliophila

♀ 广东深圳 翅展 50 毫米

法罗长喙天蛾指名亚种

Macroglossum faro faro

♂ 广西金秀 翅展 62 毫米

法罗长喙天蛾指名亚种

Macroglossum faro faro

♂ 湖南怀化 翅展 60 毫米

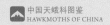

法罗长喙天蛾指名亚种

Macroglossum faro faro

♀ 广东深圳 翅展 60 毫米

弗瑞兹长喙天蛾

Macroglossum fritzei

♂ 重庆巫溪 翅展 41 毫米

弗瑞兹长喙天蛾

Macroglossum fritzei

♂ 上海天马山 翅展 43 毫米

弗瑞兹长喙天蛾

Macroglossum fritzei

♀　海南尖峰岭　翅展 40 毫米

黑翼长喙天蛾

Macroglossum glaucoptera

♂　香港屯门　翅展 40 毫米

玉带长喙天蛾

Macroglossum mediovitta

♂　香港沙田　翅展 54 毫米

玉带长喙天蛾
Macroglossum mediovitta
♂ 广东封开 翅展 56 毫米

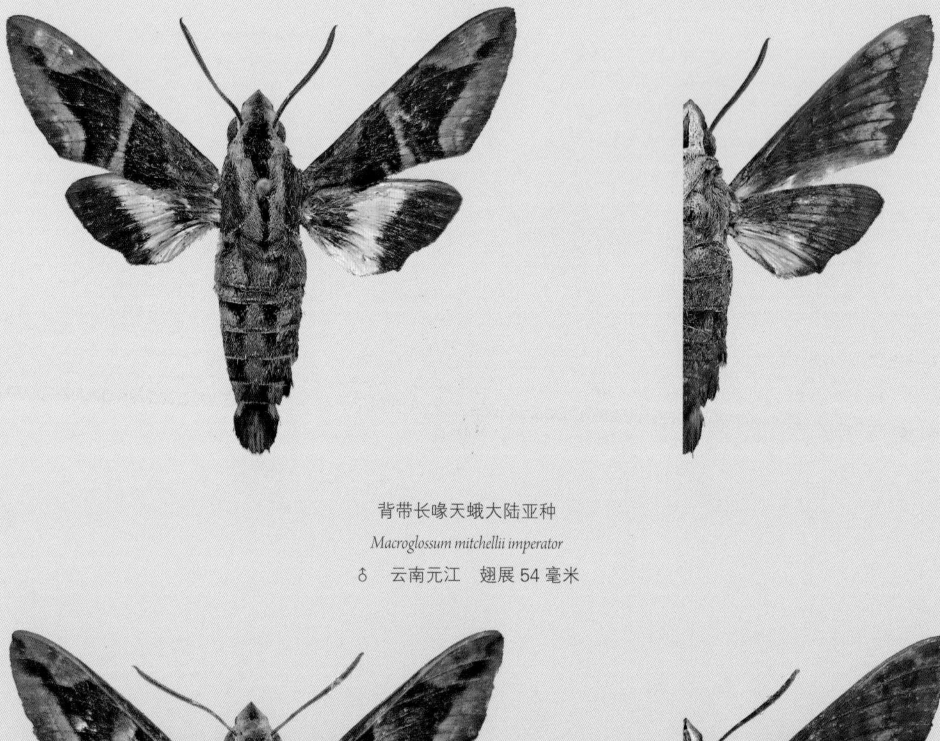

背带长喙天蛾大陆亚种
Macroglossum mitchellii imperator
♂ 云南元江 翅展 54 毫米

背带长喙天蛾大陆亚种
Macroglossum mitchellii imperator
♂ 台湾屏东 翅展 56 毫米

背带长喙天蛾大陆亚种

Macroglossum mitchellii imperator

♀ 湖南岳阳 翅展 57 毫米

小长喙天蛾

Macroglossum neotroglodytus

♂ 浙江泰顺 翅展 38 毫米

小长喙天蛾

Macroglossum neotroglodytus

♂ 云南昆明 翅展 37 毫米

小长喙天蛾
Macroglossum neotroglodytus
♂ 台湾台北 翅展 40 毫米

小长喙天蛾
Macroglossum neotroglodytus
♀ 四川平武 翅展 37 毫米

突缘长喙天蛾
Macroglossum nycteris
♂ 北京海淀 翅展 35 毫米

突缘长喙天蛾
Macroglossum nycteris
♀ 浙江天目山 翅展 40 毫米

木纹长喙天蛾
Macroglossum obscura
♀ 云南河口 翅展 55 毫米

虎皮楠长喙天蛾
Macroglossum passalus
♂ 香港大帽山 翅展 50 毫米

虎皮楠长喙天蛾
Macroglossum passalus
♂ 贵州荔波 翅展 53 毫米

虎皮楠长喙天蛾
Macroglossum passalus
♀ 云南昆明 翅展 56 毫米

叉带长喙天蛾
Macroglossum poecilum
♀ 海南五指山 翅展 40 毫米

盗火长喙天蛾指名亚种

Macroglossum prometheus prometheus

♂ 云南普洱 翅展 47 毫米

黑长喙天蛾

Macroglossum pyrrhosticta

♂ 陕西镇坪 翅展 48 毫米

黑长喙天蛾

Macroglossum pyrrhosticta

♂ 上海徐汇 翅展 46 毫米

黑长喙天蛾

Macroglossum pyrrhosticta

♂ 北京房山 翅展 43 毫米

黑长喙天蛾

Macroglossum pyrrhosticta

♀ 台湾台北 翅展 39 毫米

黑长喙天蛾

Macroglossum pyrrhosticta

♀ 云南昆明 翅展 46 毫米

波斑长喙天蛾

Macroglossum saga

♂ 湖南岳阳 翅展 62 毫米

波斑长喙天蛾

Macroglossum saga

♂ 云南昆明 翅展 57 毫米

波斑长喙天蛾

Macroglossum saga

♀ 上海徐汇 翅展 71 毫米

半带长喙天蛾

Macroglossum semifasciata

♂ 云南普洱 翅展 58 毫米

弯带长喙天蛾

Macroglossum sitiene

♂ 广西桂林 翅展 41 毫米

弯带长喙天蛾

Macroglossum sitiene

♂ 台湾台北 翅展 38 毫米

弯带长喙天蛾

Macroglossum sitiene

♀ 台湾台北 翅展 43 毫米

小豆长喙天蛾

Macroglossum stellatarum

♂ 北京海淀 翅展 45 毫米

小豆长喙天蛾

Macroglossum stellatarum

♂ 新疆石河子 翅展 44 毫米

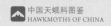

小豆长喙天蛾
Macroglossum stellatarum
♂ 云南昆明 翅展 45 毫米

小豆长喙天蛾
Macroglossum stellatarum
♀ 上海南汇 翅展 52 毫米

微齿长喙天蛾
Macroglossum troglodytus
♂ 云南河口 翅展 33 毫米

微齿长喙天蛾

Macroglossum troglodytus

♀　云南盈江　翅展 37 毫米

微齿长喙天蛾

Macroglossum troglodytus

♀　云南勐腊　翅展 35 毫米

副模标本 PT　小斜带长喙天蛾兰屿亚种

Macroglossum ungues cheni

♀　台湾兰屿　翅展 45 毫米

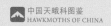

斑腹长喙天蛾

Macroglossum variegatum

♂　香港大辅　翅展 36 毫米

斑腹长喙天蛾

Macroglossum variegatum

♀　广东广州　翅展 38 毫米

维长喙天蛾中南亚种

Macroglossum vicinum piepersi

♂　云南勐腊　翅展 34 毫米

白眉天蛾属 *Hyles* Hübner, 1819

Hyles Hübner, 1819, *Verz. bek.* Schmett, (9): 137.
Type species: *Sphinx gallii* Rottemburg, 1775

中型天蛾。喙较发达；身体被褐色绒毛，胸部两侧具白色条纹，腹部两侧具黑斑；前翅为黄褐色或棕褐色，具 1 条明显的黄色或灰色的锯齿状或条纹状斑带，外缘具明显的灰色带，有的种类翅脉较为明显；后翅为玫红色，具黑色斑块与条纹。该属成员主要分布于古北区和新北区，多栖息于戈壁绿洲和高山森林环境，属内不同种之间常存在野外杂交行为。

该属世界已知 28 种，中国已知 12 种，本书收录 12 种。

中亚白眉天蛾 *Hyles centralasiae* (Staudinger, 1887)

Deilephila euphorbiae var. *centralasiae* Staudinger, 1887, *Stettin. ent. Ztg.*, 48: 64.
Type locality: Uzbekistan, Samarkand.
Synonym: *Celerio centralasiae transcaspica* O. Bang-Haas, 1936

中型天蛾。雄性近似哈密白眉天蛾*H. chamyla*，但身体和前翅偏绿棕色，前翅的灰色斑带覆有粉色，整体宽度向上延伸至主翅脉，中室端部和基部具绿棕色椭圆形斑块，外缘深灰色；后翅正面偏粉色，外缘线为黄褐色；前后翅可透见正面斑纹但整体颜色较淡，前翅反面中室端部可见灰黑色斑块。雌性形态类同雄性，但体型相对粗壮，翅膀更加宽阔，触角较细。

主要出现于夏季。寄主可能为独尾草属植物。

中国分布于新疆。此外见于蒙古国、阿富汗、伊朗、巴基斯坦，以及中亚。

注：该种由于在中国为边缘化分布，仅可见于新疆北部和西北部地区，且密度较低，本书编著过程中我们仅检视到中国境内产的1头雌性标本，但过于残破，故选取了乌兹别克斯坦产的雄性标本与塔吉克斯坦产的雌性标本以供参考。

哈密白眉天蛾 *Hyles chamyla* (Denso, 1913)

Celerio hippophaes chamyla Denso, 1913, *Dt. ent. Z., Iris*, 27: 37.
Type locality: China, Xinjiang, Hami.
Synonym: *Celerio chamyla apocyni* Shchetkin, 1956

中型天蛾。雄性十分近似沙枣白眉天蛾*H. hippophaes*，但身体和翅面偏黄灰色，各条纹和斑块颜色较淡，前后翅反面中室端斑及其周围的灰黑色鳞片淡化甚至不可见。雌性形态类同雄性，但体型相对粗壮，翅膀更加宽阔，触角较细。该种有的个体前翅的灰色斑带于中室端部会出现半圆形轮廓，后翅红色加深或淡化。

主要出现于夏季。寄主为罗布麻属植物。

中国分布于新疆。此外见于蒙古国、乌兹别克斯坦、哈萨克斯坦、土库曼斯坦。

边纹白眉天蛾 *Hyles costata* (von Nordmann, 1851)

Sphinx costata von Nordmann, 1851, *Bull. Soc. imp. Nat., Moscou*, 24(2): 444.
Type locality: Russia, Buryatia, Kyachta.
Synonym: *Celerio costata confusa* (Gehlen, 1928)
Hyles costata solida Derzhavets, 1979

中型天蛾。雄性十分近似八字白眉天蛾*H. livornica*，但腹部背面前翅较狭长，外缘相对平直，翅面的斑带发白且整体相对平直，各翅脉仅中区外侧区域较为明显，至外缘逐渐模糊，中室端部的三角形斑块更加狭长；反面中室端部具黑色椭圆形斑，中室至基部密布灰黑色鳞片。后翅正面基部的黑斑更大，几乎覆盖一半臀域面积。雌性形态类同雄性，但体型相对粗壮，翅膀更加宽阔，触角较细。

主要出现于夏季至秋季。寄主为叉分蓼，以及酸模属和蓼属等多种植物。

中国分布于新疆、内蒙古、北京、山东、黑龙江。此外见于蒙古国、俄罗斯。

欧洲白眉天蛾 *Hyles euphorbiae* (Linnaeus, 1758)

Sphinx euphorbiae Linnaeus, 1758, *Syst. Nat.* (Edn 10), 1: 492.
Type locality: not stated (Sweden).
Synonym: *Sphinx esulae Hufnagel*, 1766
Deilephila euphorbiae paralias Nickerl, 1837
Deilephila euphorbiae grentzenbergi Staudinger, 1885
Celerio euphorbiae vandalusica Ribbe, 1910
Celerio euphorbiae etrusca Verity, 1911
Celerio euphorbiae sinensis Closs, 1917
Celerio euphorbiae strasillai Stauder, 1921
Celerio euphorbiae rothschildi Stauder, 1928
Celerio euphorbiae subiacensis Dannehl, 1929
Celerio euphorbiae dolomiticola Stauder, 1930
Celerio euphorbiae filapjewi O. Bang-Haas, 1936
Celerio euphorbiae lucida Derzhavets, 1980

中型天蛾。雄性斑纹近似中亚白眉天蛾*H. centralasiae*，但整体颜色较深，身体和前翅偏黄褐色，前翅的宽斑带为黄灰色，具少许褐色细斑，基部具黑斑，外缘灰色具粉色光泽；后翅正面玫红色，外缘线为黑色，外缘灰色具粉色光泽；前翅反面中室端部具灰褐色椭圆形斑。雌性形态类同雄性，但体型相对粗壮，翅膀更加宽阔，触角较细。有的个体整体偏绿棕色。

主要出现于夏季至秋季。寄主主要为大戟属植物。

中国分布于新疆。此外见于蒙古国、俄罗斯、巴基斯坦，以及中亚和欧洲。

浅纹白眉天蛾 *Hyles exilis* Derzhavets, 1979

Hyles costata exilis Derzhavets, 1979, *Nasekomye* Mongolii, 6: 408.
Type locality: China, Tianjin, Chzhili.

Synonym: *Hyles chuvilini* Eitschberger, Danner & Surholt, 1998

中型天蛾。雄性十分近似边纹白眉天蛾*H. costata*，但前翅整体颜色较深且偏墨绿色，前翅的斑带略宽。除此之外前足侧面刺突的数目、雄性外生殖器，以及幼虫花纹与颜色上也有区别。雌性形态类同雄性，但体型相对粗壮，翅膀更加宽阔，触角较细。

主要出现于夏季至秋季。寄主为大戟属植物。

中国分布于内蒙古、河北、北京、宁夏、河南、山东、陕西。此外见于蒙古国、俄罗斯。

深色白眉天蛾 *Hyles gallii* (Rottemburg, 1775)

Sphinx gallii von Rottemburg, 1775, *Naturforscher,* Halle, 7: 107.
Type locality: Germany.
Synonym: *Sphinx galli* Denis & Schiffermüller, 1775
Sphinx epilobii Harris, 1833
Deilephila intermedia Kirby, 1837
Deilephila chamaenerii Harris, 1839
Deilephila oxybaphi Clemens, 1859
Deilephila canadensis Guenée, 1868
Deilephila galii Kirby, 1892
Celerio gallii grisea Tutt, 1904
Celerio gallii incompleta Tutt, 1904
Celerio gallii pallida Tutt, 1904
Celerio gallii stricta Tutt, 1904
Celerio galii Kuznetsova, 1906
Deilephila gallii dentata Gschwandner, 1912
Deilephila gallii lutea Gschwandner, 1912
Deilephila gallii maculifera Klemensiewicz, 1912
Deilephila gallii cuspidata Fritsch, 1916
Celerio gallii flavescens Closs, 1920
Celerio gallii scholzi Stephan, 1924
Celerio gallii chishimana Matsumura, 1929
Celerio gallii sachaliensis Matsumura, 1929
Celerio gallii grisescens Bandermann, 1932
Celerio gallii testacea (Wladasch, 1933)
Celerio gallii postrufescens Lempke, 1959
Celerio galii nepalensis Daniel, 1961
Celerio gallii heliophila Eichler, 1971
Celerio galii tibetanica Eichler, 1971

中型天蛾。雄性近似浅纹白眉天蛾*H. exilis*，但前翅的黄灰色宽斑带较弯曲，具明显弧度，中室末端处的黄色斑块较为模糊，各翅脉不覆有白色鳞片；后翅正面中区的斑带为黄色，近臀角处具1枚红色斑块。雌性形态类同雄性，但体型相对粗壮，翅膀更加宽阔，触角较细。该种因海拔和纬度差异，有的个体颜色发白或者偏黑，体型大小上也有较明显的差异。

主要出现于夏季至秋季。寄主较为广泛，如拉拉藤属、柳叶菜属、铁苋菜属、桦木属、大戟属、凤仙花属、车前属、葡萄属等多种植物。

中国分布于新疆、甘肃、宁夏、内蒙古、河北、北京、吉林、辽宁、黑龙江、河南、山东、陕西、青海、西藏。此外见于蒙古国、俄罗斯、日本、加拿大、美国，以及朝鲜半岛、中亚、中东、欧洲。

沙枣白眉天蛾 *Hyles hippophaes* (Esper, 1789)

Sphinx hippophaes Esper, 1789, *Die Schmetterlinge,* (Suppl.) (Abschnitt 2), 6, pl. 38, figs 1-3.

沙枣白眉天蛾中东亚种 *Hyles hippophaes bienerti* (Staudinger, 1874)

Deilephila bienerti Staudinger, 1874, *Stettin. ent. Ztg.,* 35: 91.
Type locality: Iran, Emamrud.
Synonym: *Deilephila insidiosa* Erschoff, 1874
Hyles hippophaes caucasica Denso, 1913
Celerio hippophaes caucasica Clark, 1922
Celerio hippophaes ornatus Gehlen, 1930
Hyles hippophaes transcaucasica Gehlen, 1932
Celerio hippophaes anatolica Rebel, 1933
Celerio hippophaes bucharana Sheljuzhko, 1933
Celerio hippophaes shugnana Sheljuzhko, 1933
Celerio hippophaes malatiatus Gehlen, 1934
Celerio hippophaes baltistana O. Bang-Haas, 1939
Hyles hippophaes miatleuskii Eitschberger & Saldaitis, 2000

中型天蛾。雄性胸部背面被黄褐色绒毛，腹部黄灰色，腹面两侧具黑白相间的斑块；触角正面白色，反面黄棕色，喙较发达；前翅顶角尖锐，外缘光滑，正面黄褐色，基部具黑斑，自基部至顶角具1条灰色宽斑带，上边缘向主翅脉逐渐过渡为黄灰色，中室端斑为1枚黑点，周围具灰褐色鳞片，外缘黄灰色，缘毛灰色；反面黄灰色，可透见正面斑纹，但颜色较淡。后翅正面玫红色，基部具狭长黑斑，外缘线黑色，外缘黄灰色，臀角具白斑，缘毛为白色；反面黄灰色，可透见正面斑纹，但颜色较淡。雌性形态类同雄性，但体型相对粗壮，翅膀更加宽阔，触角较细。

主要出现于春季至秋季。寄主为胡颓子科的沙枣和沙棘。

中国分布于新疆、内蒙古、宁夏、甘肃、西藏。此外见于蒙古国、俄罗斯、印度、巴基斯坦，以及中亚、中东和东欧。

八字白眉天蛾 *Hyles livornica* (Esper, 1780)

Sphinx livornica Esper, 1780, *Die Schmetterlinge,* 2: 87, 88, 196.
Type locality: Italy, Livorno.
Synonym: *Phinx koechlini* Fuessly, 1781
Celerio lineata obscurata Niepelt, 1922
Celerio lineata saharae Gehlen, 1932
Celerio livornica perlimbata Abbayes, 1932
Celerio lineata malgassica Denso, 1944

中型天蛾。雄性花纹模式近似蒺藜白眉天蛾*H. zygophylli*，但整体颜色偏深，各腹节具黑斑相间的环毛，背面具1列白色刻点，前翅相对较宽，翅面的黄灰色斑带基部具白色短绒毛，整体较为平直，边缘覆有明显的黑褐色鳞片，上端边缘通常具3处齿状突起，其中于中室末端具1枚近乎游离的三角形斑块，中室端斑具1枚黑点，各翅脉加粗且为白色，外缘深灰色；前翅反面密布深灰色鳞片，中室具灰黑色斑块。后翅正面的玫红色较鲜艳；反面中区内侧具1列较短的黑色斑。雌性形态类同雄性，但体型相对粗壮，翅膀更加宽阔，触角较细。

主要出现于春季至秋季。寄主主要为葡萄、戟叶酸模，以及蓼属植物。

中国分布于新疆、内蒙古、北京、河北、山西、山东、陕西、宁夏、江西、湖北、湖南、台湾。此外见于俄罗斯、蒙古国、日本，以及中亚、中东、欧洲、非洲。

显脉白眉天蛾 *Hyles nervosa* (Rothschild & Jordan, 1903)

Celerio euphorbiae nervosa Rothschild & Jordan, 1903, *Novit. zool*, 9 (suppl.): 721.
Type locality: West Himalays.

中型天蛾。雄性近似川滇白眉天蛾*H. tatsienluica*，但腹部各腹节正面不具黑白相间的环毛，前翅的斑带整体较弯曲，且上部边缘各突出的斑块较宽，后翅正面的玫红色区域明显较宽；前后翅反面的黑色斑块和条纹较淡。雌性形态类同雄性，但体型相对粗壮，翅膀更加宽阔，触角较细。

主要出现于春季至秋季。寄主可能为大戟属植物。

中国分布于西藏。此外见于阿富汗、巴基斯坦、印度。

注：该种由于在中国为边缘化分布，仅可见于西藏西南部地区，且密度较低。本书编著过程中我们未能检视到中国境内产的标本，但确认了有可靠的目击记录，故选取了印度产的雄性标本以供参考。

散纹白眉天蛾 *Hyles nicaea* (de Prunner, 1798)

Sphinx nicaea de Prunner, 1798, *Lepid. Pedemontana*: 86

散纹白眉天蛾高加索亚种 *Hyles nicaea sheljuzkoi* (Dublitzky, 1928)

Celerio nicaea var. sheljuzkoi Dublitzky, 1928, *Entomologische Zeitschrift. a. M.*, 42: 40.
Type locality: Kazakhstan, Almaty.
Synonym: *Celerio nicaea libanotica* Gehlen, 1932

中型天蛾。雄性近似欧洲白眉天蛾*H. euphorbiae*，但整体颜色较深，身体和前翅偏棕褐色，前翅的黄灰色斑带较宽，中室端部的棕褐色斑块较大且轮廓明显，翅面覆有更多的褐色鳞片；后翅外缘线较宽。雌性形态类同雄性，但体型相对粗壮，翅膀更加宽阔，触角较细。有的个体整体偏绿棕色。

主要出现于夏季至秋季。寄主为乳浆大戟。

中国分布于新疆。此外见于蒙古国，以及中亚和中东。

川滇白眉天蛾 *Hyles tatsienluica* (Oberthür, 1916)

Celerio lineata subsp. tatsienluica Oberthür, 1916, *Études de lépidoptérolgie comparée*, 12(1): 202.
Type locality: China, Sichuan, Kangding.
Synonym: *Hyles renneri*, Danner, Eitschberger & Surholt, 1998

中型天蛾。雄性十分近似八字白眉天蛾*H. livornica*，但整体偏黑色，腹面具黑色绒毛，前翅正面基部具黑斑，翅面的黄灰色斑带偏窄且基部的白色短绒毛明显；反面中室端部至前缘具灰黑色条纹。后翅正面黑色，外缘为粉色，中区为玫红色；反面中区内侧具黑色条纹。雌性形态类同雄性，但体型相对粗壮，翅膀更加宽阔，触角较细。该种雄性外生殖器与八字白眉天蛾*H. livornica*十分近似，但雌性外生殖器区别相对明显。

主要出现于夏季至秋季。寄主不明。

中国分布于甘肃、四川、云南、西藏。此外见于尼泊尔。

蒺藜白眉天蛾 *Hyles zygophylli* (Ochsenheimer, 1808)

Sphinx zygophylli Ochsenheimer, 1808, *Schmetterlinge Europa*, 2: 226.
Type locality: Turkestan.
Sphinx zygophylli Baron Marschall de Bieberstein, 1809
Celerio zygophylli jaxartis Froreich, 1938
Celerio zygophylli xanthoxyli Derzhavets, 1977
Hyles zygophylli kirgisa Eitschberger & Lukhtanov, 1996

中型天蛾。雄性花纹模式近似散纹白眉天蛾*H. nicaea*，但整体颜色偏绿棕色，胸部背面具2条白色条纹，各腹节具白色环毛，前翅较狭长，翅面的黄灰色斑带明显较细且轮廓明显，中端边缘向外突出，上端边缘具锯齿状突起且覆有黑褐色鳞片，于中室末端具1枚近乎游离的三角形斑块，外缘灰褐色；前翅反面中室末端不具灰黑色斑块，后翅正面的玫红色较浅。雌性形态类同雄性，但体型相对粗壮，翅膀更加宽阔，触角较细。

主要出现于夏季至秋季。寄主为驼蹄瓣属和蒺藜属等多种蒺藜科植物。

中国分布于新疆、宁夏、甘肃。此外见于俄罗斯、蒙古国，以及中亚、中东。

1. 浅纹白眉天蛾 *Hyles exilis* 宁夏贺兰山 / 赵宇晨　摄
2. 深色白眉天蛾 *Hyles gallii* 北京怀柔 / 李涛　摄
3. 沙枣白眉天蛾中东亚种 *Hyles hippophaes bienerti* 新疆阿勒泰 / 黄正中　摄
4. 八字白眉天蛾 *Hyles livornica* 宁夏贺兰山 / 赵宇晨　摄
5. 川滇白眉天蛾 *Hyles tatsienluica* 云南香格里拉 / 刘长秋　摄

中亚白眉天蛾
Hyles centralasiae
♂ 乌兹别克斯坦 翅展 56 毫米

中亚白眉天蛾
Hyles centralasiae
♀ 塔吉克斯坦 翅展 75 毫米

哈密白眉天蛾
Hyles chamyla
♂ 新疆鄯善 翅展 60 毫米

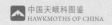

哈密白眉天蛾
Hyles chamyla
♀ 新疆鄯善 翅展 56 毫米

边纹白眉天蛾
Hyles costata
♂ 内蒙古锡林浩特 翅展 62 毫米

边纹白眉天蛾
Hyles costata
♂ 内蒙古赤峰 翅展 64 毫米

欧洲白眉天蛾

Hyles euphorbiae

♀ 新疆塔城 翅展 67 毫米

浅纹白眉天蛾

Hyles exilis

♀ 河北石家庄 翅展 66 毫米

深色白眉天蛾

Hyles gallii

♂ 西藏日喀则 翅展 57 毫米

深色白眉天蛾

Hyles gallii

♂ 河北涞水 翅展 64 毫米

深色白眉天蛾

Hyles gallii

♀ 新疆新源 翅展 62 毫米

沙枣白眉天蛾中东亚种

Hyles hippophaes bienerti

♂ 新疆阿勒泰 翅展 64 毫米

沙枣白眉天蛾中东亚种
Hyles hippophaes bienerti
♂　甘肃临平　翅展 63 毫米

沙枣白眉天蛾中东亚种
Hyles hippophaes bienerti
♂　西藏札达　翅展 70 毫米

沙枣白眉天蛾中东亚种
Hyles hippophaes bienerti
♀　新疆阿勒泰　翅展 78 毫米

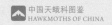

显脉白眉天蛾

Hyles nervosa

♂ 印度 翅展 73 毫米

八字白眉天蛾

Hyles livornica

♂ 新疆塔城 翅展 58 毫米

八字白眉天蛾

Hyles livornica

♀ 新疆石河子 翅展 70 毫米

散纹白眉天蛾高加索亚种
Hyles nicaea sheljuzkoi
♀ 新疆新源 翅展 68 毫米

川滇白眉天蛾
Hyles tatsienluica
♂ 四川荥经 翅展 75 毫米

川滇白眉天蛾
Hyles tatsienluica
♂ 西藏察隅 翅展 66 毫米

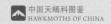

川滇白眉天蛾

Hyles tatsienluica

♀ 云南虎跳峡 翅展 70 毫米

蒺藜白眉天蛾

Hyles zygophylli

♂ 新疆伊犁 翅展 65 毫米

蒺藜白眉天蛾

Hyles zygophylli

♀ 甘肃临平 翅展 67 毫米

红天蛾属 *Deilephila* Laspeyres, 1809

Deilephila Laspeyres, 1809, *Jenaische allg.* Literatur-Zeit., 4(240): 100.
Type species: *Sphinx elpenor* Linnaeus, 1758

小型至中型天蛾。喙较发达；触角细长；身体被玫红色或暗绿色或赭色绒毛；前翅为暗绿色或赭褐色，具粉色或玫红色或黄褐色的条纹或斑带，外缘光滑或呈锯齿状，后翅玫红色或赭色，具黑色或褐色大斑，中区具粉色或黄褐色斑带。

该属世界已知 4 种，中国已知 3 种，本书收录 3 种。

白环红天蛾 *Deilephila askoldensis* (Oberthür, 1879)

Smerinthus askoldensis Oberthür, 1879, Diagn. Lépid. Askold, 5.
Type locality: Russia, Primorskiy Krai, Askold Is.
Synonym: *Cinogon cingulatum* Butler, 1881

中型天蛾。雄性身体被赭色绒毛，头部与肩区暗绿色，颈部和胸部具白色条纹，腹部后半段两侧具赭红色绒毛，各腹节具白色环毛与粉色鳞片，触角正面白色，反面红棕色，喙较发达；前翅顶角尖锐，外缘突出且具齿状突起，前翅正面棕褐色，具2条粉色宽斑带，基部和中室末端具赭褐色斑块，外中线为赭褐色且覆有灰褐色鳞片，顶角具粉色三角形斑块，主翅脉白色且密布褐色鳞片，外缘浅褐色；反面赭色可透见正面部分斑纹。后翅正面棕褐色，中区自顶角至臀角具1条粉色宽条纹，基部具黑褐色大斑；反面赭色，中区具2条褐色弧纹，基部和顶区密布白色鳞片，外缘浅褐色。雌性形态类同雄性，但体型相对粗壮，翅膀更加宽阔，触角较细，翅面的白色鳞片更加明显。

主要出现于夏季至秋季。寄主为柳叶菜属、拉拉藤属、葡萄属等多种植物。

中国分布于内蒙古、河北、北京、吉林、辽宁、黑龙江。此外见于俄罗斯、日本，以及朝鲜半岛。

红天蛾 *Deilephila elpenor* (Linnaeus, 1758)

Sphinx elpenor Linnaeus, 1758, *Syst. Nat.* (Edn 10), 1: 491.
Type locality: not stated (Sweden).
Synonym: *Sphinx porcus* Retzius, 1783
Elpenor vitis Oken, 1815
Chaerocampa lewisii Butler, 1875
Chaerocampa elpenor cinerescens Newnham, 1900
Eumorpha elpenor clara Tutt, 1904
Eumorpha elpenor obsoleta Tutt, 1904
Eumorpha elpenor pallida Tutt, 1904
Eumorpha elpenor unicolor Tutt, 1904
Eumorpha elpenor virgata Tutt, 1904
Deilephila elpenor vautrini Austaut, 1907
Pergesa elpenor daubi Niepelt, 1908
Pergesa elpenor hades Rebel, 1910
Chaerocampa elpenor alboradiata Lambillion, 1913
Deilephila elpenor philippsi Niepelt, 1921
Pergesa elpenor scheiderbaueri Gschwandner, 1924
Pergesa elpenor lugens Niepelt, 1926
Deilephila elpenor argentea Burrau, 1950
Pergesa elpenor distincta Meyer, 1969
Pergesa elpenor szechuana Chu & Wang, 1980
Deilephila elpenor tristis Lempke & Stolk, 1986

中型天蛾。雄性腹面玫红色，正面被玫红色绒毛，头部暗绿色，胸部具 2 条暗绿色纵纹，腹部具 2 条暗绿色斑带，侧面具 1 枚黑色大斑与 1 列白色斑列；触角正面白色，反面红棕色，喙较发达；前翅顶角尖锐，外缘光滑，前翅正面暗绿色，基部和后缘具白色短绒毛，具一长一短 2 条玫红色纵纹，纵纹外侧具绿棕色鳞片带，主翅脉和外缘玫红色，中室端斑为 1 枚白点；反面玫红色，前缘至顶角为暗绿色，基半部灰褐色。后翅正面玫红色，基部至中区为黑色；反面玫红色，顶区暗绿色且向中区延伸出 2 条弧纹。雌性形态类同雄性，但体型相对粗壮，翅膀更加宽阔，触角较细。该种因个体差异，有的翅面玫红色纵纹发白或较暗，或身体绒毛偏黄绿色。

主要出现于春季至秋季。寄主广泛，如凤仙花属、千屈菜属、柳叶菜属、拉拉藤属、芋属、葡萄属等多种植物。

中国除部分海岛外，几乎分布于全境地区。此外见于俄罗斯、蒙古国、日本、缅甸、越南、泰国、老挝，以及中东、中亚、欧洲。

欧亚红天蛾 *Deilephila porcellus* (Linnaeus, 1758)

Sphinx porcellus Linnaeus, 1758, *Syst. Nat.* (Edn 10), 1: 492.
Type locality: not stated (Europe).
Synonym: *Deilephila porcellus var. suellus* Staudinger, 1878
Choerocampa porcellus lutescens Cockerell, 1887
Theretra porcellus clara Tutt, 1904
Theretra porcellus hibernica (Tutt, 1904)
Theretra porcellus indistincta Tutt, 1904
Theretra porcellus scotica (Tutt, 1904)
Theretra porcellus suffusa Tutt, 1904
Metopsilus porcellus colossus A. Bang-Haas, 1906
Metopsilus porcellus galbana Gillmer, 1910
Pergesa porcellus flavocincta Wize, 1917
Pergesa porcellus porca O. Bang-Haas, 1927
Pergesa suellus sus O. Bang-Haas, 1927
Pergesa porcellus wesloeensis Knoch, 1929
Pergesa suellus rosea Zerny, 1933
Pergesa porcellus cingulata O. Bang-Haas, 1934
Pergesa suellus kuruschi O. Bang-Haas, 1938
Deilephila porcellus decolor Cockayne, 1953
Deilephila porcellus warneckei Capuse, 1963
Deilephila suellus kashgoulii Ebert, 1976
Deilephila suellus sinkiangensis Chu & Wang, 1980
Eumorpha suellus gissarodarvasica Shchetkin, 1981
Deilephila suellus songoricus Eitschberger & Lukhtanov, 1996
Choerocampa suellus sibirica Eitschberger & Zolotuhin, 1997

小型天蛾。雄性近似红天蛾*D. elpenor*，但体型偏小，胸部和腹部背面为玫红色，仅头部和各腹节中央具暗绿色绒毛，腹部侧面不具黑斑；前翅整体较短，外缘向外具明显突起弧度，前翅正面暗绿色，外中线与亚外缘线黄褐色，中室端部不具白点，缘毛玫红色；反面类同正面，但基半部为灰褐色。后翅正面暗绿色，基部具黑色大斑，外缘玫红色；反面玫红色，中区具暗绿色斑带，臀域黄灰色，缘毛为白色与玫红色相间。雌性形态类同雄性，但体型相对粗壮，翅膀更加宽阔，触角较细，尾毛收缩为箭形。该种有的个体为黄褐色或黄棕色。

主要出现于夏季至秋季。寄主为拉拉藤属植物。

中国分布于新疆和内蒙古。此外见于俄罗斯、蒙古国，以及中东、中亚、欧洲、非洲北部。

1

2

2

1. 白环红天蛾 *Deilephila askoldensis* 北京怀柔 / 李涛　摄
2. 红天蛾 *Deilephila elpenor* 辽宁本溪 / 苏圣博　摄
3. 欧亚红天蛾 *Deilephila porcellus* 新疆阿勒泰 / 黄正中　摄

白环红天蛾

Deilephila askoldensis

♂ 黑龙江牡丹江 翅展 52 毫米

白环红天蛾

Deilephila askoldensis

♂ 北京门头沟 翅展 54 毫米

红天蛾

Deilephila elpenor

♂ 浙江天目山 翅展 63 毫米

红天蛾

Deilephila elpenor

♂ 吉林长春 翅展 65 毫米

红天蛾

Deilephila elpenor

♂ 新疆乌鲁木齐 翅展 60 毫米

红天蛾

Deilephila elpenor

♂ 西藏察隅 翅展 64 毫米

红天蛾

Deilephila elpenor

♀ 上海南汇 翅展 56 毫米

红天蛾

Deilephila elpenor

♀ 云南昆明 翅展 70 毫米

欧亚红天蛾

Deilephila porcellus

♂ 新疆塔城 翅展 48 毫米

欧亚红天蛾

Deilephila porcellus

♂ 新疆阿勒泰 翅展 45 毫米

欧亚红天蛾

Deilephila porcellus

♂ 新疆阿勒泰 翅展 46 毫米

斜线天蛾属 *Hippotion* Hübner, 1819

Hippotion Hübner, 1819, *Verz. bek. Schmett.*, 135.
Type species: *Sphinx celerio* Linnaeus, 1758

小型至中型天蛾。喙较发达；该属成员形态较为多样，身体被棕色或灰色或黄褐色绒毛，胸部至腹部通常具背线或黄色或银色条纹，前翅具众多褐色或黑色条纹，或不具条纹，整体为灰色，覆有深色斑块与条纹，或具有 1 条较宽的黄色或灰色曲纹，后翅通常为红色或橙色，外缘黑褐色，或正面为黑色，具大面积粉色斑列。该属大多数种类分布于非洲。

该属世界已知 43 种，中国已知 6 种，本书收录 6 种。

斑腹斜线天蛾 *Hippotion boerhaviae* (Fabricius, 1775)

Sphinx boerhaviae Fabricius, 1775, *Syst. Ent.*, 542.
Type locality: not stated.
Synonym: *Sphinx vampyrus* Fabricius, 1787
Sphinx octopunctata Gmelin, 1790

中型天蛾。雄性十分近似后红斜线天蛾*H. rafflesii*，但整体稍偏灰白色，后翅臀角黄灰色，具褐色鳞片，前后翅反面主要为赭黄色，各褐色条纹和斑列相对较为明显。此外雄性外生殖器的爪形突与钩形突、雌性外生殖器的交配孔形状也与后红斜线天蛾有差异。雌性形态类同雄性，但体型相对粗壮，翅膀更加宽阔，触角较细。该种因个体差异，翅膀正反面各线纹的粗细和明显程度都略有变化。

主要出现于夏季至秋季。寄主为耳草属、凤仙花属、薹草属、黄细心属等多种植物。

中国分布于云南、贵州、湖南、广东、香港、海南。此外见于日本、印度尼西亚、菲律宾、巴布亚新几内亚、澳大利亚，以及所罗门群岛、南亚次大陆、中南半岛。

银条斜线天蛾 *Hippotion celerio* (Linnaeus, 1758)

Sphinx celerio Linnaeus, 1758, *Syst. Nat.* (Edn 10), 1: 491.
Type locality: not stated.
Synonym: *Sphinx tisiphone* Linnaeus, 1758
Phalaena inquilinus Harris, 1780
Elpenor phoenix Oken, 1815
Hippotion ocys Hübner, 1819
Deilephila celerio augustii (Trimoulet, 1858)
Deilephila albo-lineata Montrouzier, 1864
Hippotion celerio brunnea Tutt, 1904
Hippotion celerio pallida Tutt, 1904
Hippotion celerio unicolor Tutt, 1904
Hippotion celerio sieberti (Closs, 1910)
Hippotion celerio rosea (Closs, 1911)
Hippotion celerio luecki Closs, 1912

中型天蛾。雄性腹面灰白色，正面绿棕色，头部两侧至肩区具白色条纹，胸部具金色条纹和灰色绒毛，腹部具1条灰色背线，内嵌黑色细纹，侧面具1列灰色箭头纹和黑斑；触角正面黄灰色，反面褐色，喙较发达；前翅顶角尖锐，外缘光滑具弧度，翅面黄褐色，覆有灰黑色鳞片和黄灰色细纹，自后缘至顶角具1条黄灰色曲纹，内具黑色线纹，亚外缘至外缘具黑色细纹与灰色条纹，臀角具黑斑，中室端斑为1枚黑点；反面黄灰色密布黑色细点，基半部深灰色，外缘灰色。后翅正面黑褐色，基部至臀角具大面积玫红色，中区具1列浅粉色斑块，外缘灰色；反面黄灰色，具深灰色条纹与刻点列，外缘灰色。雌性形态类同雄性，但体型相对粗壮，触角较细。

主要出现于夏季至秋季。寄主较广泛，如葡萄属、地锦属、酸模属、五彩芋属、紫茉莉属、黄细心属等多种植物。

中国分布于新疆、甘肃、宁夏、四川、云南、贵州、湖南、广东、台湾、香港、广西、海南。此外见于俄罗斯、日本，以及南亚次大陆、中南半岛、中亚、中东、欧洲、非洲、大洋洲。

浅斑斜线天蛾 *Hippotion echeclus* (Boisduval, 1875)

Choerocampa echeclus Boisduval, [1875], *in* Boisduval & Guenée, *Hist. nat. Insectes (Spec. gén. Lépid. Hétérocères)*, 1: 233.
Type locality: Philippines, Manila.
Synonym: *Chaerocampa elegans* Butler, 1875

中型天蛾。雄性十分近似后红斜线天蛾*H. rafflesii*，但体型较大，颜色稍偏黄褐色，前翅明显较为狭长，除内侧黑色宽条纹外其余各线纹较细且覆有黄灰色鳞片；反面偏黄色，中室端部和后缘各具1条黑色狭长斑纹。后翅较狭长，基部具黑色大斑，臀角具黄褐色鳞片。雌性形态类同雄性，但体型相对粗壮，翅膀更加宽阔，触角较细。

主要出现于夏季至秋季。寄主为芝麻属、雨久花属等多种植物。

中国分布于云南、广西、海南、香港、海南。此外见于日本、印度、缅甸、泰国、马来西亚、印度尼西亚、菲律宾。

后红斜线天蛾 *Hippotion rafflesii* (Moore, 1858)

Deilephila rafflesii [Moore, 1858], *in* Horsfield & Moore, *Cat. Lepid. Ins. Mus. East India Company*, 1: 276.

后红斜线天蛾指名亚种 *Hippotion rafflesii rafflesii (Moore, 1858)*

Type locality: Indonesia, Java.
Synonym: *Chaerocampa vinacea* Hampson, 1893

中型天蛾。雄性腹面黄灰色，覆有浅赭色鳞片，正面棕褐色，头部两侧至肩区具白色条纹，胸部具灰色条纹，腹部背面具2条灰色线纹，侧面橙色条纹；触角黄褐色，喙较发达；前翅顶角尖锐，外缘光滑具弧度，翅面灰褐色，基部具灰色短绒毛，自后缘至顶角具1条黄灰色宽条纹，布5条深褐色线纹，其中内侧线纹最粗且基部为黑褐色，顶角至臀角尚具2条褐色线纹且覆有少许粉色鳞片，中室端斑为1枚黑点；反面赭红色具褐色条纹与黑色刻点列，基半部玫红色，后缘黄灰色，外缘深灰色。后翅正面玫红色，外缘灰褐色，臀角黄灰色且覆有粉色鳞片；反面赭红色具褐色条纹与黑色刻点列，外缘深灰色。雌性形态类同雄性，但体型相对粗壮，翅膀更加宽阔，触角较细。该种因个体差异，翅膀正反面各线纹的粗细和明显程度都略有变化。

主要出现于夏季至秋季。寄主为凤仙花属和苋属等多种植物。

中国分布于云南、西藏、广东、台湾、香港、澳门、广西、海南。此外见于斯里兰卡、印度、尼泊尔、不丹、缅甸、越南、老挝、泰国、马来西亚、印度尼西亚、菲律宾。

茜草后红斜线天蛾 *Hippotion rosetta* (Swinhoe, 1892)

Choerocampa rosetta Swinhoe, 1892, *Cat. east. and Aust. Lepid. Heterocera Colln Oxf. Univ. Mus.*, 1: 16.
Type locality: Indonesia, Maluku, Seram.
Synonym: *Hippotion depictum* Dupont, 1941

小型天蛾。雄性十分近似斑腹斜线天蛾*H. boerhaviae*，但体型偏小，整体稍偏黄褐色，前翅外缘弧度相对更明显，翅面各线纹较模糊，尤其内侧的黑褐色条纹自后缘向顶角逐渐淡化；后翅正面红色颜色稍浅，顶角稍钝。此外雄性外生殖器的阳茎基环形状也有所区别。雌性形态类同雄性，但体型相对粗壮，翅膀更加宽阔，触角较细。该种因个体差异，翅膀正反面各线纹的粗细和明显程度都略有变化。

主要出现于夏季至秋季。寄主为耳草属、丰花草属、巴戟天属、五星花属、黄细心属等多种植物。

中国分布于云南、贵州、湖南、广东、台湾、香港、广西、海南。此外见于日本、印度尼西亚、菲律宾、巴布亚新几内亚，以及所罗门群岛、南亚次大陆、中南半岛。

云斑斜线天蛾 *Hippotion velox* (Fabricius, 1793)

Sphinx velox Fabricius, 1793, *Ent. Syst.*, 3 (1): 378.
Type locality: "India orientali".
Synonym: *Sphinx vigil* Guérin-Méneville, 1843
Panacra lignaria Walker, 1856
Sphinx phoenyx Herrich-Schäffer, 1856
Chaerocampa swinhoei Moore, 1866
Choerocampa yorkii Boisduval, 1875
Panacra griseola Rothschild, 1894
Panacra lifuensis Rothschild, 1894
Panacra pseudovigil Rothschild, 1894
Panacra rosea Rothschild, 1894
Hippotion obanawae Matsumura, 1909
Hippotion beddoesii Clark, 1922
Hippotion noel Clark, 1923
Hippotion tainanensis Clark, 1932
Hippotion taiwanensis Riotte, 1975
Hippotion japenum Riotte, 1994

中型天蛾。雄性近似银条斜线天蛾*H. celerio*，但身体背面主要为墨绿色，胸部具银色条纹和灰色绒毛，腹部背线为深灰色；翅面墨绿色，基部和主翅脉为深灰色，翅面的弧形宽条纹与外缘为银灰色，顶角具1枚狭长的墨绿色斑纹，亚外缘具1列黑色刻点，缘毛为黑灰相间；反面灰褐色密布黑色细点，中区外侧具赭色斑块与黑色刻点列，外缘灰色。后翅正面黑褐色，顶区黄灰色，臀域和臀角灰褐色，缘毛灰黑相间；反面黄灰色密布灰色碎纹，亚外缘具1列黑色刻点，臀域黄灰色。雌性形态类同雄性，但体型相对粗壮，触角较细。该种有的个体正面几乎所有斑纹淡化或消失，翅面全为灰色或浅褐色，身体正面也几乎全为灰色，仅保留腹部两侧的白色斑列。

主要出现于夏季至秋季。寄主为腺果藤属、海芋属、芸薹属、番薯属、巴戟天属等多种植物。

中国分布于云南、四川、广西、香港、台湾、海南。此外见于日本、印度尼西亚、菲律宾，以及南亚次大陆、中南半岛、大洋洲。

1. 斑腹斜线天蛾 *Hippotion boerhaviae* 云南景东 / 熊紫春　摄
2. 银条斜线天蛾 *Hippotion celerio* 云南昆明 / 郭世伟　摄
3. 浅斑斜线天蛾 *Hippotion echeclus* 广西资源 / 许振邦　摄
4. 后红斜线天蛾指名亚种 *Hippotion rafflesii rafflesii* 云南景东 / 熊紫春　摄
5. 茜草后红斜线天蛾 *Hippotion rosetta* 广西十万大山 / 张巍巍　摄

1

2

3

4

5

斑腹斜线天蛾

Hippotion boerhaviae

♂ 湖南岳阳 翅展 52 毫米

斑腹斜线天蛾

Hippotion boerhaviae

♂ 海南尖峰岭 翅展 52 毫米

斑腹斜线天蛾

Hippotion boerhaviae

♂ 云南景东 翅展 56 毫米

斑腹斜线天蛾

Hippotion boerhaviae

♀ 云南麻栗坡 翅展 54 毫米

银条斜线天蛾

Hippotion celerio

♂ 贵州梵净山 翅展 64 毫米

银条斜线天蛾

Hippotion celerio

♂ 云南昆明 翅展 60 毫米

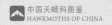

银条斜线天蛾

Hippotion celerio

♀ 海南尖峰岭 翅展 60 毫米

银条斜线天蛾

Hippotion celerio

♀ 甘肃榆中 翅展 63 毫米

浅斑斜线天蛾

Hippotion echeclus

♂ 云南盈江 翅展 65 毫米

浅斑斜线天蛾

Hippotion echeclus

♀ 广西资源 翅展 61 毫米

后红斜线天蛾指名亚种

Hippotion rafflesii rafflesii

♂ 云南景东 翅展 54 毫米

后红斜线天蛾指名亚种

Hippotion rafflesii rafflesii

♂ 云南腾冲 翅展 53 毫米

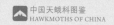

后红斜线天蛾指名亚种

Hippotion rafflesii rafflesii

♀ 云南昌宁 翅展 61 毫米

茜草后红斜线天蛾

Hippotion rosetta

♂ 海南尖峰岭 翅展 45 毫米

茜草后红斜线天蛾

Hippotion rosetta

♂ 广东深圳 翅展 50 毫米

云斑斜线天蛾

Hippotion velox

♂ 海南五指山 翅展 58 毫米

云斑斜线天蛾

Hippotion velox

♂ 台湾屏东 翅展 60 毫米

斜绿天蛾属 *Pergesa* Walker, 1856

Pergesa Walker, 1856, *List Spec. Lepid. Insects Colln Br. Mus.*, 8: 149.
Type species: *Sphinx acteus* Cramer, 1779

中型天蛾。喙较发达；身体主要被绿色绒毛，具灰色背线，前翅黄棕色，具草绿色斑带与条纹，外缘棕褐色，后翅黑褐色具橘黄色条纹。

该属世界已知1种，中国已知1种，本书收录1种。

斜绿天蛾 *Pergesa acteus* (Cramer, 1779)

Sphinx acteus Cramer, 1779, *Uitlandsche Kapellen (Papillons exot.)*, 3: 93, pl. 248, fig. A.
Type locality: Indonesia, Java, Samarang.
Synonym: *Panacra butleri* Rothschild, 1894
Rhyncholaba acteus Rothschild & Jordan, 1903

中型天蛾。雄性腹面被黄棕色与灰白色绒毛，背面为深绿色，头部两侧至肩区具白色条纹，胸部至腹部具1条灰色背线，腹部后半段为绿棕色，两侧具黄棕色条纹；触角正面灰色，反面棕褐色，喙较发达；前翅顶角尖锐，外缘具明显突起的弧度，翅面中区草绿色，具深绿色条纹与斑带，基部至前缘橘黄色，主翅脉浅棕色，外缘浅棕色具棕褐色半圆形斑块，顶角黄灰色，向下发出2条黑色波浪纹，中室端斑为1枚黑点；反面黄棕色，基半部绿棕色，可透见正面部分斑纹。后翅正面黑褐色，顶区黄灰色，中区至臀域具1条橘黄色斑纹，缘毛黄灰色；反面黄棕色密布赭色碎纹，顶区与中区条纹为绿棕色，外缘棕色。雌性形态类同雄性，但体型相对粗壮，翅膀较宽阔，触角较细。

主要出现于夏季至秋季。寄主较广泛，如海芋属、魔芋属、天南星属、芋属、秋海棠属、鸭跖草属、白粉藤属、葡萄属等多种植物。

中国分布于陕西、湖北、四川、云南、西藏、贵州、江西、湖南、安徽、浙江、福建、台湾、广东、香港、广西、海南。此外见于日本、印度尼西亚、菲律宾，以及南亚次大陆、中南半岛。

斜绿天蛾 *Pergesa acteus* 贵州安顺 / 郑心怡　摄

斜绿天蛾
Pergesa acteus
♂ 海南尖峰岭 翅展 65 毫米

斜绿天蛾
Pergesa acteus
♂ 云南麻栗坡 翅展 67 毫米

斜绿天蛾
Pergesa acteus
♀ 福建三明 翅展 64 毫米

斜纹天蛾属 *Theretra* Hübner, 1819

Theretra Hübner, 1819, *Verz. bek. Schmett.*, 9: 135.
Type species: *Sphinx equestris* Fabricius, 1793

中型至大型天蛾。喙较发达；身体被绿棕色、棕褐色或黄褐色绒毛，前翅主要为褐色、黄灰色或赭色，具1条或多条粗细不一的褐色或黑色条纹，或是主要具一黑一黄2条较宽的黄色与黑色条纹，后翅通常为黑褐色、红色或橙色，无花纹或中区具黄色条纹。该属大多数种类分布于非洲。

该属世界已知62种，中国已知13种，本书收录13种。

后红斜纹天蛾 *Theretra alecto* (Linnaeus, 1758)

Sphinx alecto Linnaeus, 1758, *Syst. Nat.* (Edn 10), 1: 492.
Type locality: India.
Synonym: *Sphinx cretica* Boisduval, 1827
Theretra freyeri Kirby, 1892
Theretra alecto transcaspica O. Bang-Haas, 1927
Theretro alecto intermissa Gehlen, 1941

中型天蛾。雄性近似斜纹天蛾*T. clotho*，但身体腹面被赭色与灰白色绒毛，正面为棕褐色；翅面棕褐色可见5条褐色线纹，其中内侧和从内向外第4条线纹明显较粗，中室端部具1枚黑点；反面赭红色密布灰色碎纹，基部和后缘黄灰色，外缘灰色。后翅正面大红色，基部具1枚黑色大斑，顶区黄灰色，外缘灰褐色，臀角粉白色；反面浅赭色密布灰色细纹，臀域黄灰色。雌性形态类同雄性，但体型相对粗壮，翅膀更加宽阔，触角较细，翅面线纹更加明显。

主要出现于夏季至秋季。寄主较广泛，如九节属、茜草属、地锦属、葡萄属、蛇葡萄属、乌蔹莓属、大戟属、五桠果属、水东哥属等多种植物。

中国分布于西藏、四川、云南、贵州、广东、广西、香港、台湾、海南。此外见于希腊、保加利亚、印度尼西亚、菲律宾，以及中东、中亚、南亚次大陆、中南半岛。

黑星斜纹天蛾 *Theretra boisduvalii* (Bugnion, 1839)

Sphinx boisduvalii Bugnion, 1839, *Ann. Soc. ent. Fr.*, 1839: 113.
Type locality: Greece, Crete.
Synonym: *Chaerocampa punctivenata* Butler, 1875

中型天蛾。雄性近似斜纹天蛾*T. clotho*，但腹部背面具2列深褐色刻点，前翅条纹为黑色刻点状，除此之外中区还具2条较明显褐色锯齿状条纹，中室端斑为1枚黑点；前后翅反面的灰色锯齿纹与黑色刻点列更加明显，前翅反面前缘的锯齿纹为深灰色且与基半部的灰褐色斑块相连。雌性形态类同雄性，但体型相对粗壮，翅膀更加宽阔，触角较细。

主要出现于夏季至秋季。寄主为地锦属、蛇葡萄属、葡萄属、白粉藤属、崖爬藤属、乌蔹莓属等多种植物。

中国分布于西藏、云南、贵州、广东、广西、台湾、海南。此外见于伊朗、斯里兰卡、印度、尼泊尔、印度尼西亚，以及中南半岛。

斜纹天蛾 *Theretra clotho* (Drury, 1773)

Sphinx clotho Drury, 1773, *Illust. nat. Hist. exot. Insects*, 2: 91.

斜纹天蛾指名亚种 *Theretra clotho clotho* (Drury, 1773)

Type locality: India, Tamil Nadu, Chennai.
Synonym: *Deilephila cyrene* Westwood, 1847
Chaerocampa bistrigata Butler, 1875
Chaerocampa aspersata Kirby, 1877

中型天蛾。雄性腹面为灰白色与黄灰色，正面绿棕色，头部两侧至肩区具白色条纹，腹部基部两侧各具 1 枚黑斑；触角正面白色，反面棕褐色，喙较发达；前翅顶角尖锐，外缘光滑，翅面灰绿色，覆有部分绿棕色鳞片，自后缘至顶角具 1 条褐色斜纹，中室端部具 1 枚深灰色斑点；反面赭色密布灰色碎纹，中区具 1 列黑色刻点，基半部灰褐色，后缘黄灰色。后翅正面灰褐色，基部至中区具 1 枚黑色大斑，顶区黄灰色，臀角附近具 2 枚黄灰色斑块；反面黄灰色密布灰色细纹，具 1 条灰色锯齿纹和 1 列灰色刻点。雌性形态类同雄性，但体型相对粗壮，翅膀更加宽阔，触角较细，翅膀正反面颜色较深。

主要出现于夏季至秋季。寄主为海芋属、木槿属、水东哥属、葡萄属、白粉藤属、地锦属等多种植物。

中国分布于云南、广东、广西、香港、海南。此外见于斯里兰卡、印度、尼泊尔、不丹、印度尼西亚，以及中南半岛。

西藏斜纹天蛾 *Theretra tibetiana* Vaglia & Haxaire, 2010

Theretra tibetiana Vaglia & Haxaire, 2010, *in* Vaglia, Haxaire, Kitching & Liyous, 2010, *European Entomologist*, 3(1): 21.
Type locality: China, Tibet, Motuo.

中型天蛾。雄性十分近似斜纹天蛾*T. clotho*，但前翅外缘相对突出且具有弧度，翅面的斜纹覆有些许灰色鳞片，中区还隐约可见2条浅褐色线纹；反面偏黄色，具有更加密集的灰色细纹。除此之外雄性外生殖器的抱器腹突末端与斜纹天蛾有一些区别。雌性形态类同雄性，但体型相对粗壮，翅膀更加宽阔，触角较细。

主要出现于夏季至秋季。寄主为海芋属、地锦属、崖爬藤属、蛇葡萄属、葡萄属、凤仙花属、水东哥属等多种植物。

中国分布于安徽、上海、浙江、福建、江西、湖南、台湾、广东、广西、香港、海南、贵州、四川、云南、西藏。此外见于韩国、日本、不丹、缅甸、越南、老挝、泰国。

雀纹天蛾 *Theretra japonica* (Boisduval, 1869)

Choerocampa japonica Boisduval, 1869, *in* Orza, *Lépid. japon. Expos.*, 36 .
Type locality: Japan.
Synonym: *Deilephila suifuna* Staudinger, 1892
Theretra japonica alticola Mell, 1939

中型天蛾。雄性斑纹近似背线斜纹天蛾*T. rhesus*，但胸部背面具1条灰色斑带和2条橘黄色线纹，腹部具2条灰色背线，侧面具橘黄色条纹，触角正面白色，反面棕色；前翅较狭长，外缘光滑并具有一定弧度，中区黄灰色，外缘深灰色且具有浅粉色光泽；反面黄棕色可透见正面部分斑纹，中区的各条纹较平直且多为刻点状，基半部灰黑色。后翅正面棕褐色，基部具黑斑，中区至臀角具1条黄灰色斑纹；反面黄棕色，各条纹为刻点状，外缘灰色。雌性形态类同雄性，但体型相对粗壮，翅膀更加宽阔，触角较细。

主要出现于春季至秋季。寄主较广泛，如芋属、月见草属、绣球属、蛇葡萄属、乌蔹莓属、地锦属、葡萄属、露珠草属等多种植物。

中国分布于除新疆、宁夏之外的各地区。此外见于俄罗斯、日本，以及朝鲜半岛。

土色斜纹天蛾 *Theretra lucasii* (Walker, 1856)

Chaerocampa lucasii Walker, 1856, *List Specimens lepid. Insects Colln Br. Mus.*, 8: 141.
Type locality: North India; Bangladesh, Sylhet
Synonym: *Deilephila spilota* Moore, 1858
Theretra latreillii lucasii Walker, 1856
Chaerocampa procne Clemens, 1859
Chaerocampa tenebrosa Moore, 1877
Theretra latreillii distincta Clark, 1922
Theretra latreillii montana Clark, 1922

中型天蛾。雄性近似黑星斜纹天蛾*T. boisduvalii*，但整体偏土黄色，腹部具3条褐色背线，前翅明显较宽短，具6条深浅不一的褐色线纹，各线纹相对较平直，其中最内侧线纹中段与中室端斑之间密布棕褐色鳞片，翅面中区和外缘具黄灰色条纹；反面赭色，外缘为灰色。后翅正面臀角附近的斑块偏灰褐色；反面浅赭色密布灰色细纹，具1列黑色刻点。雌性形态类同雄性，但体型相对粗壮，翅膀更加宽阔，触角较细。该种有的个体翅面各条纹加深或淡化。

主要出现于春季至秋季。寄主较为广泛，如秋海棠属、蛇葡萄属、乌蔹莓属、凤仙花属、崖爬藤属、白粉藤属、九节属、葡萄属等多种植物。

中国分布于湖北、安徽、江苏、上海、浙江、福建、广东、香港、台湾、广西、澳门、海南、湖南、江西、贵州、四川、云南。此外见于印度尼西亚、菲律宾，以及南亚次大陆、中南半岛。

青背斜纹天蛾 *Theretra nessus* (Drury, 1773)

Sphinx nessus Drury, 1773, *Illust. nat. Hist. exot. Insects*, 2: index [91].
Type locality: India, Tamil Nadu, Chennai.
Synonym: *Sphinx equestris* Fabricius, 1793
Chaerocampa nessus rubicundus (Schaufuss, 1870)

大型天蛾。雄性腹面被黄棕色与黄灰色绒毛，头部与胸部正面为赭色，头部两侧至肩区具白色条纹，胸部具深绿色条纹，腹部深绿色，两侧具黄色条纹；触角正面灰白色，反面棕褐色，喙较发达；前翅顶角尖锐，外缘具明显突起的弧度，翅面褐色，基部具黑斑，主翅脉深绿色，中区至顶角黄灰色，具1条黑褐色锯齿纹与2条线纹，中室端斑为1枚黑点；反面黄棕色，基半部墨绿色，可透见正面斑纹。后翅正面黑褐色，中区至臀域具1条黄色斑纹，臀角黄灰色，外缘灰褐色；反面黄棕色，中区具3条灰色锯齿状条纹，外缘近臀角具灰褐色波浪纹。雌性形态类同雄性，但体型相对粗壮，翅膀较宽阔，触角较细。

主要出现于春季至秋季。寄主较为广泛，如苋属、玉蕊属、薯蓣属、魔芋属、凤仙花属、黄细心属、巴戟天属、耳草属等多种植物。

中国分布于湖北、浙江、福建、广东、香港、台湾、广西、澳门、海南、湖南、江西、贵州、四川、云南、西藏。此外见于日本、韩国、印度尼西亚、巴布亚新几内亚、澳大利亚，以及所罗门群岛、南亚次大陆、中南半岛。

芋双线天蛾 *Theretra oldenlandiae* (Fabricius, 1775)

Sphinx oldenlandiae Fabricius, 1775, *Syst. Ent.*, 542.

芋双线天蛾指名亚种 *Theretra oldenlandiae oldenlandiae* (Fabricius, 1775)

Type locality: not stated.
Synonym: *Sphinx drancus* Cramer, 1777
Deilephila argentata Stevens, 1828
Chaerocampa sobria Walker, 1856
Chaerocampa puellaris Butler, 1876
Deilephila proxima Austaut, 1892
Theretra oldenlandiae fuscata Gehlen, 1941
Theretra oldenlandiae olivascens Inoue, 1973

中型天蛾。雄性近似雀纹天蛾*T. japonica*，但胸部背面具1条白色斑带与2条白色线纹，腹部具2条明显的白色背线，前翅基部具灰白色短绒毛，翅面具一宽一窄的2条黑色和黄灰色条纹，较宽的条纹内各自尚具1条黑色线纹，亚外缘灰绿色，外缘灰色，外缘线灰黑色；后翅顶角相对较圆润。雌性形态类同雄性，但体型相对粗壮，翅膀更加宽阔，触角较细。该种末龄幼虫形态独特，通体呈黑色，具白色与黄色斑点，侧面具1列黄色与红色的眼斑，尾突末端为白色。

主要出现于春季至秋季。寄主较广泛，如天南星属、芋属、半夏属、犁头尖属、白粉藤属、蛇葡萄属、乌蔹莓属、葡萄属、耳草属、丁香蓼属、凤仙花属等多种植物。

中国分布于除新疆、宁夏、内蒙古、青海、甘肃之外的各地区。此外见于俄罗斯、日本、韩国、阿富汗、印度尼西亚、菲律宾、澳大利亚、巴布亚新几内亚，以及所罗门群岛、南亚次大陆、中南半岛。

赭斜纹天蛾 *Theretra pallicosta* (Walker, 1856)

Chaerocampa pallicosta Walker, 1856, *List Specimens lepid. Insects Colln Br. Mus.*, 8: 145.
Type locality: Bangladesh, Sylhet; China, Hong Kong.

中型天蛾。雄性身体被赭红色绒毛，腹面颜色稍浅，足为白色，头部两侧至肩区具白色条纹，胸部具 1 条白色背线，触角正面白色，反面棕褐色，喙较发达；前翅顶角尖锐，外缘光滑，翅面赭红色，基部至外缘密布灰色鳞片，具较强的粉紫色光泽，外中线为赭红色，中区外侧和亚外缘具赭红色锯齿状条纹，中室端部具 1 枚白点；反面浅赭色，具 1 列黑色刻点，后缘黄灰色，外缘灰色。后翅正面浅赭色，臀角颜色较浅，顶区黄灰色，外缘灰褐色；反面浅赭色，具 1 列黑色刻点，后缘黄灰色，外缘灰色。雌性形态类同雄性，但体型相对粗壮，翅膀更加宽阔，触角较细，前翅的锯齿纹更明显。

主要出现于春季至秋季。寄主为银柴。

中国分布于云南、广东、广西、香港、海南。此外见于印度尼西亚，以及南亚次大陆、中南半岛。

背线斜纹天蛾 *Theretra rhesus* (Boisduval, 1875)

Choerocampa rhesus [Boisduval, 1875], *in* Boisduval & Guenée, *Hist. nat. Insectes (Spec. gén. Lépid. Hétérocères)*, 1: 254.
Type locality: Philippines.
Synonym: *Theretra javanica* Rothschild, 1894

中型天蛾。雄性近似苏门答腊斜纹天蛾*T. sumatrensis*，但整体偏灰色，胸部背面具1条灰色斑带，腹部具3条灰色背线，前翅较宽，中区偏黄灰色，最内侧及从内向外第4条线纹明显加粗；前翅反面外缘灰色。雌性形态类同雄性，但体型相对粗壮，翅膀更加宽阔，触角较细。

主要出现于夏季至秋季。寄主为火麻树属植物，如红头咬人狗。

中国分布于台湾兰屿。此外见于泰国、马来西亚、印度尼西亚、菲律宾。

注：该种在中国境内目前仅台湾兰屿有明确分布，推测可能是菲律宾的种群扩散至此。本书编著过程中因部分原因未能检视到产自中国台湾兰屿的该种标本，故选取了菲律宾产的雄性标本以供参考。

芋单线天蛾 *Theretra silhetensis* (Walker, 1856)

Chaerocampa silhetensis Walker, 1856, *List Specimens lepid. Insects Colln Br. Mus.*, 8: 143.

芋单线天蛾指名亚种 *Theretra silhetensis silhetensis* (Walker, 1856)

Type locality: Sri Lanka; North India; Bangladesh, Sylhet; Nepal; North China.
Synonym: *Chaerocampa bisecta* Moore, 1858

中型天蛾。雄性近似芋双线天蛾*T. oldenlandiae*，但整体翅膀稍宽短，腹部具1条明显的白色背线，腹部两侧斑块偏黄色；前翅正面具一宽一窄的黑色和黄灰色条纹，该条纹外侧尚具2条黑色和1条黄灰色线纹，外缘灰色，缘毛主要为黑色。雌性形态类同雄性，但体型相对粗壮，翅膀更加宽阔，触角较细。

主要出现于春季至秋季。寄主较广泛，如海芋属、芋属、凤仙花属、丁香蓼属等多种植物。

中国分布于湖北、安徽、江苏、浙江、福建、广东、香港、台湾、广西、海南、湖南、江西、贵州、四川、云南。此外见于日本、印度尼西亚，以及南亚次大陆、中南半岛。

白眉斜纹天蛾 *Theretra suffusa* (Walker, 1856)

Chaerocampa suffusa Walker, 1856, *List Specimens lepid. Insects Colln Br. Mus.*, 8: 146.
Type locality: China, Hong Kong.
Synonym: *Choerocampa hector* Boisduval, 1875

中型天蛾。雄性近似后红斜纹天蛾*T. alecto*，但胸部背面具1条灰色斑带和2条橘黄色线纹，腹部具3条灰褐色背线，侧面具浅赭色条纹；翅面棕褐色具粉色光泽，基部和中区灰色。后翅正面基部黑斑较小，亚外缘线较粗且为黑色。雌性形态类同雄性，但体型相对粗壮，翅膀更加宽阔，触角较细，翅面条纹更加扩展。

主要出现于春季至秋季。寄主为野牡丹属植物，如毛菍。

中国分布于四川、云南、贵州、广东、广西、香港、台湾、海南。此外见于日本、印度、尼泊尔、泰国、老挝、越南、马来西亚、印度尼西亚。

苏门答腊斜纹天蛾 *Theretra sumatrensis* (Joicey & Kaye, 1917)

Cechenena sumatrensis Joicey & Kaye, 1917, *Ann. Mag. nat. Hist.*, (Series 8) 20(118): 307.
Type locality: Indonesia, Sumatra, Langkat.
Synonym: *Theretra mercedes* Eitschberger, 2002

中型天蛾。雄性近似黑星斜纹天蛾*T. boisduvalii*，但整体颜色较深，前翅具6条可见的深褐色线纹，各线纹相对较平直，中室末端至中区具1块灰黑色斑；后翅正面臀角附近的斑块偏黄褐色。前后翅反面偏赭色，前翅反面前缘的锯齿纹几乎不可见。雌性形态类同雄性，但体型相对粗壮，翅膀更加宽阔，触角较细。该种有的个体后翅臀角附近的斑块较为退化，前翅大部分线纹和斑块淡化，亚外缘可见1条明显的灰色条纹。

主要出现于夏季至秋季。寄主不明。

中国分布于云南。此外见于巴基斯坦、印度、尼泊尔、不丹、印度尼西亚，以及中南半岛。

1. 后红斜纹天蛾 *Theretra alecto* 云南西双版纳 / 张巍巍　摄　2. 黑星斜纹天蛾 *Theretra boisduvalii* 云南西双版纳 / 张巍巍　摄　3. 斜纹天蛾指名亚种 *Theretra clotho clotho* 云南景东 / 熊紫春　摄　4. 西藏斜纹天蛾 *Theretra tibetiana* 贵州绥阳 / 张巍巍　摄

5

6

7

8

9

10

11

12

5. 雀纹天蛾 *Theretra japonica* 贵州安顺 / 郑心怡　摄
6. 土色斜纹天蛾 *Theretra lucasii* 广东深圳 / 陆千乐　摄
7. 青背斜纹天蛾 *Theretra nessus* 广西梧州 / 陆千乐　摄
8. 芋双线天蛾指名亚种 *Theretra oldenlandiae oldenlandiae* 重庆巫溪 / 陆千乐　摄
9. 赭斜纹天蛾 *Theretra pallicosta* 云南西双版纳 / 张巍巍　摄
10. 芋单线天蛾指名亚种 *Theretra silhetensis silhetensis* 广西梧州 / 陆千乐　摄
11. 白眉斜纹天蛾 *Theretra suffusa* 广东象头山 / 陆千乐　摄
12. 苏门答腊斜纹天蛾 *Theretra sumatrensis* 云南景东 / 熊紫春　摄

后红斜纹天蛾

Theretra alecto

♂ 四川九龙 翅展 72 毫米

后红斜纹天蛾

Theretra alecto

♀ 云南麻栗坡 翅展 74 毫米

后红斜纹天蛾

Theretra alecto

♀ 广西桂林 翅展 76 毫米

黑星斜纹天蛾

Theretra boisduvalii

♂ 广西崇左 翅展 84 毫米

黑星斜纹天蛾

Theretra boisduvalii

♂ 海南五指山 翅展 86 毫米

黑星斜纹天蛾

Theretra boisduvalii

♀ 云南盈江 翅展 91 毫米

斜纹天蛾指名亚种

Theretra clotho clotho

♂ 广西崇左 翅展 76 毫米

斜纹天蛾指名亚种

Theretra clotho clotho

♂ 海南尖峰岭 翅展 75 毫米

斜纹天蛾指名亚种

Theretra clotho clotho

♀ 云南盈江 翅展 82 毫米

西藏斜纹天蛾

Theretra tibetiana

♂ 湖南岳阳 翅展 72 毫米

西藏斜纹天蛾

Theretra tibetiana

♂ 四川攀枝花 翅展 75 毫米

西藏斜纹天蛾

Theretra tibetiana

♀ 浙江宁波 翅展 84 毫米

雀纹天蛾

Theretra japonica

♂ 浙江杭州 翅展 69 毫米

雀纹天蛾

Theretra japonica

♀ 四川攀枝花 翅展 58 毫米

土色斜纹天蛾

Theretra lucasii

♂ 云南元江 翅展 70 毫米

土色斜纹天蛾

Theretra lucasii

♂ 广东广州 翅展 68 毫米

土色斜纹天蛾

Theretra lucasii

♀ 上海南汇 翅展 66 毫米

青背斜纹天蛾

Theretra nessus

♂ 云南昆明 翅展 91 毫米

青背斜纹天蛾

Theretra nessus

♀ 广西百色 翅展 106 毫米

芋双线天蛾指名亚种

Theretra oldenlandiae oldenlandiae

♂ 上海长兴岛 翅展 55 毫米

芋双线天蛾指名亚种

Theretra oldenlandiae oldenlandiae

♀ 重庆巫溪 翅展 62 毫米

赭斜纹天蛾
Theretra pallicosta
♂ 云南麻栗坡 翅展 69 毫米

赭斜纹天蛾
Theretra pallicosta
♂ 广东南岭 翅展 72 毫米

赭斜纹天蛾
Theretra pallicosta
♀ 云南景洪 翅展 77 毫米

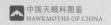

背线斜纹天蛾

Theretra rhesus

♂ 菲律宾 翅展 75 毫米

芋单线天蛾指名亚种

Theretra silhetensis silhetensis

♂ 云南勐腊 翅展 50 毫米

芋单线天蛾指名亚种

Theretra silhetensis silhetensis

♂ 台湾台北 翅展 46 毫米

芋单线天蛾指名亚种

Theretra silhetensis silhetensis

♀ 广东广州 翅展 54 毫米

白眉斜纹天蛾

Theretra suffusa

♂ 海南尖峰岭 翅展 74 毫米

白眉斜纹天蛾

Theretra suffusa

♂ 贵州荔波 翅展 72 毫米

白眉斜纹天蛾

Theretra suffusa

♀ 广西防城港 翅展 80 毫米

苏门答腊斜纹天蛾

Theretra sumatrensis

♂ 云南麻栗坡 翅展 82 毫米

苏门答腊斜纹天蛾

Theretra sumatrensis

♂ 云南景洪 翅展 80 毫米

灰天蛾属 *Griseosphinx* Cadiou & Kitching, 1990

Griseosphinx Cadiou & Kitching, 1990, *Lambillionea*, 90(4): 16.
Type species: *Griseosphinx preechari* Cadiou & Kitching, 1990

小型天蛾。触角细长，身体和翅膀以灰色、墨绿色和灰褐色为主，前翅翅面密布黑色或墨绿色斑块、斑点与条纹，中室端斑为黑点，后翅为灰褐色；前后翅反面主要为赭红色、绿棕色或深灰色。

该属世界已知4种，中国已知1种，本书收录1种。

霜灰天蛾 *Griseosphinx preechari* Cadiou & Kitching, 1990

Griseosphinx preechari Cadiou & Kitching, 1990, *Lambillionea*, 90(4): 17.
Type locality: Thailand, Kanchanaburi, Sangkhla Buri.

小型天蛾。雄性身体被灰色绒毛，胸部和腹部具墨绿色毛簇，腹部背面具2列黑色刻点，尾毛为毛刷状，各腹节具灰白色短毛簇，触角赭褐色；前翅灰色，缘毛黑白相间，翅面为灰色，基部具墨绿色斑块与条纹，中区至外缘具墨绿色条斑块与锯齿状条纹，中室端斑为1枚黑点，外缘具1列黑斑；反面赭红色，中区外侧至外缘密布绿棕色鳞片，中区具锯齿状条纹，后缘黄灰色。后翅正面灰褐色，顶区黄灰色，外缘深灰色，缘毛黑白相间。反面橘黄色，具1条褐色锯齿纹和1列刻点，外缘绿棕色鳞片。雌性形态类同雄性，但体型相对粗壮，翅膀更加宽阔，触角较细，翅面斑纹更加扩展。

出现于夏季。寄主不明。

中国分布于云南。此外见于老挝、泰国、缅甸。

霜灰天蛾
Griseosphinx preechari
♂ 云南麻栗坡 翅展 52 毫米

背线天蛾属 *Cechetra* Zolotuhin & Ryabov, 2012

Griseosphinx Cadiou & Kitching, 1990, *The hawkmoths of Vietnam*, 206.
Type species: *Cechenena subangustata* Rothschild, 1920

中型至大型天蛾。喙发达；身体被绿色或褐色绒毛，胸部和腹部通常具浅色背线，前翅狭长，为绿色或褐色，具多条粗细不一的深色线纹，中室端斑为黑点；后翅黑褐色，具黄色斑带或条纹。

该属世界已知8种，中国已知6种，本书收录6种。

布氏背线天蛾 *Cechetra bryki* Ivshin & Krutov, 2018

Cechetra bryki Ivshin & Krutov, 2018, *Zootaxa*, 4450(1): 9.
Type locality: Nepal, Kathmandu Valley, Mt. Pulchouki.
Synonym: *Cechenena lineosa f. viridula* Bryk, 1944

大型天蛾。雄性十分近似泛绿背线天蛾*C. subangustata*，但内侧向外第3条与第4条线纹较为明显，轻微呈波浪形而非直线，其余线纹相对较模糊。后翅正面的黄绿色条纹于臀角和顶角较宽，中段较细，内侧边缘参差不齐，呈明显的锯齿状。前后翅反面为黄色，密布黑色细点与碎纹。雌性形态类同雄性，但翅膀更加宽大，触角较细。该种有的个体后翅的黄色条纹较弱，但整体宽窄比例特征稳定。

主要出现于夏季至秋季。寄主不明。

中国分布于云南、西藏。此外见于印度、尼泊尔、不丹、缅甸、越南。

条背线天蛾 *Cechetra lineosa* (Walker, 1856)

Chaerocampa lineosa Walker, 1856, *List Specimens lepid. Insects Colln Br. Mus.*, 8: 144.
Type locality: Bangladesh, Sylhet.
Synonym: *Chaerocampa major* Butler, 1875
Theretra lineosa Rothschild, 1894
Cechenena lineosa Rothschild & Jordan, 1903

中型天蛾。雄性身体腹面黄灰色，正面被草绿色绒毛，头部两侧和肩区具白色条纹，胸部背面具灰色斑带与橘黄色线纹，腹部具4条背线，侧面具黄色斑块，触角正面白色，反面黄褐色；前翅黄灰色，主翅脉草绿色且边缘密布绿色鳞片，翅面具7条可见的褐色线纹，于后缘发出汇合于顶角，其中内侧向外第4条线纹明显加粗，边缘覆有较多的绿棕色鳞片，中室端斑为1枚黑点；反面黄棕色，具深灰色线纹与刻点列，基半部灰黑色，后缘黄灰色。后翅正面黑色，中区具1条浅黄色条纹直至臀角；反面黄棕色，中区具2条灰色锯齿纹和1列黑色刻点，外缘灰色。雌性形态类同雄性，但体型相对粗壮，翅膀更加宽阔，触角较细。该种有的个体为黄绿色、深绿色或绿棕色，前翅条纹的粗细、后翅的浅黄色条纹宽窄和轮廓也有较大变化，有时会呈锯齿状。

主要出现于春季至秋季。寄主为水东哥属、蓼属、葡萄属、凤仙花属等多种植物。

中国分布于北京、安徽、江苏、浙江、福建、广东、香港、台湾、广西、海南、湖南、江西、贵州、四川、重庆、云南、西藏。此外见于印度、尼泊尔、不丹、孟加拉国、印度尼西亚，以及中南半岛。

平背线天蛾 *Cechetra minor* (Butler, 1875)

Chaerocampa minor Butler, 1875, *Proc. zool. Soc. Lond.*, 1875: 249.
Type locality: India, Uttarakhand, Mussoorie.
Synonym: *Cechenena minor* Rothschild & Jordan, 1903
Cechenena minor olivascens (Mell, 1922)

中型天蛾。雄性近似条背线天蛾*C. lineosa*，但体型偏小，胸部背面不具灰色斑带，腹部两侧条纹偏黄色。雌性形态类同雄性，但体型相对粗壮，翅膀更加宽阔，触角较细。该种有的个体为黄绿色或黄褐色，前翅条纹的粗细、后翅的浅黄色条纹宽窄也有较大变化。

主要出现于春季至秋季。寄主为乌蔹莓属、蛇葡萄属、葡萄属、猕猴桃属、水东哥属等多种植物。

中国分布于安徽、江苏、浙江、福建、广东、香港、台湾、广西、海南、湖南、江西、贵州、重庆、四川、云南、西藏。此外见于印度、尼泊尔、老挝、越南、泰国。

粗纹背线天蛾 *Cechetra scotti* (Rothschild, 1920)

Cechetra scotti (Rothschild, 1920), *Annals and Magazine of Natural History*, 5: 481.
Type locality: India, Uttarakhand, Mussoorie.
Synonym: *Cechenena lineosa subsp. scotti* Rothschild, 1920
Cechenena scotti Rothschild, 1920
Cechenena pundjabensis Gehlen, 1931

大型天蛾。雄性十分近似条背线天蛾*C. lineosa*，但体型偏大，前后翅较长且顶角尖锐，腹部靠外侧的背线明显较粗且颜色发白，触角正面基部密布粉色鳞片；翅面发白，各线纹较粗且颜色更深，尤其从内侧向外的第3条与第4条线纹最粗且几近融合。后翅正面的黄色斑纹非常发达且颜色较浅，内侧边缘呈明显的锯齿状。前后翅反面颜色主要为赭色。雌性形态类同雄性，但翅膀更加宽大，触角较细。

主要出现于夏季至秋季。寄主为葡萄科植物。

中国分布于云南、西藏。此外见于巴基斯坦、印度、尼泊尔、不丹、老挝、越南。

纹背线天蛾 *Cechetra striata* Rothschild, 1894

Theretra striata Rothschild, 1894, Novit. zool., 1: 76.
Type locality: Japan.

中型天蛾。雄性十分近似平背线天蛾*C. minor*，但体型偏小，整体偏灰白色；前翅较狭长且顶角尖锐，内侧向外第4条线纹相对其余线纹更加明显，中区发白。雌性形态类同雄性，但翅膀更加宽大，触角较细。此外该种雄性生殖器的抱器腹突较平背线天蛾更加狭长且弯折。

主要出现于夏季至秋季。寄主可能为葡萄科植物。

中国分布于云南、四川、西藏、贵州、江西、浙江、台湾、重庆、陕西、河北、北京。此外见于日本、缅甸、泰国、老挝、越南。

泛绿背线天蛾 *Cechetra subangustata* (Rothschild, 1920)

Cechenena subangustata Rothschild, 1920, *Ann. Mag. nat. Hist.,* (9) 5: 482.
Type locality: Indonesia, Sumatra, Bengkulu, Lebong Tandai.
Synonym: *Cechetra subangustata continentalis* Ivshin & Krutov, 2018

大型天蛾。雄性近似绿色型的条背线天蛾*C. lineosa*，但体型较大，前后翅较长且顶角尖锐，腹部靠外侧的背线明显较粗；翅面为深绿色，中区为浅绿色，各线纹较平直且宽窄近乎一致，内侧向外第4条稍粗且颜色较深，外缘灰绿色。后翅正面的条纹为黄绿色，从臀域一直延伸至顶区，整体宽度较为平均且边缘具明显的黑色鳞片过渡，外缘深绿色。前后翅反面为黄色，密布黑色细点与碎纹。雌性形态类同雄性，但翅膀更加宽大，触角较细。该种有的个体翅面绿色较少或偏黄绿色。

主要出现于夏季至秋季。寄主不明。

中国分布于云南、西藏、广西、海南、台湾。此外见于印度、尼泊尔、不丹、老挝、越南、泰国、马来西亚、印度尼西亚。

1

2

3

4

1. 布氏背线天蛾 *Cechetra bryki* 西藏雅鲁藏布江 / 张巍巍　摄
2. 条背线天蛾 *Cechetra lineosa* 重庆巫溪 / 陆千乐　摄
3. 平背线天蛾 *Cechetra minor* 重庆巫溪 / 陆千乐　摄
4. 粗纹背线天蛾 *Cechetra scotti* 西藏雅鲁藏布江 / 张巍巍　摄

5. 纹背线天蛾 *Cechetra striata* 北京怀柔 / 李涛　摄　6. 泛绿背线天蛾 *Cechetra subangustata* 云南西双版纳 / 张巍巍　摄

布氏背线天蛾
Cechetra bryki
♂ 云南景东 翅展 90 毫米

布氏背线天蛾
Cechetra bryki
♂ 西藏林芝 翅展 93 毫米

布氏背线天蛾
Cechetra bryki
♀ 西藏日喀则 翅展 88 毫米

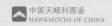

条背线天蛾
Cechetra lineosa
♂ 重庆巫溪 翅展 77 毫米

条背线天蛾
Cechetra lineosa
♂ 西藏墨脱 翅展 85 毫米

条背线天蛾
Cechetra lineosa
♀ 安徽黄山 翅展 92 毫米

条背线天蛾

Cechetra lineosa

♀ 台湾屏东 翅展 85 毫米

条背线天蛾

Cechetra lineosa

♀ 北京房山 翅展 90 毫米

平背线天蛾

Cechetra minor

♂ 云南元江 翅展 75 毫米

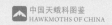

平背线天蛾
Cechetra minor
♀ 台湾花莲　翅展 93 毫米

平背线天蛾
Cechetra minor
♀ 四川攀枝花　翅展 81 毫米

粗纹背线天蛾
Cechetra scotti
♂ 西藏日喀则　翅展 100 毫米

粗纹背线天蛾

Cechetra scotti

♀ 云南元江　翅展 105 毫米

粗纹背线天蛾

Cechetra scotti

♀ 西藏察隅　翅展 94 毫米

纹背线天蛾

Cechetra striata

♂ 北京怀柔　翅展 66 毫米

纹背线天蛾
Cechetra striata
♂ 浙江泰顺 翅展 68 毫米

纹背线天蛾
Cechetra striata
♀ 重庆巫溪 翅展 80 毫米

泛绿背线天蛾
Cechetra subangustata
♂ 云南马关 翅展 92 毫米

泛绿背线天蛾

Cechetra subangustata

♂ 台湾屏东 翅展 86 毫米

泛绿背线天蛾

Cechetra subangustata

♀ 海南五指山 翅展 104 毫米

白肩天蛾属 *Rhagastis* Rothschild & Jordan, 1903

Rhagastis Rothschild & Jordan, 1903, *Novit. Zool.*, 9 (Suppl.): 675 [key], 791.
Type species: *Pergesa velata* Walker, 1866

中型天蛾。喙较发达；身体被绿棕色、褐色或玫红色绒毛，腹部背面通常具2列深色刻点，多数种类主翅脉为白色，前翅为灰褐色、黄褐色或绿棕色，具多条深色锯齿纹、刻点列或斑带，有的种类于中区外侧和顶角具浅色斑块；后翅黑褐色，具黄色或玫红色条纹。后翅反面通常具深色锯齿纹和刻点列。

该属世界已知16种，中国已知10种，本书收录10种。

宽缘白肩天蛾 *Rhagastis acuta* (Walker, 1856)

Zonilia acuta Walker, 1856, *List of the specimens of lepidopterous insects in the collection of the British Museum*, 8: 195.
Type locality: India.
Synonym: *Rhagastis hayesi* Diehl, 1982

中型天蛾。雄性近似蒙古白肩天蛾*R. mongoliana*，但腹部两侧具黄色条纹，前翅较宽且外缘相对平直，前翅顶角不具黑色三角形斑，翅面的黄灰色斑块不明显，臀角附近的黑色斑块较为稀疏，中室端斑附近具1枚较小的褐色斑块，亚外缘至外缘发白且覆有较宽的银灰色鳞片带；反面偏红棕色，密布黑色细点和碎纹，外缘线上半段较平直，下半段为齿状，外缘灰色且不与基半部的灰黑色斑块相连。后翅反面赭色，中区具1条模糊的灰色条纹，外侧的黑色刻点列较为模糊，仅外缘为灰色。雌性形态近似雄性，但体型相对粗壮，翅膀更加宽阔，触角较细，翅面中区会出现多条褐色波浪形线纹。

主要出现于春季至秋季。寄主不明。

中国分布于云南、贵州、广东、广西、海南。此外见于印度、尼泊尔、不丹、孟加拉国、印度尼西亚、菲律宾，以及中南半岛。

白肩天蛾 *Rhagastis albomarginatus* (Rothschild, 1894)

Metopsilus albomarginatus Rothschild, 1894, *Novitates Zoologicae*, 1: 78.

白肩天蛾指名亚种 *Rhagastis albomarginatus albomarginatus* (Rothschild, 1894)

Metopsilus albomarginatus Rothschild, 1894, *Novitates Zoologicae*, 1: 78.
Type locality: India, Assam, Khasia Hills.
Synonym: *Rhagastis albomarginatus nubilosa* Bryk, 1944

中型天蛾。雄性形态近似东部亚种*ssp. dichroa*，但整体颜色偏深，体型较大，前翅相对宽大，顶角更加尖锐且向外延伸，外缘突出弧度相对强烈，翅面各黑色斑点更加明显，中区外侧的灰色斑块发白且面积更大，直达中区外侧和臀角上方；反面中区的锯齿纹淡化为斑点甚至消失，外侧的1列黑点更加粗犷。后翅外缘波浪形突起较明显，缘毛为白色，反面覆有密集的灰色细纹，中室内侧的黑点较大。

主要出现于夏季至秋季。寄主为木油桐和常山。

中国分布于云南、西藏、海南。此外见于印度、尼泊尔、不丹、缅甸、老挝、越南、泰国。

白肩天蛾东部亚种 *Rhagastis albomarginatus dichroae* Mell, 1922

Rhagastis albomarginatus dichroae Mell, 1922, *Dt. ent. Z.*, 1922: 120.
Type locality: China, Guangdong.
Synonym: *Rhagastis mongoliana centrosinaria* Chu & Wang, 1980

中型天蛾。雄性身体腹面被黄灰色与灰色绒毛，正面绿棕色；主翅脉白色，前翅顶角具1枚黑色三角形斑，外缘光滑，翅面为绿棕色且密布褐色斑块，前缘和亚外缘处各具1列黑色刻点，基部和臀角附近密布黑色斑点，后缘基半部覆有灰色鳞片，顶角和中区外侧各具1枚灰色斑块，中室端斑为1枚黑点，外缘灰色；反面赭色密布褐色细纹，基半部灰黑色，中区具1条灰褐色锯齿状条纹，外侧尚具1列黑色斑点，外缘灰色且中段向内延长直至基半部的灰黑色斑块，后缘黄灰色。后翅正面黑褐色，顶区黄灰色，臀角具1枚黄灰色斑块，稍向中区延长为条纹；反面浅赭色密布褐色细纹，臀域黄灰色，中室内侧具1枚黑点，中区具1条灰色锯齿状条纹，外侧尚具1列灰黑色斑点。雌性形态近似雄性，但体型相对粗壮，翅膀更加宽阔，触角较细。

主要出现于春季至秋季。寄主为木油桐和常山属等多种植物。

分布于中国陕西、湖北、四川、重庆、贵州、湖南、江西、浙江、福建、广东、香港、广西。

双斑白肩天蛾 *Rhagastis binoculata* Matsumura, 1909

Rhagastis binoculata Matsumura, 1909, *Thous. Ins. Japan.* 1(*Suppl*): 39.
Type locality: China, Taiwan, Hsinchu, Peipu.
Synonym: *Rhagastis varia* Wileman, 1910
Rhagastis elongata Clark, 1937
Rhagastis albomarginatus sauteri Mell, 1958

中型天蛾。雄性十分近似白肩天蛾*R. albomarginatus*，但整体稍偏棕褐色，前翅中区外侧的大斑偏灰色，覆有明显的粉色鳞片，翅面各褐色条纹与斑点相对密集且颜色较深；前后翅后面的锯齿纹较模糊。雌性形态近似雄性，但体型相对粗壮，翅膀更加宽阔，触角较细，翅面斑纹更加扩展。

主要出现于春季至秋季。寄主为中国绣球。

该种为中国特有种。目前仅知分布于台湾。

锯线白肩天蛾 *Rhagastis castor* (Walker, 1856)

Pergesa castor Walker, 1856; *List Spec. Lepid. Insects Colln Br. Mus.*, 8: 153.

锯线白肩天蛾北印亚种 *Rhagastis castor aurifera* (Butler, 1875)

Pergesa aurifera Butler, 1875, *Proc. zool. Soc. Lond.*, 1875: 7.
Type locality: India, Sikkim.

中型天蛾。雄性近似白肩天蛾*R. albomarginatus*，但主翅脉为棕黄色，腹部两侧具黄色条纹，前翅相对狭长，外缘较为平直且具银灰色鳞片，臀角上方和顶角具浅色斑块，中区自后缘至前缘具2条较平直的黑褐色锯齿纹，下半段密布黑点且与中室端斑相连；反面的黑色锯齿纹较明显。后翅正面的黄色条纹较发达；反面中室内侧不具黑点，中区具1条灰色弧纹，外侧的黑色刻点列明显，亚外缘至外缘为灰色。雌性形态近似雄性，但体型相对粗壮，翅膀更加宽阔，触角较细。该种有的个体前后翅各锯齿纹和斑点淡化或加深。

主要出现于夏季至秋季。寄主为魔芋属和葡萄属等多种植物。

中国分布于西藏、云南、贵州、湖南、广东、福建、江西。此外见于印度、尼泊尔、不丹、老挝、越南、泰国。

锯线白肩天蛾台湾亚种 *Rhagastis castor formosana* Clark, 1925

Rhagastis aurifera formosana Clark, 1925, *Proc. New Engl. zool. Club*, 9: 37.
Type locality: China, Taiwan, Nantou Hsien, Puli.

中型天蛾。雄性近似北印亚种*ssp. aurifera*，但体型较小，前翅较宽短，翅面各条纹和斑块较淡，外缘覆有浅粉色鳞片。前后翅颜色和各条纹颜色较淡。

主要出现于夏季至秋季。寄主为水东哥、台湾崖爬藤和中国绣球。

目前仅知分布于中国台湾。

锯线白肩天蛾西南亚种 *Rhagastis castor jordani* Oberthür, 1904

Rhagastis jordani Oberthür, 1904, *Bull. Soc. ent. Fr.*, 1904: 14.
Type locality: China, Sichuan, Xiaolou.
Synonym: *Rhagastis jordani* Oberthür, 1904
Rhagastis aurifera chinensis Mell, 1922

中型天蛾。雄性十分近似北印亚种*ssp. aurifera*，但整体偏黄色，前翅的浅色斑块为黄灰色，后翅正面的黄色条纹较宽；前后翅反面明显偏黄色。

主要出现于夏季至秋季。寄主不明。

分布于中国四川、重庆、湖北、贵州、广西。

华西白肩天蛾 *Rhagastis confusa* Rothschild & Jordan, 1903

Rhagastis confusa Rothschild & Jordan, 1903, *Novit. zool.*, 9 (suppl.): 793 (key), 795.
Type locality: India, Assam, Khasi Hills.
Synonym: *Rhagastis confusa chinensis* Clark, 1936
Rhagastis confusa peeti Clark, 1936

中型天蛾。雄性近似锯线白肩天蛾*R. castor*，但整体颜色较深，主翅脉为白色，覆有粉色鳞片，前翅相对宽大，外缘向外突出具弧度，具银灰色和粉色鳞片，翅面具3列明显的黑色斑点，于后缘交汇为短条纹，后缘具浅粉色短绒毛；反面的黑色锯齿纹不明显，通常仅可见外侧的1列黑点。后翅较为狭长，反面中区的灰色弧纹弧度较为模糊甚至消失，外侧的黑色刻点列明显。雌性形态近似雄性，但体型相对粗壮，翅膀更加宽阔，触角较细。该种有的个体前翅反面前缘处会出现2条较短的灰黑色条纹。

主要出现于春季至秋季。寄主为葡萄属植物。

中国分布于西藏、云南、四川、重庆、贵州。此外见于巴基斯坦、印度、尼泊尔、不丹、老挝、越南、泰国。

红白肩天蛾 *Rhagastis gloriosa* (Butler, 1875)

Pergesa gloriosa Butler, 1875, *Proc. zool. soc. Lond.*, 1875: 246.
Type locality: India, West Bengal, Darjiling.
Synonym: Rhagastis gloriosa orientalis Bryk, 1944
Rhagastis yunnanaria Chu & Wang, 1980

中型天蛾。雄性身体腹面玫红色，正面头部和肩区被红棕色绒毛，胸部背面和腹部绿棕色，前翅顶角尖锐，正面绿棕色，后缘红棕色，具3条红棕色斑带，中室末端具1枚红棕色大斑，亚外缘至外缘颜色较深，外缘具1条粉色线纹；反面玫红色，基半部灰黑色，中区具3条紫褐色条纹，外缘紫褐色。后翅正面自基部向外缘由黑褐色过渡为棕褐色，中区具1条玫红色条纹，缘毛为玫红色；反面玫红色，臀域黄灰色覆有粉色鳞片，中区具3条模糊的紫褐色条纹，外缘紫褐色。雌性形态近似雄性，但体型相对粗壮，翅膀更加宽阔，翅面斑纹更加扩展，触角较细。

主要出现于夏季。寄主不明。

中国分布于云南、西藏。此外见于印度、尼泊尔、老挝、越南、泰国。

月纹白肩天蛾 *Rhagastis lunata* (Rothschild, 1900)

Chaerocampa lunata Rothschild, 1900, *Novit. zool.*, 7: 274.
Type locality: India, Assam, Khasi Hills.
Synonym: *Rhagastis lunata sikhimensis* Rothschild & Jordan, 1903
Rhagastis lunata gehleni Bender, 1942
Rhagastis lunata yunnanaria Chu & Wang, 1980
Rhagastis lunata yunnana Chu & Wang, 1983

中型天蛾。雄性斑纹模式近似锯线天蛾*R. castor*，但身体腹面被玫红色和赭红色绒毛，正面偏棕色，前翅相对较宽且外缘平直，外缘1列银色月纹，前缘至外缘具1条棕褐色横带，中室末端密布棕褐色鳞片，中区具4列棕褐色斑点；后翅正面的黄色条纹较宽且中段具明显折角；前后翅反面赭红色，后缘和臀域灰色反面棕黄色，各锯齿纹和斑点列周围具赭红色鳞片。后翅正面自基部向外缘由黑褐色过渡为棕褐色，中区具1条橘黄色条纹，边缘为波浪形；反面棕黄色，各锯齿纹和斑点覆有赭红色鳞片。雌性形态近似雄性，但体型相对粗壮，翅膀更加宽阔，前后翅反面颜色更加鲜艳，触角较细。

主要出现于春季至夏季。寄主不明。

中国分布于云南、西藏。此外见于印度、尼泊尔、老挝、越南、泰国。

蒙古白肩天蛾 *Rhagastis mongoliana* (Butler, 1876)

Pergesa mongoliana Butler, 1876, *Proc. zool. Soc. Lond.*, 1875: 622.
Type locality: "Nankow Pass between China and Mongolia".
Synonym: *Rhagastis mongoliana pallicosta* Mell, 1922.

中型天蛾。雄性近似白肩天蛾*R. albomarginatus*，但体型偏小，腹部两侧具黄灰色斑块，前翅相对狭长，外缘突出弧度相对强烈，中区外侧处具2枚黄灰色斑块和1列黑色斑点，中室端部具1枚灰黑色斑块，亚外缘至外缘为银灰色；反面赭色可透见正面部分斑纹，前缘具3条灰黑色斑纹，顶角具2枚黄色斑块。后翅外缘波浪形突起较明显，缘毛为白色，臀角向外突出明显；反面顶区具1枚黑斑，中区具1列黑色刻点，亚外缘至外缘为灰色。雌性形态近似雄性，但体型相对粗壮，翅膀更加宽阔，触角较细。

主要出现于夏季至秋季。寄主较广泛，如小檗属、蓼属、凤仙花属、地锦属、葡萄属、白粉藤属、乌蔹莓属、拉拉藤属等多种植物。

中国分布于除新疆、宁夏、西藏之外的各地区。此外见于蒙古国、俄罗斯、日本、越南，以及朝鲜半岛。

青白肩天蛾 *Rhagastis olivacea* (Moore, 1872)

Pergesa olivacea Moore, 1872, *in Proc. zool. Soc. Lond.*, 1872: 567.
Type locality: West Himalays.

中型天蛾。雄性斑纹模式近似锯线天蛾*R. castor*，但整体为绿棕色，主翅脉为绿棕色，前翅相对较宽且外缘平直，外缘具间断的银色线纹，外缘线为银色波浪纹，翅面具3列锯齿纹，覆有赭红色鳞片，基板部具2条绿棕色弧纹；反面棕黄色，各锯齿纹和斑点列周围具赭红色鳞片。后翅棕褐色，中区具1条橘黄色条纹，边缘为波浪形；反面棕黄色，各锯齿纹和斑点覆有赭红色鳞片。雌性形态近似雄性，但体型相对粗壮，翅膀更加宽阔，翅面颜色相对鲜艳，触角较细。

主要出现于春季至秋季。寄主为凤仙花属和葡萄属等多种植物。

中国分布于湖北、四川、重庆、云南、西藏、贵州、湖南、江西、福建、广东、广西、海南。此外见于巴基斯坦、印度、尼泊尔、不丹、缅甸、老挝、越南、泰国。

隐纹白肩天蛾 *Rhagastis velata* (Walker, 1866)

Pergesa velata Walker, 1866, *List Specimens lepid. Insects Colln Br. Mus.*, 35: 1853.
Type locality: India, West Bengal, Darjeeling.
Synonym: *Theretra velata* Dudgeon, 1898

中型天蛾。雄性近似宽缘白肩天蛾*R. acuta*，但前翅较狭长，翅面偏灰色，中区密布深褐色锯齿状条纹与斑块，基半部具密集的深褐色条纹，中室端斑为1枚灰点，边缘为黑色；反面偏红棕色，密布黑色细纹，中区具黑色刻点列，基半部灰褐色，外缘灰色且中段向中区延伸为条纹。后翅正面臀角的黄斑较为模糊；反面赭色密布黑色细点，具1列模糊的黑色刻点列。雌性形态近似雄性，但体型相对粗壮，翅膀更加宽阔，触角较细。该种个体差异较大，有的翅面斑纹粗犷且为黑色，亚外缘具浅黄色斑块，或是翅面各花纹淡化，仅臀角附近具密集的黑色条纹和鳞片，外缘的发白，前翅反面外缘中段有时会延伸至基半部的灰褐色大斑。

主要出现于夏季至秋季。寄主为天南星属和魔芋属等多种植物。

中国分布于云南、四川、重庆、贵州、台湾。此外见于印度、尼泊尔、不丹、泰国、老挝、越南。

1. 宽缘白肩天蛾 *Rhagastis acuta* 贵州荔波 / 郭世伟　摄
2. 白肩天蛾指名亚种 *Rhagastis albomarginatus albomarginatus* 云南临沧 / 陆千乐　摄
3. 白肩天蛾东部亚种 *Rhagastis albomarginatus dichroae* 湖北恩施 / 刘庆明　摄
4. 锯线白肩天蛾北印亚种 *Rhagastis castor aurifera* 云南西双版纳 / 张巍巍摄　摄
5. 锯线白肩天蛾西南亚种 *Rhagastis castor jordani* 重庆阴巫溪 / 陆千乐　摄
6. 华西白肩天蛾 *Rhagastis confusa* 重庆巫溪 / 陆千乐　摄
7. 红白肩天蛾 *Rhagastis gloriosa* 云南景东 / 熊紫春　摄
8. 月纹白肩天蛾 *Rhagastis lunata* 云南盈江 / 张巍巍　摄
9. 蒙古白肩天蛾 *Rhagastis mongoliana* 湖北九宫山 / 陆千乐　摄

1

2

3

4

5

6

7

8

9

10. 蒙古白肩天蛾 *Rhagastis mongoliana* 湖北九宫山 / 陆千乐　摄
11. 青白肩天蛾 *Rhagastis olivacea* 广东车八岭 / 陆千乐　摄
12. 隐纹白肩天蛾 *Rhagastis velata* 云南西双版纳 / 张巍巍　摄
13. 隐纹白肩天蛾 *Rhagastis velata* 贵州安顺 / 郑心怡　摄

宽缘白肩天蛾

Rhagastis acuta

♂ 海南尖峰岭 翅展 50 毫米

宽缘白肩天蛾

Rhagastis acuta

♂ 广西上思 翅展 56 毫米

宽缘白肩天蛾

Rhagastis acuta

♂ 广东广州 翅展 54 毫米

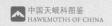

白肩天蛾指名亚种
Rhagastis albomarginatus albomarginatus
♂ 西藏林芝 翅展 75 毫米

白肩天蛾指名亚种
Rhagastis albomarginatus albomarginatus
♂ 云南景东 翅展 62 毫米

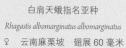

白肩天蛾指名亚种
Rhagastis albomarginatus albomarginatus
♀ 云南麻栗坡 翅展 60 毫米

白肩天蛾东部亚种
Rhagastis albomarginatus dichroae
♂ 湖北神农架 翅展 55 毫米

白肩天蛾东部亚种
Rhagastis albomarginatus dichroae
♂ 广东韶关 翅展 55 毫米

白肩天蛾东部亚种
Rhagastis albomarginatus dichroae
♀ 浙江天目山 翅展 62 毫米

双斑白肩天蛾

Rhagastis binoculata

♂ 台湾台北 翅展 56 毫米

双斑白肩天蛾

Rhagastis binoculata

♀ 台湾桃园 翅展 60 毫米

锯线白肩天蛾北印亚种

Rhagastis castor aurifera

♂ 云南麻栗坡 翅展 50 毫米

锯线白肩天蛾北印亚种
Rhagastis castor aurifera
♂ 广东韶关 翅展 64 毫米

锯线白肩天蛾北印亚种
Rhagastis castor aurifera
♂ 江西井冈山 翅展 63 毫米

锯线白肩天蛾台湾亚种
Rhagastis castor formosana
♂ 台湾屏东 翅展 58 毫米

锯线白肩天蛾台湾亚种

Rhagastis castor formosana

♀ 台湾南投 翅展 65 毫米

锯线白肩天蛾西南亚种

Rhagastis castor jordani

♂ 重庆巫溪 翅展 70 毫米

锯线白肩天蛾西南亚种

Rhagastis castor jordani

♀ 湖北保康 翅展 68 毫米

华西白肩天蛾
Rhagastis confusa
♂ 重庆巫溪 翅展 67 毫米

华西白肩天蛾
Rhagastis confusa
♂ 西藏吉隆 翅展 64 毫米

华西白肩天蛾
Rhagastis confusa
♂ 四川雅安 翅展 70 毫米

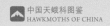

华西白肩天蛾
Rhagastis confusa
♀ 云南盈江 翅展 72 毫米

红白肩天蛾
Rhagastis gloriosa
♂ 云南普洱 翅展 64 毫米

红白肩天蛾
Rhagastis gloriosa
♀ 云南贡山 翅展 75 毫米

红白肩天蛾

Rhagastis gloriosa

♀ 西藏墨脱 翅展 73 毫米

月纹白肩天蛾

Rhagastis lunata

♂ 云南保山 翅展 65 毫米

月纹白肩天蛾

Rhagastis lunata

♂ 云南盈江 翅展 63 毫米

月纹白肩天蛾

Rhagastis lunata

♀ 西藏察隅 翅展 74 毫米

蒙古白肩天蛾

Rhagastis mongoliana

♂ 辽宁本溪 翅展 76 毫米

蒙古白肩天蛾

Rhagastis mongoliana

♂ 广西金秀 翅展 58 毫米

蒙古白肩天蛾

Rhagastis mongoliana

♂　云南昭通　翅展 76 毫米

蒙古白肩天蛾

Rhagastis mongoliana

♀　湖北罗田　翅展 60 毫米

青白肩天蛾

Rhagastis olivacea

♂　云南麻栗坡　翅展 59 毫米

青白肩天蛾

Rhagastis olivacea

♂ 西藏墨脱 翅展 68 毫米

青白肩天蛾

Rhagastis olivacea

♀ 江西抚州 翅展 66 毫米

隐纹白肩天蛾

Rhagastis velata

♂ 云南景洪 翅展 50 毫米

隐纹白肩天蛾
Rhagastis velata
♂ 贵州铜仁 翅展 55 毫米

隐纹白肩天蛾
Rhagastis velata
♀ 四川攀枝花 翅展 61 毫米

隐纹白肩天蛾
Rhagastis velata
♀ 云南盈江 翅展 60 毫米

背天蛾属 *Cechenena* Rothschild & Jordan, 1903

Rhagastis Rothschild & Jordan, 1903, *Novit. Zool.*, 9 (Suppl.): 675 [key], 791.
Type species: *Pergesa velata* Walker, 1866

中型至大型天蛾。喙较发达；身体被土黄色、黄褐色或草绿色绒毛，胸部和腹部具浅色斑块，前翅为绿色或褐色，密布深色条纹和斑块，中室端斑为黑点；后翅黑褐色或灰褐色，具黄色条纹或斑块。部分种类雌雄花纹异型。

该属世界已知5种，中国已知3种，本书收录3种。

点背天蛾 *Cechenena aegrota* (Butler, 1875)

Pergesa aegrota Butler, 1875, *Proc. zool. Soc. Lond.*, 1875: 246.
Type locality: Bangladesh, Sylhet.
Synonym: *Cechenena albicosta* Tutt, 1904
Cechenena aegrota occidentalis Clark, 1935

中型天蛾。雄性身体腹面黄灰色，正面被土黄色绒毛，唇须和喙发达；触角细长为棕褐色；前翅顶角尖锐，外缘光滑，翅面为土黄色，密布褐色细点，前缘和顶角具黑点，外中线和中线处具模糊的弧纹，后缘至臀角具黑色折纹和斑点，外缘覆有灰色鳞片，外缘线褐色，为锯齿状；反面类同正面，中区外侧具 1 列黑色刻点，基半部灰黑色，后缘黄灰色。后翅正面黑褐色，顶区黄灰色，臀角至中区具 1 条黄褐色曲纹；反面土黄色密布褐色细纹，臀域黄灰色。雌性形态近似雄性，但体型较大，翅膀更加宽阔，前翅正面为褐色，中区和前缘具大面积赭色斑块和碎纹，外缘覆有浅粉色鳞片。该种有的个体偏黄色，后翅正面的条纹明显变宽，或翅面各斑纹颜色加深或淡化。

主要出现于春季至秋季。寄主为九节属植物。

中国分布于广东、香港、广西、海南、云南。此外见于印度、尼泊尔、不丹、孟加拉国、缅甸、老挝、越南、泰国。

斑背天蛾 *Cechenena helops* (Walker, 1856)

Philampelus helops Walker, 1856, *List Specimens lepid. Insects Colln Br. Mus.*, 8: 180.

斑背天蛾指名亚种 *Cechenena helops helops* (Walker, 1856)

Type locality: Malaysia, Pinang.
Synonym: *Philampelus orientalis* R. Felder, 1874

大型天蛾。雄性身体腹面被灰白色与浅赭色绒毛，正面灰褐色，头部至肩区两侧具白色条纹，后胸具灰色和橘红色斑块；前翅外缘光滑，缘毛灰黑相间，翅面为灰褐色，中区具大面积绿棕色鳞片，基部各具1枚黑斑、棕褐色圆斑和绿棕色长斑，中室端部具2枚黑斑，前缘具银灰色斑块，顶角具1枚褐色波形斑，臀角至中区具深褐色斑点与条纹；反面浅赭色密布黑色细点，可透见正面部分斑纹，基半部黑色，后缘黄灰色，外缘灰色。后翅正面黑褐色，顶区黄灰色，臀角向外突出且具1枚黄灰色斑块，外缘呈波浪形；反面浅赭色密布黑色细点，中区具绿棕色斑块和1列黑色刻点，外缘灰色。雌性形态近似雄性，但体型较大，翅膀更加宽阔，整体偏褐色。该种末龄幼虫形态奇特，于胸部两侧具1枚蓝绿色眼斑，甚至具瞳孔和反光效果，酷似爬行或两栖类动物的眼睛。

主要出现于夏季至秋季。寄主为崖爬藤属植物。

中国分布于广西、海南、贵州、云南。此外见于印度、尼泊尔、不丹、缅甸、老挝、越南、泰国、马来西亚、印度尼西亚、菲律宾。

翡翠背天蛾 *Cechenena mirabilis* (Butler, 1875)

Chaerocampa mirabilis Butler, 1875, *Proc. zool. Soc. Lond.*, 1875: 248.
Type locality: Northwest Himalayas.
Synonym: *Theretra mirabilis* Kirby, 1892

中型天蛾。雄性身体腹面被灰白色与浅赭色绒毛，正面深绿色，肩区两侧具白色毛簇，胸部具白色横纹；前翅外缘光滑，缘毛黑色与灰绿色相间，翅面为草绿色，基部具2枚较大的深绿色斑块，中线具1条深绿色弧纹，外中线尚具1条较淡的深绿色条纹，中室具1枚黑色端斑，此外还具1枚向外延长的深绿色长斑具银灰色斑块；反面基半部浅绿色，向外缘过渡为浅赭色。后翅正面灰绿色，基部具1枚浅褐色大斑，亚外缘处具1条浅褐色弧纹，臀角尚具1枚深绿色斑点，缘毛黑色与灰绿色相间；反面基半部浅绿色，向外缘过渡为浅赭色，中区具1条深绿色条纹和1列绿色刻点。雌性形态近似雄性，但体型较大，翅膀更加宽阔。

主要出现于夏季。寄主不明。

中国分布于西藏。此外见于巴基斯坦、印度、尼泊尔、不丹。

注：该种由于在中国为极度边缘化分布，仅可见于西藏西南地区。本书编著过程中我们未能检视或采集到中国境内产的标本，但得到了该种在中国有分布的确凿标本记录信息，故选取了印度产的两性标本以供参考。

1. 点背天蛾 *Cechenena aegrota* 海南尖峰岭 / 苏圣博　摄　2. 斑背天蛾指名亚种 *Cechenena helops helops* 云南西双版纳 / 张巍巍　摄

点背天蛾

Cechenena aegrota

♂　云南勐腊　翅展 60 毫米

点背天蛾

Cechenena aegrota

♂ 广东深圳 翅展 62 毫米

点背天蛾

Cechenena aegrota

♀ 海南五指山 翅展 74 毫米

斑背天蛾指名亚种

Cechenena helops helops

♂ 云南勐腊 翅展 88 毫米

斑背天蛾指名亚种

Cechenena helops helops

♀　广西崇左　翅展 100 毫米

翡翠背天蛾

Cechenena mirabilis

♂　印度　翅展 76 毫米

翡翠背天蛾

Cechenena mirabilis

♀　印度　翅展 88 毫米

致谢

感谢彩万志（中国农业大学）、徐堉峰（台湾师范大学）、李利珍（上海师范大学）、甄莹（西湖大学）、宋海天（福建省林业科学研究院）、黄嘉龙（闽江学院）、胡劭骥（云南大学）、王瑛（首都师范大学）、余文博（南京林业大学）、刘书铭（天津）在本书编著过程中提供了宝贵的参考意见及建议。

感谢 Tomáš Melichar（捷克天蛾博物馆）、Dominika Michlova（捷克天蛾博物馆）、Pavla Stankova（捷克天蛾博物馆）、Ian Kitching（伦敦自然历史博物馆）、Alessandro Giusti（伦敦自然历史博物馆）、Avel Gryshko（伦敦自然历史博物馆）、Vanessa Verdecia（美国卡内基自然历史博物馆）授权并帮助拍摄馆藏标本用于本书部分种类的标本图版展示。

感谢张巍巍（重庆）、郭世伟（中国科学院昆明植物研究所）、许振邦（北京）、刘长秋（中国科学院广西植物研究所）、陆千乐（广东深圳）、苏圣博（江苏南京）、郑心怡（北京林业大学）、李涛（北京）、刘庆明（江西吉安）、甘昊霖（湖南长沙）、熊紫春（中国科学院哀牢山生态站）、葛思勋（北京林业大学）、黄正中（中国科学院北京动物研究所）、姜日新（贵州大学）、王吉申（大理大学）、吴超（中国科学院北京动物研究所）、林业杰（中国科学院北京动物研究所）、周汉平（重庆）、彭中（上海师范大学）、宋晓斌（上海）、汤亮（上海师范大学）、周德尧（上海）、胡佳耀（上海师范大学）、齐硕（中山大学）、朱江（广东广州）、李宇飞（西安交通大学）、郑昱辰（中国农业大学）、李灏元（首都师范大学）、张晖宏（云南大学）、段匡（云南大学）、王鹏（云南昆明）、杨棋程（云南昆明）、李思琪（云南昆明）、杨洪宇（北京）、李一凡（云南红河）、周文一（台湾台东）、彭政（福建福州）、郭亮（福建福州）、缪本福（福建福州）、沈子豪（湖北博得生态中心）、张羿（四川成都）、朱晟莹（吉林大学）、王少山（石河子大学）、王瑞（新疆石河子）、王影（新疆石河子）、张浩淼（中国科学院昆明动物研究所）、赵明智（华南农业大学）、童诗宇（陕西西安）、王晶（江西农业大学）、施筱迪（赣南师范大学）、徐可意（北京）、叶潇涵（河南科技大学）、王嘉鑫（长江大学）、周超（四川成都）、张超（重庆）、张锦坤（重庆）、刘广（广东广州）、龙亮（广东广州）、郭天（广东深圳）、何炫炫（浙江湖州）、侯鸣飞（云南玉溪）、花诗鉴（海南琼海）、梁乐（中国农业大学）、罗丹（云南大学）、唐志远（北京）、唐昭阳（广东深圳）、王宁婧（英国布里斯托大学）、王冠予（湖南郴州）、吴沧桑（香港）、熊昊洋（中国农业大学）、严明（安徽师范大学）、严莹（广东深圳）、葛应强（福建厦门）、周丹阳（浙江宁波）在本书编著过程中提供了部分检视标本、标本照与生态图。

感谢张志升（西南大学）、王露雨（西南大学）、和秋菊（西南林业大学）、易传辉（西南林业大学）、张兵兰（中山大学）、程文达（中山大学）、王旭（安徽师范大学）、黄羿鑫（安徽师范大学）、肖云丽（长江大学）、周子琛（英国帝国理工大学）、缪征一（上海）、赵庆豪（丹麦哥本哈根大学）、罗彬（西南大学）、谭冰（西南大学）、任田雨（西南大学），以及上海师范大学、中山大学生物博物馆、云南大学、安徽师范大学、华东师范大学、西北农林科技大学、西南大学、西南林业大学、重庆阴条岭国家级自然保护区、重庆四面山森林资源管理局、重庆四面山市级自然保护区、广西弄岗国家级自然保护区、广西十万大山国家级自然保护区、广西上思县林业局、广西大瑶山国家级自然保护区、云南玉龙雪山自然保护区、中国科学院哀牢山生态站、中国科学院西双版纳热带植物园、中国科学院昆明动物研究所、云南纳板河流域国家级自然保护区、云南西双版纳补蚌生态工作站、云南铜壁关省级自然保护区、云南香格里拉高山植物园、香港鳞翅目学会、上海大城小虫工作室、新疆野性石河子团队、湖北博得生态中心、云南省科技厅院士（专家）工作站（202305AF150037）、广西自然科学基金（2023GXNSFDA026066）、国家自然科学基金（31971563）、安徽省自然科学基金青年项目［The Natural Science Fund of Anhui Province (Grant No. 1908085QC93)］等在本书编著过程中，在标本检视和野外采样工作上提供帮助。

还有许多热心朋友因为篇幅原因就不在此一一致谢，总之本书最终的编撰出版，离不开各方朋友的支持，在此向大家致以最诚挚的谢意！

主要参考文献

陈杰, 欧晓红, 2008. 中国天蛾科二新记录种[J]. 昆虫分类学报, 30(1):39-40.

蒋卓衡, 葛思勋, 许振邦, 2020. 中国天蛾科 4 新记录种记述(鳞翅目:天蛾科)[J]. 四川动物, 39(4):424-428.

蒋卓衡, 娄文睿, 张晖宏, 2021. 中国天蛾科 2 新记录种记述(鳞翅目:天蛾科)[J]. 四川动物, 40(4):438-441.

蒋卓衡, 熊紫春, 甘昊霖, 2022. 中国天蛾科 3 新记录种记述(鳞翅目:天蛾科)[J]. 浙江林业科技, 42(5):103-106.

孟绪武, 1991. 绒绿天蛾属一新种(鳞翅目:天蛾科)[J]. 昆虫分类学报, 13(2):83-85.

潘晓丹, 韩红香, 2018. 中国长喙天蛾属一新种及一新纪录种记述(鳞翅目:天蛾科)[J]. 昆虫分类学报, 40(1):14-22.

易传辉, 和秋菊, 王琳, 等, 2015. 云南蛾类生态图鉴(II)[M]. 昆明:云南科技出版社.

杨平之, 资丽华, 刘淑蓉, 等, 2016. 高黎贡山蛾类图鉴[M]. 北京:科学出版社.

朱弘复, 王林瑶, 1980. 中国天蛾科新种记述(鳞翅目)[J]. 动物分类学报, 5(4):418-426.

朱弘复, 王琳瑶, 1997. 中国动物志 昆虫纲:第11卷 鳞翅目 天蛾科[M]. 北京:科学出版社.

ARDITTI J, ELLIOTT J, KITCHING I J, et al., 2012.'Good Heavens what insect can suck it' Charles Darwin, *Angraecum sesquipedale* and *Xanthopan morganii praedicta*[J]. Botanical Journal of the Linnean Society, 169: 403-432.

BANG-HAAS O, 1927. Horae Macrolepidopterologicae regionibus palaearcticae [M]. Dresden: Privately published.

BARBER J R, PLOTKIN D, RUBIN J J, et al., 2022. Anti-bat ultrasound production in moths is globally and phylogenetically widespread[J]. The Proceedings of the National Academy of Sciences, 119: e21174851.

BOBERG E, AGREN J, 2009. Despite their apparent integration, spur length but not perianth size affects reproductive success in the moth-pollinated orchid Platanthera bifolia[J]. Functional Ecology, 23: 1022-1028.

BOBERG E, ALEXANDERSSON R, JONSSON M, et al., 2014. Pollinator shifts and the evolution of spur length in the moth-pollinated orchid Platanthera bifolia[J]. Annals of Botany, 113: 267-275.

BOISDUVAL J B, 1827. Sur cinq espèces nouvelles de Lépidoptères d'Europe [J]. Mémoires de la Société Linnéenne de Paris, 6: 109-120.

BOISDUVAL J B, 1869. Les Lépidoptères japonais à la Grande Exposition Internationale de 1867. Catalogue raisonné des espèces qui y ont figuré avec la description des espèces nouvelles [M]. Rennes: Oberthür et fils.

BOISDUVAL J B, 1875. Histoire naturelle des insectes. Species général des Lépidoptères Hétérocères [M]. Paris: Librairie Encyclopédique de Roret.

BRECHLIN R, 2004. *Rhodoprasina viksinjaevi*, eine neue Sphingide aus China (Lepidoptera: Sphingidae)[J]. Arthropoda, 12 (3): 8-14.

BRECHLIN R, MELICHAR T, 2006. Sechs neue Schwaermerarten aus China (Lepidoptera: Sphingidae)[J]. Nachrichten des Entomologischen Vereins Apollo, 21 (3): 143-152.

BRECHLIN R, 2009. Vier neue Taxa der Gattung *Ambulyx* Westwood, 1847 (Lepidoptera: Sphingidae)[J]. Entomo-Satsphingia, 2 (2): 50-56.

BRECHLIN R, 2009. Eine neue Are der Gattung *Cypoides* Matsumura, 1921 (Lepidoptera, Sphingidae)[J]. Entomo-Satsphingia, 2 (2): 57-59.

BRECHLIN R, 2014. Einige Anmerkungen zu den Gattungen *Degmaptera* Hampson, 1896 und *Smerinthulus* Huwe, 1895 mit Beschreibungen neuer Taxa (Lepidoptera: Sphingidae)[J]. Entomo-Satsphingia, 7 (2): 36-45.

BRECHLIN R, KITCHING I J, 2014. Drei neue Arten der Gattung *Cypa* Walker, [1865] (Lepidoptera: Sphingidae)[J]. Entomo-Satsphingia, 7 (2): 5-14.

BRECHLIN R, 2015. Drei neue Arten der Gattung *Sphinx* Linnaeus, 1758 aus Vietnam, China und Bhutan[J]. Entomo-Satsphingia, 8: 16-19.

BUGNION C, 1839. Note sur le {ISphinx cretica}[J]. Annales de la Société Entomologique de France, 8: 113-116.

BUTLER A G, 1875. Descriptions of thirty-three new or littleknown species of Sphingidae in the collection of the British Museum[J]. Proceedings of the Zoological Society of London, 1875: 1-261.

BUTLER A G, 1876. Revision of the heterocerous Lepidoptera of the family Sphingidae[J]. Transactions of the Zoological Society of London, 9: 511-644.

BUTLER A G, 1877. Descriptions of a new genus and two new species of Sphingidae, with general remarks on the family[J]. Transactions of the Entomological Society of London, 1877: 395-399.

BUTLER A G, 1878. Descriptions of several new species of heterocerous Lepidoptera from Japan[J]. Entomologist's Monthly Magazine, 14: 206-207.

CADIOU J M, 1990. A new Sphingid from Thailand: *Rhodambulyx schnitzleri* (Lepidoptera Sphingidae)[J]. Lambillionea, 90 (2): 42-48.

CADIOU J M, KITCHING I J, 1990. New Sphingidae from Thailand (Lepidoptera)[J]. Lambillionea, 90(4): 3-34.

CADIOU J M, 1995. Seven new species of Sphingidae (Lepidoptera)[J]. Lambillionea, 95 (4): 499-515.

CADIOU J M, 2000. A new Litosphingia from Tanzania and a new Craspedortha from China (Lepidoptera, Sphingidae)[J]. Entomologia Africana, 5 (1): 35-40.

CLARK B P, 1922. Twenty-five new Sphingidae[J]. Proceedings of the New England Zoological Club, 8: 1-23.

CLARK B P, 1923. Thirty-three new Sphingidae[J]. Proceedings of the New England Zoological Club, 8: 47-77.

CLARK B P, 1934. A new Sphingid genus[J]. Proceedings of the New England Zoological Club, 14: 13-14.

CLARK B P, 1935. Descriptions of twenty new Sphingidae and notes on three others[J]. Proceedings of the New England Zoological Club, 15: 19-39.

CLARK B P, 1936. Descriptions of twenty-four new Sphingidae and notes concerning two others[J]. Proceedings of the New England Zoological Club, 15: 71-91.

COLETT R T, 2004. Flower visitors and pollination in the Oriental (Indomalayan) Region. [J]. Biological Review, 79: 497-532.

CRAMER P, 1780. Uitlandsche Kapellen, voorkomende in de drie Waereld-Deelen Asia, Africa en America, by een verzameld en bescreeven[M]. Amsteldam & Utrecht: S.J. Baalde & Barthelemy Wild.

DIEHL E W, 1982. Die Sphingiden Sumatras[J]. Heterocera Sumatrana, 1: 71.

DIERL W, 1975. Ergebnisse der Bhutan-Expedition 1972 des Naturhistorischen Museums in Basel. Einige Familien der"bombycomorphen"Lepidoptera[J]. Entomol Basil, 1: 119-134.

DOOKIE A L, YOUNG C A, LAMOTHE G, et al., 2017. Why do caterpillars whistle at birds? Insect defence sounds startle avian predators[J]. Behavioural Processes, 138, 58-66.

DRURY D, 1773. Illustrations of natural history. Wherein are exhibited upwards of two hundred and forty figures of exotic insects, to which is added a translation into French[M]. London: B. White.

DUPONT F, 1941. Roepke W. Heterocera Javanica. Fam. Sphingidae, hawk moths[J]. Verhandlingen der Koninklijke Nederlandsche Akademie van Wetenschappen, 40: 1-104.

EASTON E R, 1996. Pun W W. New records of moths from Macau, Southeast China[J]. Tropical Lepidoptera, 7: 113-118.

EITSCHBERGER ULF, 2002. Theretra mercedes spec. nov., eine neue Sphingide von Sumbawa (Lepidoptera, Sphingidae)[J]. Neue Entomologische Nachrichten, 23: 55-63.

EITSCHBERGER ULF, 2003. Vorarbeit zur revision der *Macroglossum* corythus-sylvia-Gruppe (s.l.) (Lepidoptera, Sphingidae)[J]. Neue Entomologische Nachrichten, 54: 171-172.

EITSCHBERGER ULF, 2004. Revision der Schwarmergattung *Clanis* Hübner, (1819) (Lepidoptera, Sphingidae)[J]. Neue Entomologische Nachrichten, 58: 61-399.

EITSCHBERGER ULF, 2008. A new taxon of the genus *Polyptychus* Hübner, 1819 ("1816") from China (Lepidoptera: Sphingidae)[J]. Entomo-Satsphingia, 1 (1): 38-42.

EITSCHBERGER ULF, 2008. Ihle T. Raupen von Schwärmern aus Laos und Thailand-1. Beitrag (Lepidoptera, Sphingidae)[J]. Neue Entomologische Nachrichten, 61: 101-114.

EITSCHBERGER ULF, 2010 Ihle T. Raupen von Schwärmern aus Laos und Thailand-2. Beitrag (Lepidoptera, Sphingidae)[J]. Neue Entomologische Nachrichten, 64: 1-6.

EITSCHBERGER ULF, 2012. Review of *Marumba gaschkewitschii* (Bremer & Grey, 1852)-Complex Art[J]. Neue Entomologische Nachrichten, 68: 1-293.

EITSCHBERGER ULF, 2015. *Ambulyx adhemariusa* Eitschberger, Bergmann & Hauenstein, 2006 stat. rev. Über den Sinn und Unsinn "wissenschaftlicher Arbeiten"[J]. Neue Entomologische Nachrichten, 70: 149-152.

EITSCHBERGER ULF, 2021. Nguyen H B. Erster Schritt zur Revision des *Marumba saishiuana* auct. Artenkomplexes (nec OKAMOTO, 1924)[J]. Neue Entomologische Nachrichten, 75: 123-327.

FABRICIUS J C, 1775. Systema Entomologiae, sistens Insectorum Classes, Ordines, Genera, Species, Adiectis Synonymis, Locis, Descriptionibus, Observationibus[M]. Flensburgi et Lipsiae: Libraria Kortii.

FABRICIUS J C, 1793. Entomologia systematica emendata et aucta. Secundum classes, ordines, genera, species adjectis synonymis, locis, observationibus, descriptionibus[M]. Hafniae: C.G. Proft, fil. et Soc.

GEHLEN B, 1931. Neue Sphingiden[J]. Entomologische Zeitschrift, 44: 362-364.

GEHLEN B, 1941. Neue Sphingiden[J]. Entomologische Zeitschrift, 55: 185-186.

HABER W A, FRANKIE G W, 1989. A tropical hawkmoth community: Costa Rican dry forest Sphingidae[J]. Biotropica, 21: 155-172.

HAMPSON G F, 1893. Illustrations of typical specimens of Lepidoptera Heterocera in the collection of the British Museum[M]. London: Longmans & Co.

HAMPSON G F, 1900. The moths of India. Supplementary paper to the volumes in "The fauna of British India." Series II. Part I[J]. Journal of the Bombay Natural History Society, 13: 37-51.

FLETCHE D S, NYE I W B, 1982. Bombycoidea, Castmioidea, Cossoidea, Mimallonoidea, Sesioidea, Sphingidae and Zygaenoidea//Nye, I.W.B. the Generic Names of Moths of the World. Vol. 4[M]. London: British Museum (Natural History).

HAXAIRE J, MELICHAR T, MANJUNATHA H B, 2021. A revision of the Asiatic species of the *Polyptychus trilineatus* group (Moore, 1888) (Lepidoptera: Sphingidae)[J]. European Entomologist, 13 (1): 3-53.

HAXAIRE J, MELICHAR T, KITCHING I J, et al., 2022. A revision of the Asiatic genus *Smerinthulus* Huwe, 1895 (Lepidoptera: Sphingidae), with the description of three new taxa and notes on its junior synonym, *Degmaptera* Hampson, 1896[J]. European Entomologist, 14 (1+2): 1-84.

HAXAIRE J, MELICHAR T, ALESSANDRO G, 2023. Revalidation of the species *Cechetra striata* (Rothschild, 1894), long considered synonymous with *Cechetra minor* (Butler, 1875)[J]. European Entomologist, 15 (1+2): 1-23.

IVSHIN N, KRUTOV V, ROAMNOV D, 2018. Three new taxa of the genus *Cechetra* Zolotuhin & Ryabov, 2012 (Lepidoptera, Sphingidae) from South-East Asia with notes on other species of the genus[J]. Zootaxa, 4550: 1-25.

JANZEN D H, HALLWACHS W, BURNS J M, 2010. A tropical horde of counterfeit predator eyes[J]. Proceedings of the National Academy of Sciences, 107(26), 11659-11665.

JIANG Z H, WANG C B, 2020. A new species of the genus *Dahira* Moore (Lepidoptera: Sphingidae) from Sichuan, China[J]. Zootaxa, 4767 (3): 485-491.

JIANG Z H, WANG C B, 2020. Review of the genus *Eurypteryx* C. Felder & R. Felder, 1874 from China, with a first description of the male *E. dianae* (Lepidoptera: Sphingidae) [J]. Zootaxa, 4878 (2): 375-384.

JIANG Z H, XU Z B, CHENG W D, et al., 2023. The life history of *Hayesiana triopus* (Westwood, 1847), with taxonomic notes on both present and former species of the genus *Hayesiana* Fletcher, 1982 (Lepidoptera: Sphingidae)[J]. Zootaxa, 5296 (3): 446-456.

JOICEY J J, KAYE W J, 1917. New species and forms of Sphingidae[J]. Annals and Magazine of Natural History, 20: 305-309.

JOHNSON S D, MORE M, AMORIM F W, et al., 2016. The long and the short of it: A global analysis of hawkmoth pollination niches and interaction networks[J]. Functional Ecology, 31: 101-1115.

JORDAN K, 1923. Four new Sphingidae discovered by T.R. Bell in North Kanara[J]. Novitates Zoologicae, 30: 186-190.

KAWAHARA A Y, 2007. Molecular phylogenetic analysis of the hawkmoths (Lepidoptera: Bombycoidea: Sphingidae) and the evolution of the sphingid proboscis[D] Master's Thesis, City of College Park: University of Maryland, College Park.

KENDRICK R C, 2010. The genus *Macroglossum* Scopoli 1777 (Lepidoptera: Sphingidae, Macroglossinae) in Hong Kong[J]. Hong Kong Entomology Society, 2 (1): 13-21.

KITCHING I J, BRECHLIN R, 1996. New species of the genera Rhodoprasina Rothchild & Jordan and Acosmeryx Boisduval from Thailand and Vietnam, with a redescription of R. corolla Cadiou & Kitching (Lepidoptera: Sphingidae)[J]. Nachr. Ent. Ver. Apollo, N. F., 17 (1): 51-66.

KITCHING I J, JIN X B, 1998. A new species of *Sphinx* (Lepidoptera, Sphingidae) from Sichuan province, China[J]. Tinea, 15 (4): 275-280.

KITCHING I J, CADIOU J M, 2000. Hawkmoths of the world: an annotated and illustrated revisionary checklist (Lepidoptera: Sphingidae) [M]. Ithaca & London: Cornell University Press & The Natural History Museum.

KITCHING I J, 2003. Phylogeny of the death's head hawkmoths, Acherontia[Laspeyres], and related genera (Lepidoptera: Sphingidae: Sphinginae: Acherontiini)[J]. Systematic Entomology, 28: 71-88.

KITCHING I J, 2018. Sphingidae Taxonomic Inventory [EB/OL] .[2023-11-19]. http://sphingidae.myspecies.info/.

KOLLAR V, 1844. Kaschmir und das Reich der Siek [M]. Stuttgart: Hallberger'sche Verlagshandlung.

LINNAEUS C, 1758. Systema Naturae per Regna Tria Naturae, Secundum Clases, Ordines, Genera, Species, cum Characteribus, Differentiis, Symonymis, Locis. Tomis I. 10th Edition [M]. Holmiae: Laurentii Salvii.

LIU C Q, GAO Y D, NIU Y, et al., 2019. Floral adaptations of two lilies: implicationsfor the evolution and pollination ecology of huge trumpet-shaped flowers[J]. American Journal of Botany, 106: 622-632.

LIU C Q, NIU Y, LU Q B, et al., 2022. *Papilio* butterfly vs. hawkmoth pollination explains floral syndrome dichotomy in a clade of Lilium[J]. Journal of the Linnean Society, 169: 403-432.

LU Q B, LIU C Q, HUANG S X, 2021. Moths pollinate four crops of Cucurbitaceae in Asia[J]. Journal of Applied Entomology, 145: 499-507.

MARTINS D J, JOHNSON S D, 2013. Interactions between hawkmoths and flowering plants in East Africa: polyphagy and evolutionary[J]. Biological Journal of the Linnean Society, 110: 199-213.

MACLEAY W S, 1826. Narrative of a survey of the intertropical and western coasts of Australia. Performed between the years of 1818 and 1822. By Captain Phillip P. King, R.N., F.R.S., F.L.S., and member of the Royal Asiatic Society of London[M]. London: John Murray, 1826, 2: 414.

MATSUMURA S, 1909. Thousand insects of Japan Supplement 1 [M]. Tokyo: Teiseisha.

MATSUMURA S, 1921. Thousand insects of Japan Additamenta IIII[M]. Tokyo: Teiseish.

MATSUMURA S, 1930. Two new species of sphingid-moths[J]. Transactions of the Sapporo Natural History Society, 11: 119-120.

MELL R, 1922. Neue südchinesische Lepidoptera[J]. Deutsche Entomologische Zeitschrift, 1922: 113-129.

ŘEZÁČ M, 2018. Notes on the taxonomy of the genus Rhodoprasina Rothschild & Jordan, 1903 (Lepidoptera: Sphingidae) with the description of a anew species[J]. European Entomologist, 10(1): 185-206.

MILLER W E, 1997. Diversity and evolution of tongue length in hawkmoths (Sphingidae)[J]. Journal of the Lepidopterists' Society, 51: 9-31.

MIYAKE T, YAMAOKA R, YAHARA T, 1998. Roral scents of hawkmoth-pollinated fowers in Japan[J]. Journal of Plant Research, 111: 199-205.

RUBIN J J, 2022. Darwin's Hawkmoth (Xanthopan praedicta) responds to bat ultrasound at sonar-jamming rates[J]. Biotropica, 54: 571-575.

MARTINS D J, JOHNSON S D, 2013. Interactions between hawkmoths and flowering plants in East Africa: polyphagy and evolutionary[J]. Biological Journal of the Linnean Society, 110: 199-213.

MOORE F, 1872. Descriptions of new Indian Lepidoptera[J]. Proceedings of the Zoological Society of London, 1872: 567.

MOORE F, 1858. A catalogue of the lepidopterous insects in the Museum of the Hon. East-India Company[M]. London: Wm H. Allen & Co.

OBERTHÜR C, 1904. Description d'une nouvelle espèce de Sphingides[J]. Bulletin de la Société Entomologique de France, 1904: 13-14.

ROTHSCHILD L W, 1894. Notes on Sphingidae, with descriptions of new species[J]. Novitates Zoologicae, 1: 65-98.

ROTHSCHILD L W, 1900. Some new or recently described Lepidoptera[J]. Novitates Zoologicae, 7: 274.

ROTHSCHILD L W, 1903. Jordan K. A revision of the Lepidopterous family Sphingidae[J]. Novitates Zoologicae, 9 (Suppl.): 1-813.

ROTHSCHILD L W, 1907. Jordan K. New Sphingidae[J]. Novitates Zoologicae, 14: 92.

ROTHSCHILD L W, 1920. Preliminary descriptions of some new species and subspecies of Indo-Malayan Sphingidae[J]. Annals and Magazine of Natural History, 5: 479-482.

SCHAUFUSS L W, 1870. Die exotischen Lepidoptera Heterocera der Früher Kaden'schen Sammlung [J]. Nunquam Otiosus, 1: 7-23.

STAUDINGER O, 1892. Die Macrolepidopteren des Amurgebietes. I. Theil. Rhopalocera, Sphinges, Bombyces, Noctuae [J]. Mémoires sur les Lépidoptères, 6: 83-658.

STÖCKL A L, KELBER A, 2019. Fuelling on the wing: sensory ecology of hawkmoth foraging[J]. Journal of Comparative Physiology, 205: 399-413.

SWINHOE C, 1892. Catalogue of eastern Lepidoptera Heterocera in the Oxford University Museum. Part I. Sphinges and Bombyces[M]. Oxford: Clarendon Press.

TAO Z B, REN Z X, BERNHARDT P, et al., 2018. Nocturnal hawkmoth and noctuid moth pollination of *Habenaria limprichtii* (Orchidaceae) in sub-alpine meadows of the Yulong Snow Mountain (Yunnan, China)[J]. Botanical Journal of the Linnean Society, 187: 483-498.

TANG Y F, FANG Y, LIU C Q, et al., 2020. The long spur of Impatiens macrovexilla may reflect adaptation to diurnal hawkmoth pollinators despite diversity of floral visitors[J]. Flora, 266: 151599.

TENNENT W J, 1992. The hawk moths (Lepidoptera: Sphingidae) of Hong Kong and Southeast China[J]. Entomologist's Record and Jornal of Variation,104: 88-112.

TRUNSCHKE J, SLETVOLD N, AGREN J, 2020. Manipulation of trait expression and pollination regime reveals the adaptive significance of spur length[J]. Evolution, 74: 597-609.

VAGLIA T, HAXAIRE J, KITCHING I J, et al., 2010. Contribution à la connaissance des *Theretra* Hübner, 1819, des complexes *clotho* (Drury, 1773), *boisduvalii* (Bugnion, 1839) et *rhesus* (Boisduval, [1875]) d'Asie continentale et du Sud-est (Lepidoptera, Sphingidae)[J]. The European Entomologist, 3(1): 41-78.

WASER N M, CHITTKA L, PRICE M V, et al., 1996. Generalization in pollination systems, and why it matters[J]. Ecology, 77: 1043-1060.

WALKER F, 1856. List of the Specimens of Lepidopterous Insects in the Collection of the British Museum Vol. 31[M]. London: Trustees of the British Museum.

WALKER F, 1866. List of the Specimens of Lepidopterous Insects in the Collection of the British Museum Vol. 35[M]. London: Trustees of the British Museum.

WHITTALL J B, HODGES S A, 2007. Pollinator shifts drive increasingly long nectar spurs in columbine flowers[J]. Nature, 447: 706-709.

XU Z B, HE J B, YANG N, et al., 2023. Review of the Narrow-Banded Hawkmoth, Neogurelca montana (Rothschild & Jordan, 1915) (Lepidoptera: Sphingidae) in China, with Morphological and Phylogenetic Analysis[J]. Insects, 14(10): 818.

XU Z B, MELICHAR T, HE J B, et al., 2022. A new species of *Rhodambulyx* Mell, 1939 (Lepidoptera: Sphingidae) from Southwest Chongqing, China[J]. Zootaxa, 5105 (1): 48-62.

ZHANG W, GAO J, 2017. Multiple factors contribute to reproductive isolation between two co-existing Habenaria species (Orchidaceae)[J]. PLoS ONE, 12: e0188594.

ZOLOTUHIN V V, RYABOV S A, 2012. The hawkmoth of Vietnam[M]. Ulyanovsk: Korporatsiya Tekhnologiy Prodvizheniya.

中文名笔画索引

六画

七画

八画

学名索引